前言

感谢您选择并学习本书。

本书从实用的角度出发，在内容安排和结构设计方面充分考虑了读者的实际需求，具有实用性、条理性等特点，旨在用最直观的形式、最高效的方法传授Word的使用技巧。

本书基于Word 2019版本进行讲解，相关操作同样适用于Word的其他版本。低于Word 2019的版本，部分功能可能会受限。不同的Word版本，操作界面会有细微差别，不影响学习理解。

为什么要编写这本书

所谓美感，是审美主体对客观现实美的主观感受，是人的一种心理现象，即人类的审美意识。==人对一定的客观事物产生美感后，通常会立即产生追求该事物的主观意志==。哇！一见钟情是不是这个道理？

制作Word文档时，不仅要传递相关信息，还要==从视觉上征服浏览者==。在视觉上给人美感，才能让别人快乐，进而==主动阅读要传递的内容==。

很多人在制作文档时，对美的意识和理解有误，认为：

美就是色彩鲜艳、多姿多彩；

美就是使用各种元素表达观点；

美就是使用别人的优秀模板……

除了对美的文档有误解外，很多人还会认为：制作各种文档有什么难的，买本介绍Word软件的书学会功能就可以了。相信很多读者对Word软件并不陌生，但是学会使用软件就真的能制作出满意的文档吗？

==并不是懂得Word软件功能的人，就能制作出好的文档的==。所以，教会读者使用Word软件制作出既华又实的文档，是编写本书的初衷。

想要告诉大家的事

接着，笔者想要告诉大家两件事。

- 本书中介绍的方法能让读者平日进行的各种Word操作得到巨大改善；
- 本书中介绍的方法很简单，易懂易会，随时就能运用。

这里所说的Word操作的巨大改善，既代表了可以进行**更加高效地使用Word制作文档和准确地进行字体格式、排版等设置**，也代表了**可以准确快速地进行平日比较麻烦的文档设置**。

本书**汇集了让很多人办公中烦恼和受挫折的各种问题的解决办法**，以及**日常工作中必须掌握的Word操作技巧**。通过大幅缩短Word的操作时间，提升工作效率，并直观地展示工作成果。

本书的主要目标读者

撰写本书，希望对以下人群有所帮助。

- 准备学习Word进行文档制作；
- 感觉Word很难，不知道如何开始学习；
- 使用Word软件，但制作不出好的文档；
- 偶尔会犯简单的Word操作失误；
- 使用Word进行办公效率不是那么高；
- 正在自己摸索着使用Word；
- 想要更熟练使用Word；
- 想要使用Word制作更加美观、精致的文档；
- 想在工作中脱颖而出。

本书适合以上读者。

Word在职场中的重要性就不用过多介绍了，相信职场中的您一定迫切想要掌握这门技能，向领导、同事和客户展示自己的能力，从而获得他们的信任。那就别犹豫了，好好阅读本书吧！您会惊奇地发现："**原来用好Word也没那么难！**"

不要死记硬背Word功能

我们学习任何新知识时，都会下意识地去背诵相关的知识点，这会让学习变得很枯燥。死记硬背可以应付考试，但是要想提升Word实务操作技能，只需要了解软件的功能框架和具体操作方法。

在制作文档时，能够根据设计需要知道Word软件的实现功能，然后去查阅书籍或在互联网上搜索具体操作就行了。本书将介绍Word操作基本的设置、各种元素的应用、排版的技巧、检查和审阅文档的方法以及如何更高效地应用Word等功

即学即用 受益一生
"收获胜利成果"的超赞 Word 工作法

全彩印刷

Word
最强教科书
［完全版］

THE FIRST-BEST TEXTBOOK OF MICROSOFT WORD
[COMPLETE EDITION]

张栋 著

中国青年出版社

图书在版编目（CIP）数据

Word最强教科书：完全版/张栋著.—北京：中国青年出版社，2022.9（2024.11重印）
ISBN 978-7-5153-6689-0

I.①W… II.①张… III.①文字处理系统 IV.①TP391.12

中国版本图书馆CIP数据核字（2022）第105052号

侵权举报电话

全国"扫黄打非"工作小组办公室　　中国青年出版社
010-65212870　　　　　　　　　　010-59231565
http://www.shdf.gov.cn　　　　　　E-mail: editor@cypmedia.com

Word最强教科书：完全版

著　　者：	张栋
出版发行：	中国青年出版社
地　　址：	北京市东城区东四二条21号
网　　址：	www.cyp.com.cn
电　　话：	010-59231565
传　　真：	010-59231381
编辑制作：	北京中青雄狮数码传媒科技有限公司
主　　编：	张鹏
策划编辑：	张鹏
责任编辑：	徐安维
执行编辑：	张沣
营销编辑：	李大珊
封面设计：	乌兰

印　　刷：	天津融正印刷有限公司
开　　本：	880mm×1230mm 1/32
印　　张：	10.25
字　　数：	386千字
版　　次：	2022年9月北京第1版
印　　次：	2024年11月第3次印刷
书　　号：	ISBN 978-7-5153-6689-0
定　　价：	89.80元

（附赠超值秘料，含案例文件，关注封底公众号获取）

本书如有印装质量等问题，请与本社联系
电话：010-59231565
读者来信：reader@cypmedia.com
投稿邮箱：author@cypmedia.com

能，希望读者在制作Word文档遇到问题的时候，能够从这本书中找到答案，而无须去背诵Word的功能。

本书的特点

本书围绕以下8方面进行撰写。

1）首先要掌握Word的基本操作和思路。
2）高效率工作者的必备操作技巧。
3）影响文档显示效果的文字设计。
4）Word中各元素的应用技巧。
5）长文档的排版技巧。
6）浏览文档的技巧。
7）文档检查和审阅的方法。
8）文档的高效操作方法。

特点❶ 首先要掌握Word的基本操作和思路

本书第1章以"首先应该掌握的基本操作和思路"为主题，介绍了**制作Word文档前设置页面、字体格式、段落格式和首行缩进等功能**。最初应该掌握的基本操作，可以避免制作Word文档过程中不必要的问题，例如确定页面大小和页边距、字体和段落格式等。

本书第2章高手必备的技能介绍通过快速访问工具栏，快速使用隐藏比较深的功能、常用的功能和使用频率最高的工具，并介绍了一些非常实用的输入技巧。

特点❷ 必须掌握的Word设计元素

本书第3章～第6章，**会毫无保留地介绍制作美观Word文档设计元素的应用**，例如文字、表格、图表、图片等。

这是重点，也是必须掌握的内容之一。我们使用Word制作各种文档的过程，就是通过合理使用这些元素制作形象化内容，这也是影响文档整体美感的重要元素。

通过本部分的学习，读者可以掌握使用不同的元素去展示数据、图文混排等。同样的内容根据展示风格不同制作的效果也是不同的。

特点❸ 提高长文档的排版技巧

本书第7章和第8章介绍提高长文档排版和浏览的技巧。学会Word中的页面设置、编号的应用、标题样式的应用、插入和设置目录视图的切换、页面的显示、多窗口的浏览、同步查看以及窗口的拆分等，可以方便地对长文档进行排版和阅读。

例如，学会了应用标题样式和编号，以及如何提取长文档中的目录后，读者就可以轻松查看文档的结构了。

特点❹ 检查文档确保万无一失

本书第9章介绍**Word中的检查和审阅功能**。我们制作完长文档，通常需要使用检查和审阅功能对文档进行检查，才能递交出更专业的文档。

本章介绍了统计文档中的字数、检查文档中拼写和语法错误、查找与替换、批注的应用、修订文档等功能。通过本章学习，读者可以设置相关拼写或语法检查，Word会使用不同颜色下划线标记不同的错误，方便我们检查并修改文档。

特点❺ 文档的高效应用

本书第10章详细介绍了如何高效地应用文档。例如，使用Word中模板快速制作文档、通过制作统一的文档并将其保存为模板方便下次使用，以及Word中各种控件和邮件合并功能的应用，可以快速提高制作文档的速度。

本章还介绍模板的应用、使用各种控件规范文档的内容、使用邮件合并批量制作文档、多人编辑文档等。如果将多人编辑的文档合并在一个文档中，或者将长文档拆分为多个子文档供多人同时编辑，可以使用本章中多人编辑文档的技巧实现多人同时编辑。

骐骥一跃，不能十步；驽马十驾，功在不舍。让我们行动起来，从现在开始，每天花5分钟的时间来学习，每天努力一点点，成功总是积少成多，厚积薄发。

前言冗长，接下来我们一起进入正文吧！

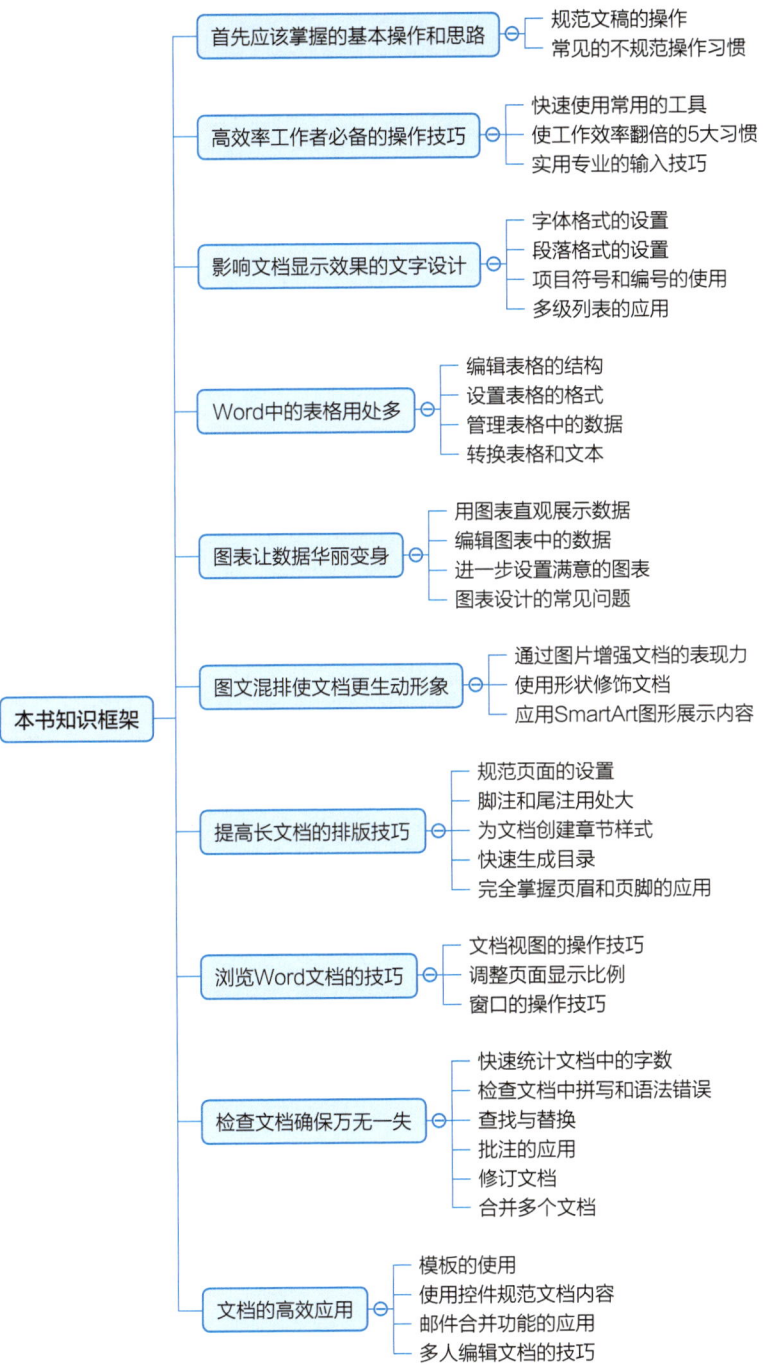

目 录

前言

第1章

首先应该掌握的基本操作和思路

【规范文稿的操作】

- 01 打开Word文档后首先应该进行的8个操作 ·················· 2
- 02 根据目的和用途来决定页面大小 ························· 4
- 03 设置页边距规范页面 ································· 8
- 04 根据用途来选择字体 ································ 12
- 05 调整字号大小 ···································· 16
- 06 调整字符间距 ···································· 18
- 07 适当增加行距 ···································· 20
- 08 增加段落间距 ···································· 22
- 09 首行缩进2字符 ··································· 24

【常见的不规范操作习惯】

- 10 滥用空格键 ····································· 26
- 11 滥用回车键 ····································· 28

第2章

高效率工作者
必备的操作技巧

【快速使用常用的工具】

01 设置快速访问工具栏 ················· 30

02 根据习惯调整快速访问工具栏的位置 ········ 33

【使工作效率翻倍的5大习惯】

03 定时保存制作的文档 ················· 35

04 合理执行撤销操作 ·················· 37

05 防止字体效果丢失 ·················· 39

06 启动自动检查功能 ·················· 41

07 为文档设置用户名 ·················· 43

【实用专业的输入技巧】

08 快速输入时间和日期 ················· 46

09 数字大小和繁简快速转换 ·············· 49

10 巧为生字加拼音 ··················· 51

11 输入千奇百怪的符号 ················· 53

12 输入数学或化学公式 ················· 56

13 快速录入下划线 ··················· 59

第3章

影响文档显示效果的文字设计

【字体格式的设置】

01 字体的类型和安装 …………………………… 62

02 设置字体、字号和字形 ……………………… 64

03 增加文字的视觉效果 ………………………… 66

【段落格式的设置】

04 设置基本的段落格式 ………………………… 68

05 设置段落的对齐方式 ………………………… 70

【项目符号和编号的使用】

06 项目符号让段落结构更清晰 ………………… 72

07 百变的项目符号 ……………………………… 74

08 编号让文档的层次更清晰 …………………… 77

【多级列表的应用】

09 多级列表展现文档层次 ……………………… 80

10 巧设多级列表的格式 ………………………… 83

第4章

Word中的表格用处多

【 编辑表格的结构 】

01　掌握创建表格的方法 ············· 86

02　根据要求合并或拆分单元格 ········· 89

03　快速插入/删除行或列 ············ 91

04　根据表格的内容调整行高和列宽 ······ 94

【 设置表格的格式 】

05　让表格中的文本合理对齐 ·········· 97

06　为表格设置颜色 ··············· 99

07　为表格设置边框 ·············· 102

08　表格的跨页操作 ·············· 103

【 管理表格中的数据 】

09　对表格中的数据进行计算 ········· 105

10　对表格中的数据进行排序 ········· 107

【 转换表格和文本 】

11　将表格转换成文本 ············· 110

12　将文本转换成表格 ············· 111

第 5 章

图表让数据华丽变身

【用图表直观展示数据】

01 使用图表的好处 ·················· 114

02 面面俱到的图表是这样的 ·················· 117

03 数据结构决定图表的类型 ·················· 119

【编辑图表中的数据】

04 修改图表中的数据 ·················· 121

05 添加图表中数据行或列 ·················· 122

06 切换图表中行/列的数据 ·················· 124

【进一步设置满意的图表】

07 更改图表的类型 ·················· 126

08 巧妙设置次坐标轴 ·················· 129

09 根据展示要求添加图表元素 ·················· 133

【图表设计的常见问题】

10 连续日期的问题 ·················· 134

11 折线图中空数值问题 ·················· 135

12 图表中不显示隐藏数据问题 ·················· 137

第 6 章

图文混排使文档更生动形象

【 通过图片增强文档的表现力 】

- 01 在Word文档中插入图片 ……………… 140
- 02 裁剪图片的多种方法 ………………… 143
- 03 调整图片的亮度 ……………………… 146
- 04 调整图片的颜色 ……………………… 148
- 05 为图片添加艺术效果 ………………… 150
- 06 设置图片和文字的关系 ……………… 151
- 07 两种抠除图片背景的方法 …………… 152
- 08 制作画中画的效果 …………………… 155

【 使用形状修饰文档 】

- 09 使用形状修饰文本 …………………… 157
- 10 调整形状大小的几种方法 …………… 160
- 11 随意调整形状的外观 ………………… 162
- 12 为形状设置格式 ……………………… 164
- 13 形状作为蒙版使用 …………………… 168

【 应用SmartArt图形展示内容 】

- 14 插入SmartArt图形 …………………… 170
- 15 调整SmartArt图形的版式 …………… 173
- 16 修改SmartArt图形中的形状 ………… 175

17 设置SmartArt图形的样式 …………………… 176

18 制作跨级的SmartArt图形 …………………… 178

第7章

提高长文档的排版技巧

【规范页面的设置】

01 纸张大小、页边距和分栏 ………………… 180

02 为文档换身衣裳 …………………………… 184

03 为文档添加水印 …………………………… 189

04 合理地分页和分节 ………………………… 192

05 解决段中分页的问题 ……………………… 194

06 为文档设计封面 …………………………… 196

【脚注和尾注用处大】

07 脚注的应用 ………………………………… 200

08 尾注的应用 ………………………………… 203

【为文档创建章节样式】

09 使用系统自带的样式 ……………………… 205

10 快速添加Word中内置的多级列表 ………… 209

11 让多级列表更符合要求 …………………… 211

【快速生成目录】

12 根据应用的样式提取目录 ·········· 213

13 根据大纲级别提取目录 ·········· 215

14 设置目录的格式 ·········· 217

【完全掌握页眉和页脚的应用】

15 为文档添加页眉和页脚 ·········· 219

16 设置奇偶页不同的页眉和页脚 ·········· 222

17 在文档中添加并设置页码 ·········· 224

第 8 章

浏览Word文档的技巧

【文档视图的操作技巧】

01 文档视图的种类和切换 ·········· 228

【调整页面显示比例】

02 放大或缩小页面 ·········· 233

03 在同一页面显示多页 ·········· 235

【窗口的操作技巧】

04 多窗口浏览文档 ·········· 237

05 同步查看文档 ·········· 239

06 将一个窗口拆分为两部分 ·········· 241

第 9 章

检查文档确保万无一失

【快速统计文档中的字数】

01 查看文档中的字数 ······ 244

【检查文档中拼写和语法错误】

02 开启并应用拼写和语法错误检查功能 ······ 246

03 让Word自动更正错误 ······ 249

【查找与替换】

04 快、准、狠，全方面查找 ······ 252

05 快速替换文档中的错误文本 ······ 255

06 替换文档中的格式 ······ 257

【批注的应用】

07 批注文档中的内容 ······ 259

08 根据要求显示/隐藏批注 ······ 261

09 设置批注的位置和颜色 ······ 263

【修订文档】

10 保留修改文档的痕迹 ······ 265

11 处理修订的内容 ······ 267

12 使用密码保护修订和批注 ······ 268

【合并多个文档】

13 比较两个文档的差异 ······ 270

14 合并两个文档中的修订和批注 ······ 272

第10章

文档的高效应用

【模板的使用】

01 使用Word内置的模板 ……………………………… 276

02 应用模板的格式 …………………………………… 278

03 保存并应用模板 …………………………………… 280

【使用控件规范文档内容】

04 使用日期选取器内容控件规范模板的日期 …………… 282

05 使用格式文本内容控件规范模板的文本 ……………… 285

06 使用文本框控件限制输入的位置 …………………… 287

07 使用选项按钮控件限制选择的内容 ………………… 289

08 使用复选框控件进行多项选择 ……………………… 291

09 添加按钮控件并输入代码 …………………………… 292

【邮件合并功能的应用】

10 使用邮件合并向导制作邀请函 ……………………… 294

11 使用插入合并域功能制作学生成绩表 ………………… 300

【多人编辑文档的技巧】

12 将多个文档合并到一个文档中 ……………………… 303

13 将长文档拆分为多个子文档 ………………………… 305

14 向主控文档中插入其他子文档 ……………………… 308

15 查看和编辑子文档 …………………………………… 309

第1章

首先应该掌握的基本操作和思路

第 1 章 规范文稿的操作

打开Word文档后首先应该进行的8个操作

扫码看视频

应用Word的根本是制作"易看"的文档

使用Word制作文档时,首要要确保**制作的文档清晰易看**。评价文档是否"易看",好像有很强的主观性(每个人的观点不同,判断也不同),其实并非如此。本章介绍的制作一个"易看"文档的8个基本操作,对处理任何文档都行之有效。

所谓"易看"的文档,是指**无论谁都能看明白内容的结构层次、各部分的位置的文档**。我们可以通过制作易看的文档,减少输入和格式等错误,并且可以很容易检查文档中是否出现错误。

我们在传阅易看的文档时,无须对其中的内容进行说明解释。浏览之前制作的文档时,也能很快明白其含义,不会感到困惑。

下图是笔者制作的"贺信"文档,所有格式均为默认设置,此时还不能称为"易看"的文档。

● 非易看的文档

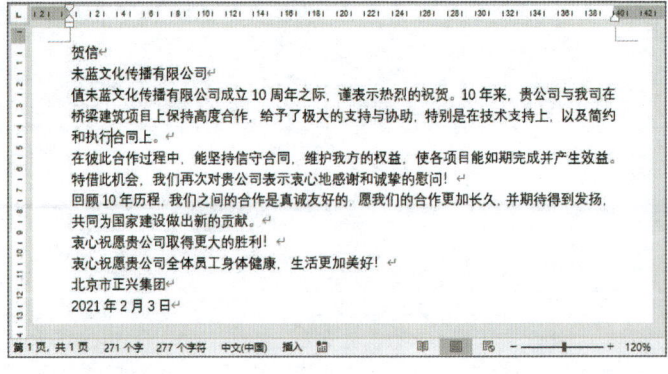

文档内容没有结构层次,读者不能一眼就看出来哪些是标题、哪些是内容、哪些是落款,更不清楚文档分为几部分。

制作易看文档的基本规则

制作易看的文档，初始设置很重要。打开Word后，在做任何操作之前，要根据实际的需要思考以下8项基本规则，并进行设置。接下来将详细介绍各项规则的具体操作方法。

基本规则1　根据目的和用途来决定页面大小。
基本规则2　设置页边距大小，规范页面。
基本规则3　根据用途来选择字体。
基本规则4　调整字号大小，确保文档层次清晰。
基本规则5　调整字符之间距离，确保易看性。
基本规则6　适当增加行间距，文档更清晰。
基本规则7　增加段落间距，使文档层次更清晰。
基本规则8　首行缩进2字符，更符合阅读习惯。

以上8项基本规则是我们学习制作Word文档首先要掌握的操作。虽然这8项操作在完成文档制作之后也可以设置，但有可能会带来新的问题，例如单字成行、出现孤行等。为了避免返工，还是推荐在一开始就进行设置。

下图是应用8项基本规则制作文档之后的效果，文档的主次结构、段落层次看起来是不是清楚整齐了呢？

● 应用8项基本规则后，文档变得更清楚整齐了

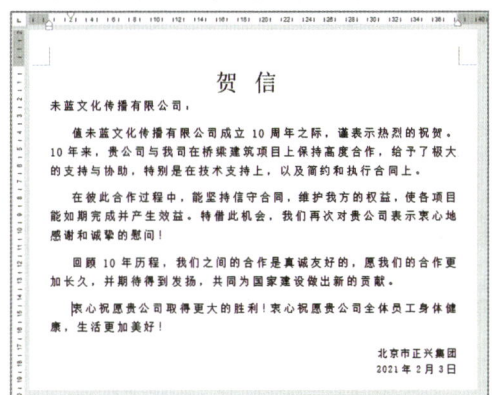

根据以上8项基本规则，对文档进行整理后，各部分内容表达清晰、层次结构明了。

根据目的和用途来决定页面大小

扫码看视频

设置内置的纸张大小

在制作Word文档之前，首先考虑文档的用途，再确定纸张的尺寸。根据使用的目的不同，对纸张的大小要求也不同。

在Word中默认纸张大小是A4的，其宽度为21厘米，高度为29.7厘米。这也是我们经常使用的纸张大小。Word还内置了很多常规纸张大小的选项，例如A3、A5、B4等，在各选项中显示每种纸张尺寸，其单位均为厘米。我们根据需要的纸张大小选择对应的选项即可。

在Word中，用户可以在"布局"选项卡中的"页面设置"选项组中设置纸张大小。下面以如何设置A5纸张大小为例，介绍具体操作方法。

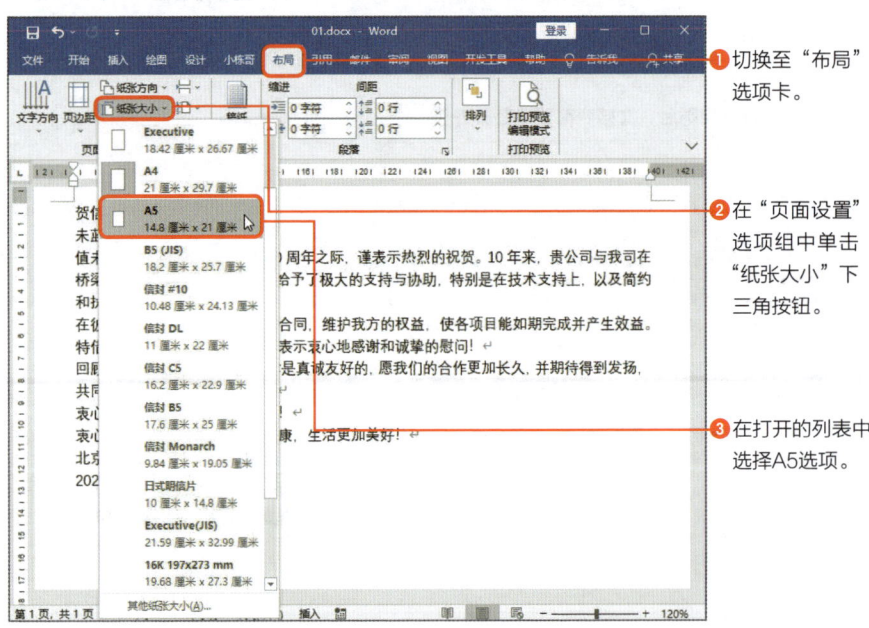

❶ 切换至"布局"选项卡。

❷ 在"页面设置"选项组中单击"纸张大小"下三角按钮。

❸ 在打开的列表中选择A5选项。

A5纸张的宽度为14.8厘米、高度为21厘米。A5要比A4纸小，设置完成后页面大小发生了变化，文档中内容的布局也发生了变化。在Word中要通过标尺度量页面的大小，则在"视图"选项卡中的"显示"选项组中勾选"标尺"复选框。

● A4纸张大小效果

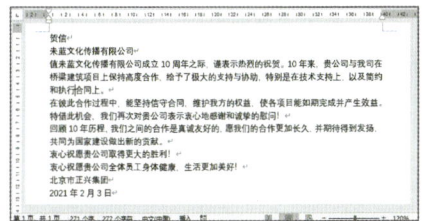

● A5纸张大小效果

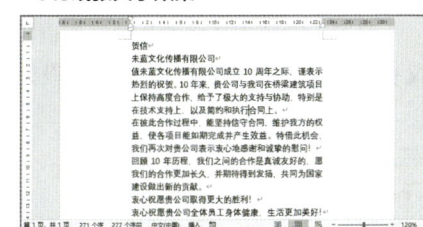

自定义纸张大小

在制作特殊的文档时，要使用特殊的纸张大小。特殊文档纸张的长宽在"纸张大小"列表中是没有的，此时，可以自定义纸张的大小。在"纸张大小"列表中选择"其他纸张大小"选项，打开"页面设置"对话框，在"纸张"选项卡中设置宽度和高度的值即可。

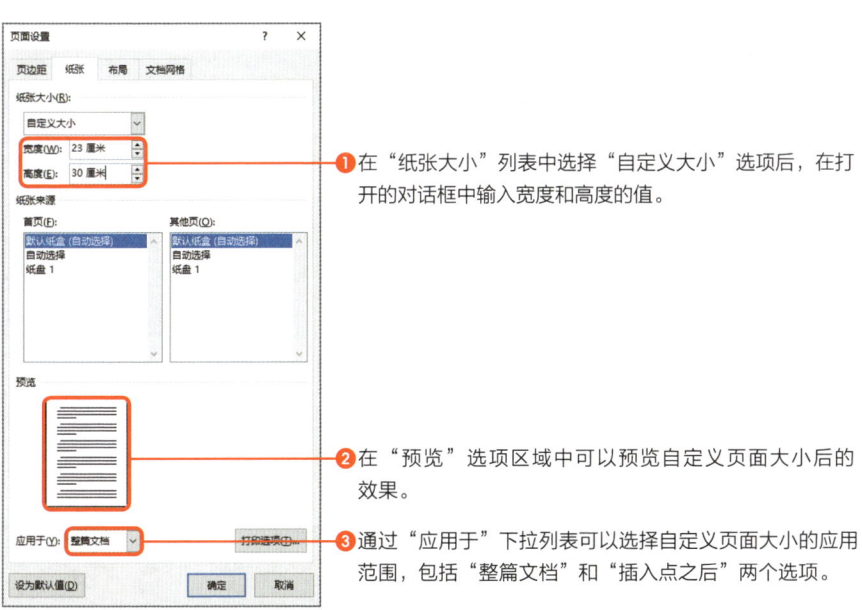

❶ 在"纸张大小"列表中选择"自定义大小"选项后，在打开的对话框中输入宽度和高度的值。

❷ 在"预览"选项区域中可以预览自定义页面大小后的效果。

❸ 通过"应用于"下拉列表可以选择自定义页面大小的应用范围，包括"整篇文档"和"插入点之后"两个选项。

设置为默认的页面大小

如果文档规定使用特殊的页面大小,为了防止出现错误,可以**设置为默认的页面大小**。设置完成后,新建Word文档会保持设置的页面大小,不需要每次设置。

设置为默认的页面大小的操作很简单,只需要在"页面设置"对话框中自定义页面的大小,然后单击左下角"设为默认值"按钮即可。

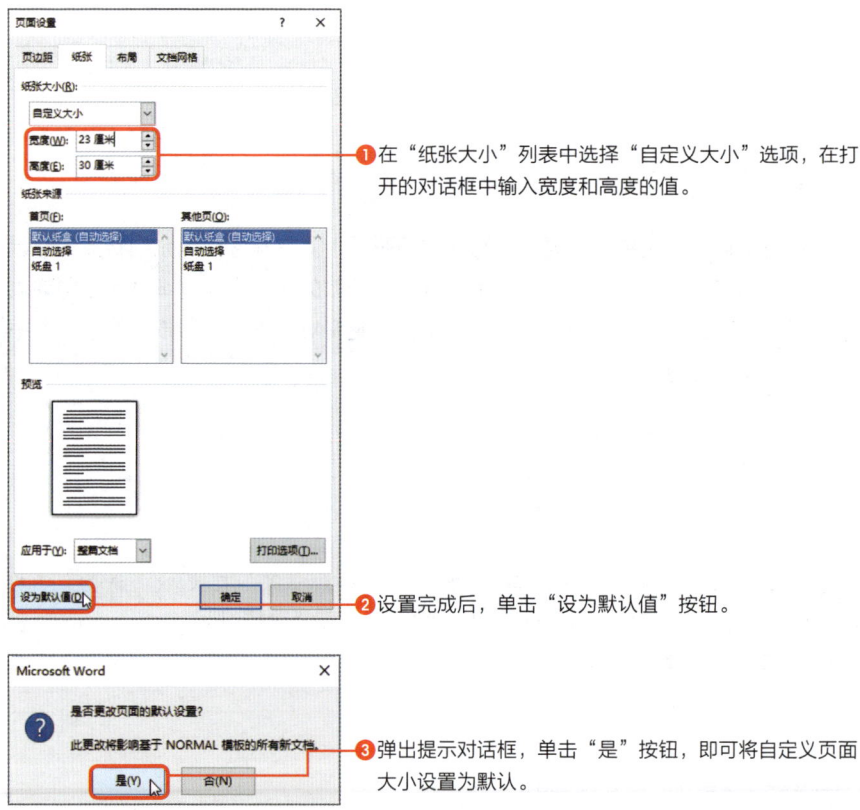

❶ 在"纸张大小"列表中选择"自定义大小"选项,在打开的对话框中输入宽度和高度的值。

❷ 设置完成后,单击"设为默认值"按钮。

❸ 弹出提示对话框,单击"是"按钮,即可将自定义页面大小设置为默认。

> **这也很重要!**
>
> **设置A4为默认值**
>
> 我们通常使用的纸张为A4大小,这也是打印机常用纸张的大小。如果纸张大小没有特殊要求,都应当设置A4为默认值。

页面大小的范围

　　Word中页面是哪部分区域呢？打开Word后，白色区域为页面的范围。我们设置纸张大小的宽度和高度就是页面区域的宽度和高度。

　　在页面的范围内能够显示添加的元素，例如文本框、形状、图片等，在周边灰色区域是不显示的。此时需要注意，并不是页面的内容都可以打印出来，这还涉及到页边距的问题，将在下一节中介绍。

　　自定义页面的宽度为18厘米、高度为21厘米，此时，页面的范围也是18厘米×21厘米。下图分别通过水平的虚线（18厘米）和垂直的虚线（21厘米）测量页面。

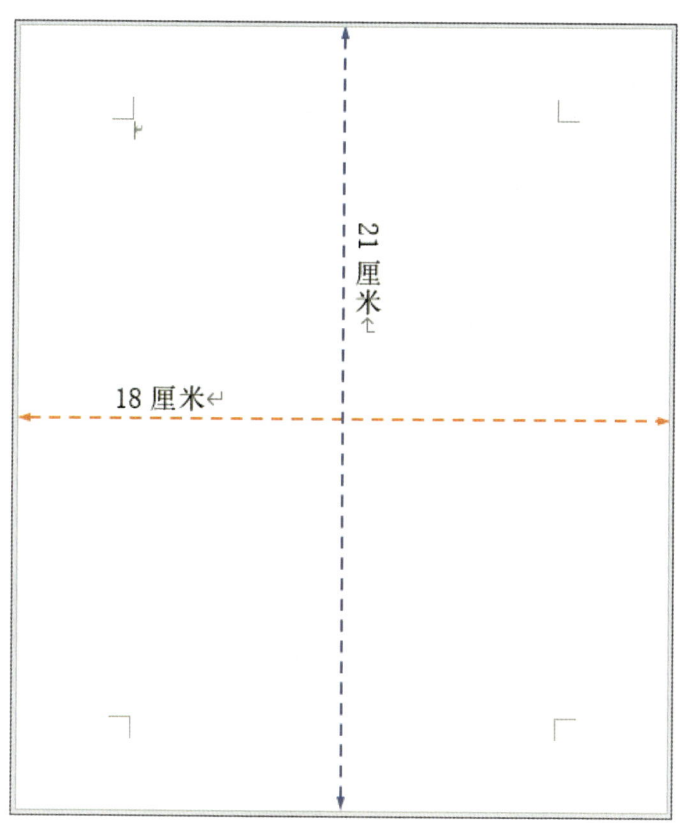

设置页边距规范页面

扫码看视频

页边距的设置

页边距是指页面的边线到文字的距离。用户可以将某些项目放置在页边距区域中（如页眉、页脚和页码等）。

页边距设置得越小，打印的区域就越大，容纳的文本等元素也越多；反之，页边距设置越大，打印的区域就越小。

在Word中常用的设置页边距的方法有3种，下面逐个介绍每种方法如何操作。

1. 使用内置的页边距

Word内置了5种常用的页边距，分别为常规、窄、中等、宽和对称，每个选项中标明上、下、左和右的边距值，根据需要直接选择对应的选项即可。

在"布局"选项卡的"页面设置"选项组中，单击"页边距"下三角按钮，在列表中直接选择相应的选项；或者单击"文件"标签，在列表中选择"打印"选项，在"设置"区域设置页边距。

● 在"布局"选项卡中设置页边距

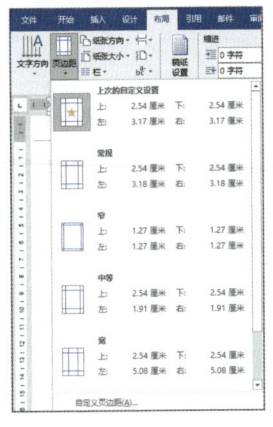

● 在"打印"面板中设置页边距

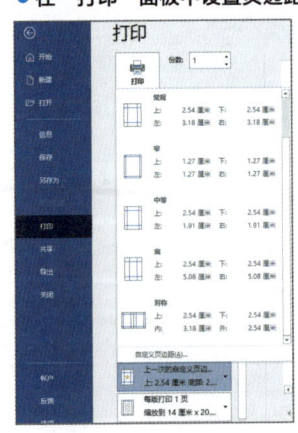

2. 自定义页边距

除了内置的页边距外，我们还可以自定义页边距，即分别**设置文字到页面四边的距离**。如果需要装订打印的纸张，还需要设置装订线的位置和数值。

在使用内置的页边距的列表中，选择"自定义页边距"选项，打开"页面设置"对话框，在"页边距"选项卡中分别设置上、下、左、右的值。

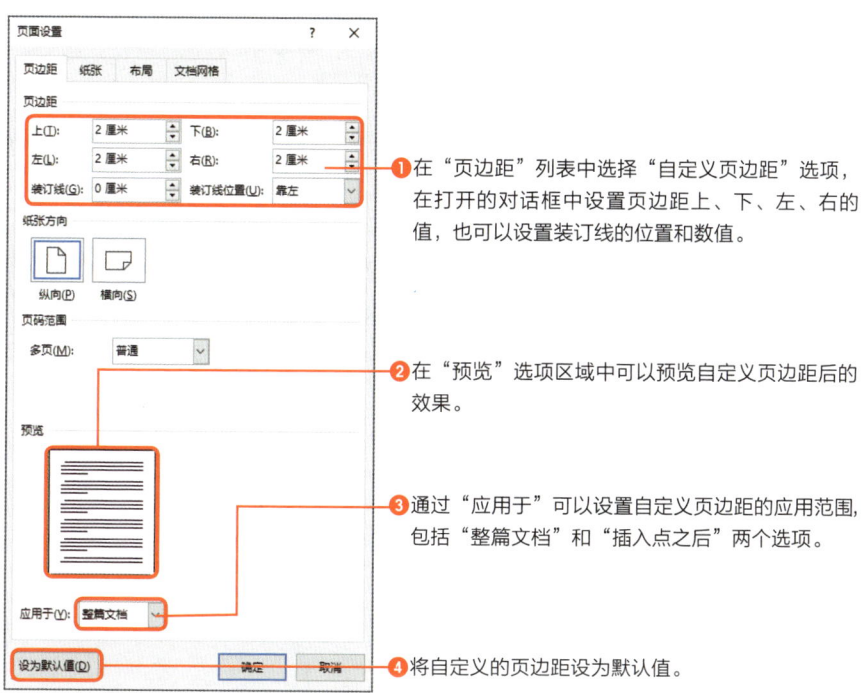

❶ 在"页边距"列表中选择"自定义页边距"选项，在打开的对话框中设置页边距上、下、左、右的值，也可以设置装订线的位置和数值。

❷ 在"预览"选项区域中可以预览自定义页边距后的效果。

❸ 通过"应用于"可以设置自定义页边距的应用范围，包括"整篇文档"和"插入点之后"两个选项。

❹ 将自定义的页边距设为默认值。

3. 粗略调整页边距

粗略调整页边距需要借助标尺。Word默认情况下在界面的上方和左侧显示标尺，如果没有显示，只需要在"视图"选项卡下的"显示"选项组中勾选"标尺"复选框即可。

在水平标尺的两侧、垂直标尺的两端都有灰色区域。将光标移到灰色和白色区域交叉处，光标变为双向箭头时，按住鼠标左键，向白色区域拖拽时扩大页边距、向灰色区域拖拽时减小页边距。

例如将光标移到上方标尺的左侧时，则变为双向箭头并且显示"左边距"，左右拖拽至合适的位置，释放鼠标左键即可调整左侧页边距的大小。

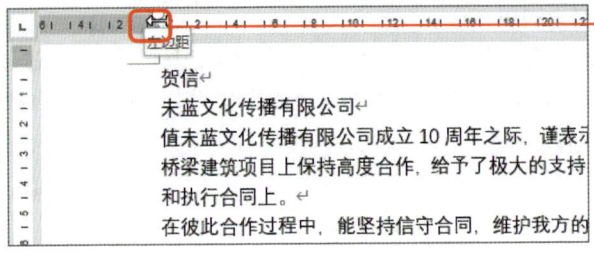

通过标尺调整左边距的大小。

页边距的位置

打开Word后，在页面的四个角显示直角的灰色线，为裁剪标记。将所有线段延长，中间空白区域为打印区域，四周到页面边的部分是页边距。从页面边到对应裁剪标记线的距离就是对应的页边距。

例如，设置上、下、左、右边距均为2厘米，则页面边到对应裁剪标记线的距离也为2厘米。

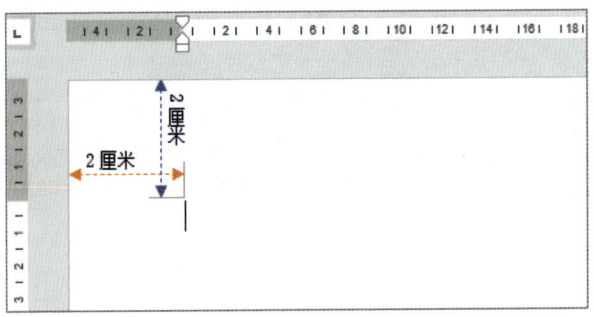

如果设置装订线，其位置只能设置在左侧或上方。在左侧时，页面边到对应裁剪标记线的距离为左页边距+装订线的值。例如左页边距值为2厘米，左侧装订线的值为1厘米，则页面左边到左侧裁剪标记线的距离为3厘米。

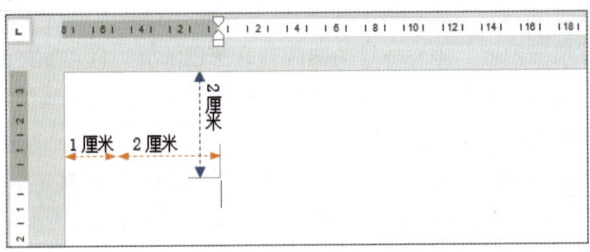

显示裁剪标记

如果打开的Word文档不显示裁剪标记，我们通过简单的设置即可显示。下面介绍显示裁剪标记的方法。

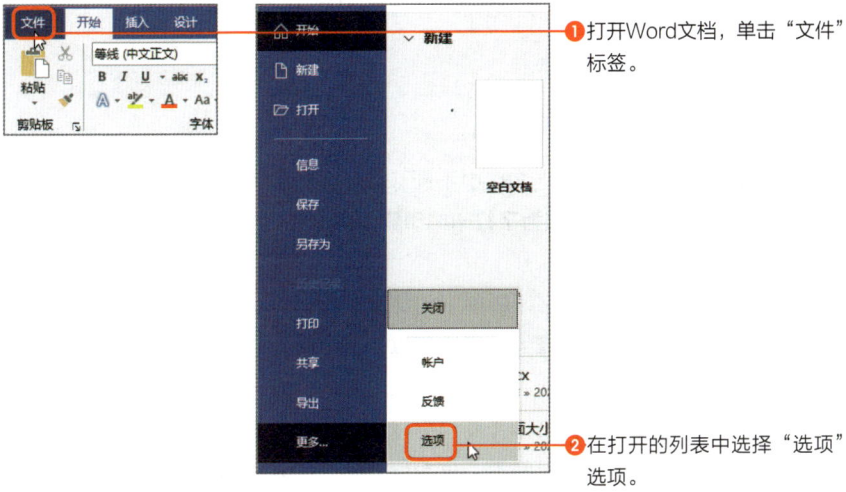

❶ 打开Word文档，单击"文件"标签。

❷ 在打开的列表中选择"选项"选项。

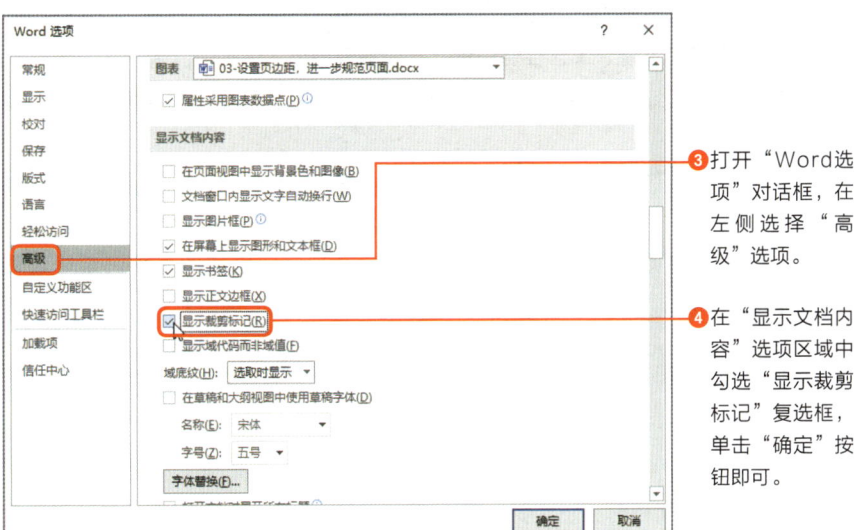

❸ 打开"Word选项"对话框，在左侧选择"高级"选项。

❹ 在"显示文档内容"选项区域中勾选"显示裁剪标记"复选框，单击"确定"按钮即可。

根据用途来选择字体

扫码看视频

中西文字体

在Word中使用中文字体与PPT中不同，PPT为了演示时文字更清晰，要求使用非衬线字体，而**Word文档为了打印或印刷要求而使用衬线字体**。衬线字体的代表就是宋体。

宋体是中国古代使用活字印刷刻字的标准字体。这种字体横平竖直，用简单的几何化形状表达了手写笔锋的特征，所以在刻字时比较方便快捷，又不会让汉字因为过度简洁而失去重心。

随着印刷技术的发展，宋体普及程度越来越高，基本上是印刷纸质书籍通用的字体。宋体字的字形为编辑熟悉，也为读者熟悉，在长期的使用实践里形成了审美的心理习惯，也形成了阅读的心理习惯。

宋体字在阅读性能、工艺性能和美学方面都表现出了优越性。宋体字不但在书面文件里应用广泛，而且宋体字的字形设计也成为汉字美术字绘写和设计的艺术基础。

在Word中设置中文字体，除了宋体外，一般常用的字体还有黑体、楷体和仿宋等。

在Word中的英文该使用什么字体呢？如果是比较正式的文件，最好使用Times New Roman，除此之外还有Arial和Calibri。

Times New Roman在字体设计上属于过渡型衬线，对后来的字型产生了深远的影响。另外，由于其中规中矩、四平八稳的经典外观，常被选为标准字体之一。

以上介绍的中文和英文常用的字体，计算机安装时普遍存在，不需要另外安装。我们在发送文档时也不需要担心对方计算机没有此字体而影响阅读效果。

在使用Word文档时，一定要注意中文和西文的设置。相信很多读者都设置为相同的字体，例如都设置为宋体。其实，中文的不同字体之间的差异很明显，但是有的英文设置为中文后差异就不是很明显。

下面两行文字，你能看出有什么不同吗？

> 根据用途决定 Word 文档的字体
>
> 根据用途决定 Word 文档的字体

第1行文字的中文为宋体，英文为Times New Roman。第2行所有文字均为宋体。

以上展示的是放大文字之后的效果，可以一眼看出英文的字体不同，如果都设置成五号字体，差异就没这么明显了。在一些正式的文件中第2行的设置肯定是不规范的。

如何设置字体

在Word 2019版本中，默认的中文字体为"等线（中文正文）"、英文字体为"等线（西文正文）"。如果要设置为其他字体，则在Word中选中文本后，在"开始"选项卡"字体"选项组中设置，也可以通过浮动工具栏设置。

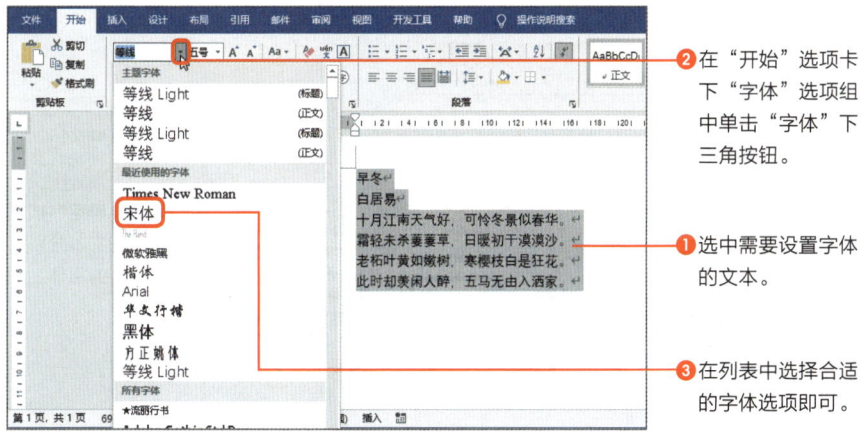

❶ 选中需要设置字体的文本。
❷ 在"开始"选项卡下"字体"选项组中单击"字体"下三角按钮。
❸ 在列表中选择合适的字体选项即可。

选中文本时，文本的一侧会显示浮动工具栏，工具栏中包含了设置文本格式的常用工具，例如字体、字号、加粗、倾斜、样式等。

文档中包含中文和西文文本，如果按照以上方法分别设置不同的字体，是非常麻烦的。我们可以通过"字体"对话框分别设置中西字体，即可快速调整文档中的字体。

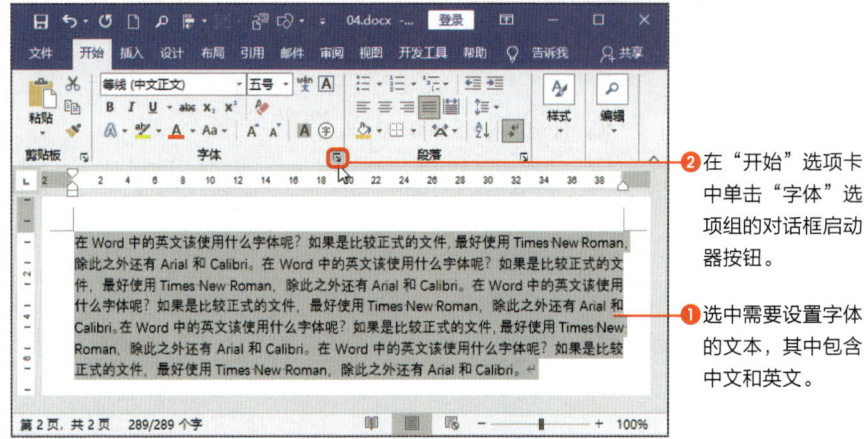

❷ 在"开始"选项卡中单击"字体"选项组的对话框启动器按钮。

❶ 选中需要设置字体的文本,其中包含中文和英文。

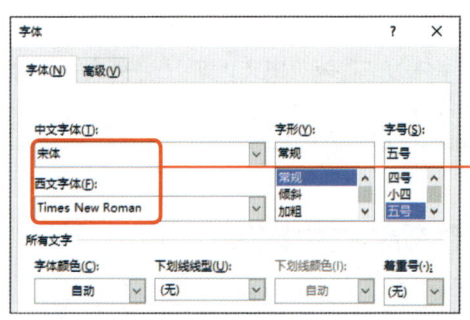

❸ 打开"字体"对话框,在"字体"选项卡中分别设置中文字体为"宋体"、西文字体为Times New Roman。

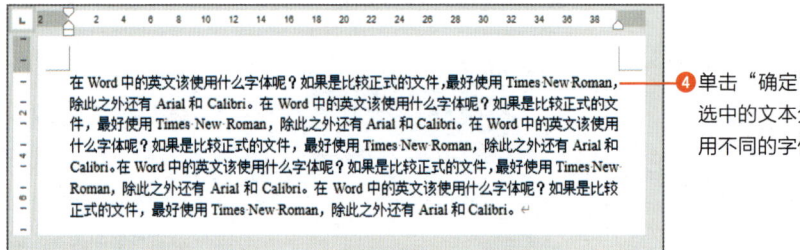

❹ 单击"确定"按钮,选中的文本分别应用不同的字体。

> **这也很重要!**
>
> **快捷菜单打开"字体"对话框**
>
> 除了上述介绍的方法外,我们还可以通过右键快捷菜单打开"字体"对话框。选中文本并右击,在快捷菜单中选择"字体"命令即可打开。

设置默认字体

如果我们已经确定使用当前Word文档的中文和西文字体，可以将其设置为默认字体。设置完成后，在Word文档中输入中文时则显示为默认的中文字体，输入英文时则显示为默认的西文字体。不需要我们再去设置或者切换字体了，可以大大提高工作效率。

在设置默认字体时，还可以设置默认文本的字号、字形、颜色等，下面介绍具体操作方法。

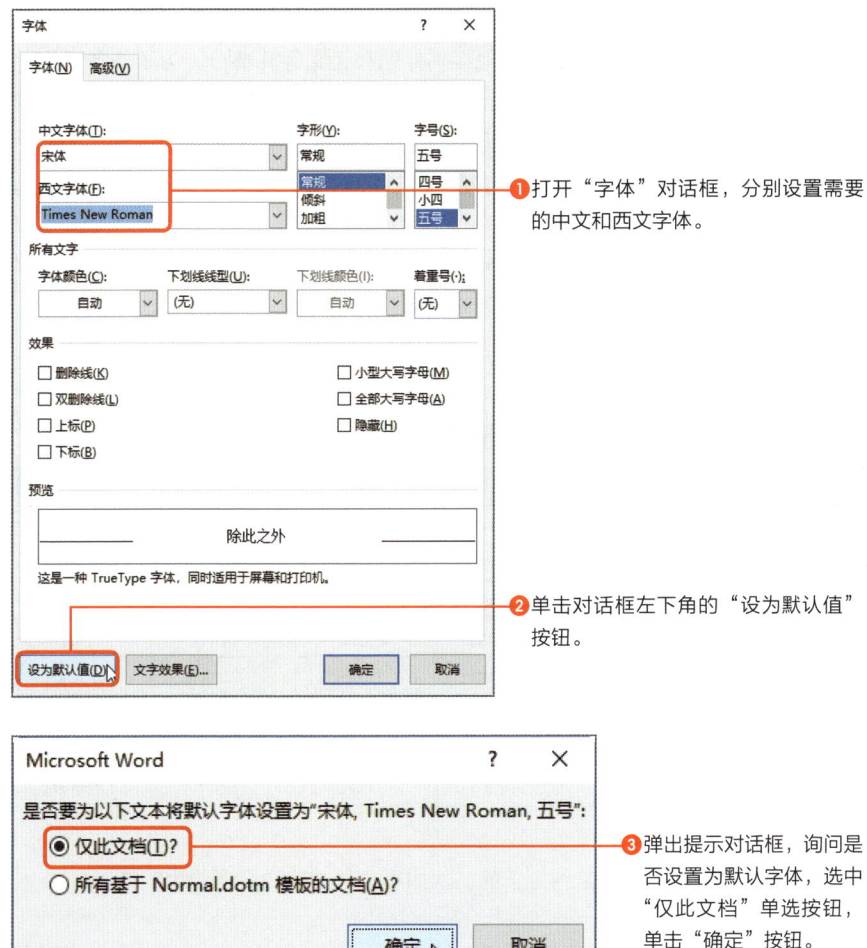

调整字号大小

规范文稿的操作

扫码看视频

字号与文字大小的关系

在Word文档中录入文字，首先要进行排版，而**排版的首要任务就是设置字号**。因为文档一般包括主标题、其他级别标题和正文等几部分，为了使各级标题和正文之间形成对比，就要通过设置字号大小来实现。级别越高的标题字号越大，级别越低的标题字号越小，标题文本比正文文本的字号大。

在Word中有两个字号体系，一是中文字号，一是磅值（数值），两者之间是一一对应的。

设置字号时，在列表中显示初号、小初等文本选项表示中文字号，显示数字表示磅值。我们可以通过磅和毫米之间的换算关系发现字号和文字大小的关系。1磅约等于0.35毫米，下面以表格形式展示字号和文字大小的关系。

表1 字号和文字大小的关系

字号	磅值	毫米	字号	磅值	毫米
初号	42pt	14.82mm	四号	14pt	4.94mm
小初	36pt	12.70mm	小四	12pt	4.23mm
一号	26pt	9.17mm	五号	10.5pt	3.70mm
小一	24pt	8.47mm	小五	9pt	3.18mm
二号	22pt	7.76mm	六号	7.5pt	2.56mm
小二	18pt	6.35mm	小六	6.5pt	2.29mm
三号	16pt	5.64mm	七号	5.5pt	1.94mm
小三	15pt	5.29mm	八号	5pt	1.76mm

磅值和毫米之间转换是约等于的，例如小一号文字的高度约为8.47mm。

调整 Word 文档中的字号　小一号字约为 8.47mm

磅值的数字范围为1~1638，步长为0.5或整数。磅值为1638时，文本约为58厘米；磅值为1时，则3个这样的文字叠加在一起约1毫米。

设置字号的方法

我们可以通过设置字体的方法来调整字号大小，例如在"字体"选项组中单击"字号"下三角按钮，在列表中选择字号大小。

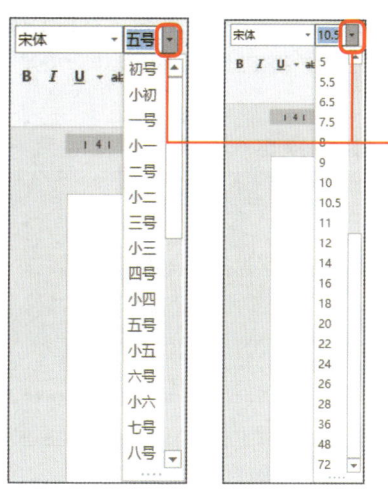

选择需要调整字号的文本，在"开始"选项卡的"字体"选项组中单击"字号"下三角按钮。在下拉列表中可以设置字号大小，也可以设置磅值的大小。

除了上述方法外，还可以使用快捷键快速逐级增大或减小字号。下表介绍了调整字号的4种快捷键的含义。

组合键	含义
Ctrl+[	逐磅缩小字号
Ctrl+]	逐磅增大字号
Ctrl+Shift+<	逐级缩小字号
Ctrl+Shift+>	逐级增大字号

调整字符间距

扫码看视频

规范文稿的操作

字符间距的含义

字符间距是指文字之间所间隔的距离。字符间距影响了一行或一个段落文字的密度。在实际应用中，适当增大Word文档中的字符间距，会使文档更便于阅读和理解。

Word中默认的字符间距是根据字体大小决定的，字体越小默认的字符间距就越小。当浏览整段文本时，如果默认的字符间距较小，文字就比较密，不利于观看。一般情况下，设置正文的字符间距为1.2～1.5磅，视字体大小决定。

● 默认字符间距

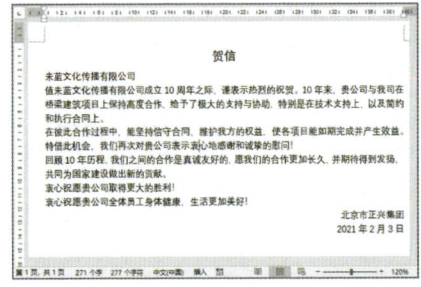

● 1.3磅字符间距

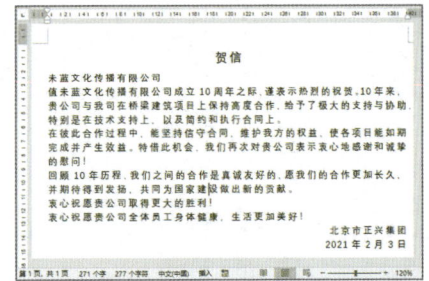

从以上两图可见，左侧文档中的文本比较拥挤，右侧文档中文本稍有稀疏。如果从字符间距的角度去分析，右侧文档中文字辨识度更高，更利于阅读。

设置字符间距

在为文本设置字符间距时，有三种选项，分别为**"标准""加宽""紧缩"**。"标准"是默认的字符间距，与文本的字号大小有关；"加宽"是在"标准"的基础上增加字符之间的距离，单位是"磅"；"紧缩"是在"标准"的基础上减少字符之间的距离，单位也是"磅"。

在Word中，可以在"字体"对话框中设置字符间距。首先选择对应的文本，在"字体"对话框的"高级"选项卡中设置。

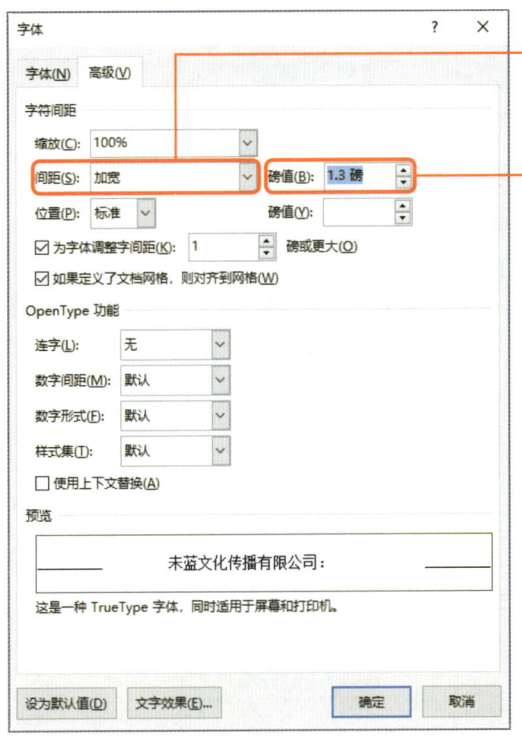

❶ 选择需要调整字符间距的文本，打开"字体"对话框，在"高级"选项卡中设置"间距"为"加宽"。

❷ 设置右侧"磅值"为"1.3磅"，在对话框"预览"区域可以查看设置字符间距的效果，满意后单击"确定"按钮即可。

> **这也很重要!**
>
> **字符间距不能设置太宽**
>
> 在设置字符间距时，一般要小于行距。如果字符间距大于行距，会让人产生应该横向阅读还是纵向阅读的困惑。关于等距的知识将在下一节进行介绍。
>
> 十 月 江 南 天 气 好， 可 怜 冬 景 似 春 华。
> 霜 轻 未 杀 萋 萋 草， 日 暖 初 干 漠 漠 沙。
> 老 柘 叶 黄 如 嫩 树， 寒 樱 枝 白 是 狂 花。
> 此 时 却 羡 闲 人 醉， 五 马 无 由 入 酒 家。

适当增加行距

扫码看视频

规范文稿的操作

行距的含义

行距就是Word文档中行与行之间的距离。

调整行距也是为了使文稿更加清晰,更便于阅读。默认的行距是1倍行距,如果行与行之间比较拥挤,我们可以适当增加行距。

在设置行距时并非越大越好,一般情况下,四号字设置1.5倍行距,五号字设置1.3倍行距。

● 默认1倍行距

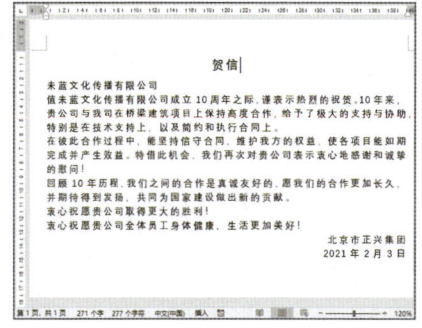

● 1.3倍行距

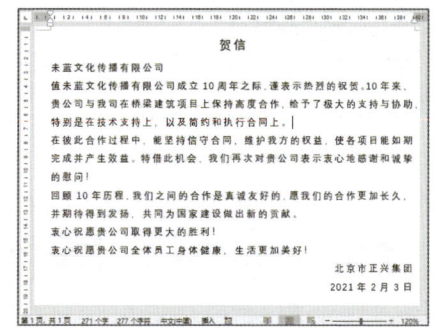

设置行距的方法

在Word中常用的设置行距的方法有两种,一种是直接选择预设好的行距,另一种是自定义行距。

在Word中预设了常用的几种行距,例如1.0、1.15、1.5、2.0、2.5和3.0。选择文本后,在"开始"选项卡的"段落"选项组中通过"行和段落间距"功能实现。下面介绍具体操作方法。

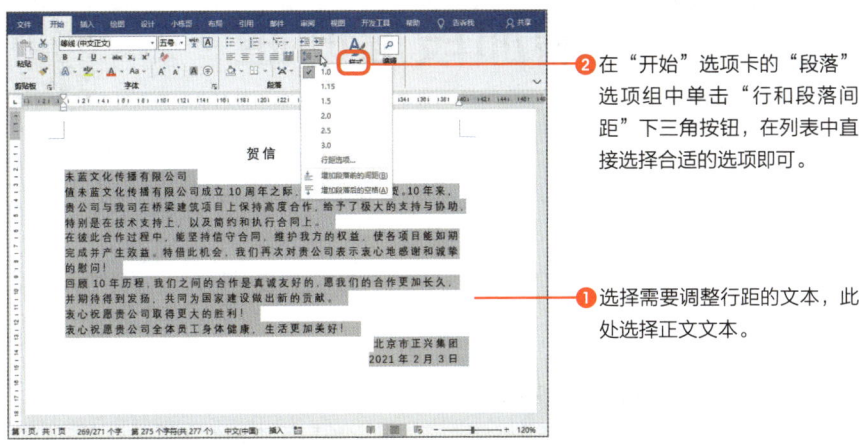

❷ 在"开始"选项卡的"段落"选项组中单击"行和段落间距"下三角按钮,在列表中直接选择合适的选项即可。

❶ 选择需要调整行距的文本,此处选择正文文本。

另外,我们可以通过"段落"对话框自定义行距。在"行和段落间距"列表中选择"行距选项"选项,即可打开"段落"对话框,在"缩进和间距"选项卡下设置行距即可。

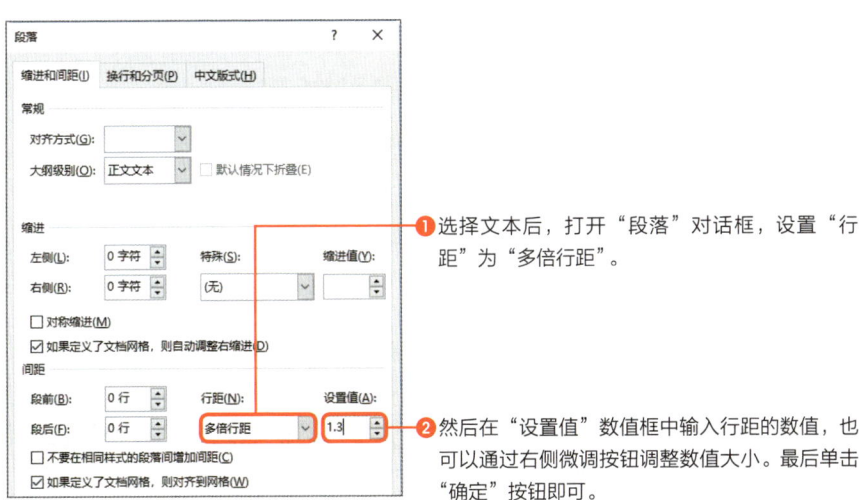

❶ 选择文本后,打开"段落"对话框,设置"行距"为"多倍行距"。

❷ 然后在"设置值"数值框中输入行距的数值,也可以通过右侧微调按钮调整数值大小。最后单击"确定"按钮即可。

> **这也很重要!**
>
> **打开"段落"对话框的方法**
>
> 除了上述方法打开"段落"对话框外,还有其他两种常用的方法。一种是单击"段落"选项组中对话框启动器按钮;另一种是右击文本,在快捷菜单中选择"段落"命令。

增加段落间距

扫码看视频

规范文稿的操作

段落间距的含义

段落间距是文档中段落与段落之间的距离。

为Word文档设置适当的段落间距，可以使文档层次更加鲜明。我们学习了字符间距、行间距和段落间距，在设置文档时，这3种间距之间是否有关联呢？答案是有的，应当遵循以下规律：

段落间距>行间距>字符间距。

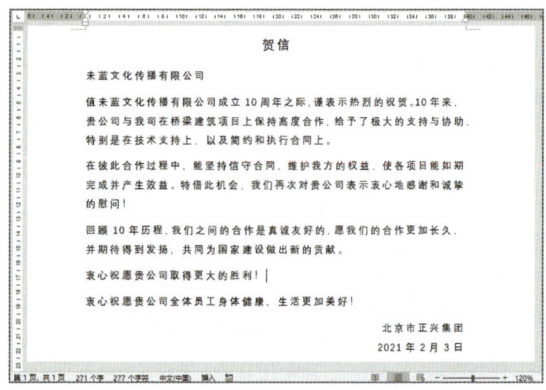

上图中段落间距大于行间距，浏览时可以很快了解文档中包含多少段落，而且文档整体结构层次也清晰。

设置段落间距的方法

我们可以通过常用的三种方法设置段落间距，其一在"行和段落间距"下拉列表中设置；其二在"段落"对话框中设置；其三在"布局"选项卡的"段落"选项组中设置。

我们可以直接通过"行和段落间距"功能增加段前或段后的间距，默认为12磅的距离。

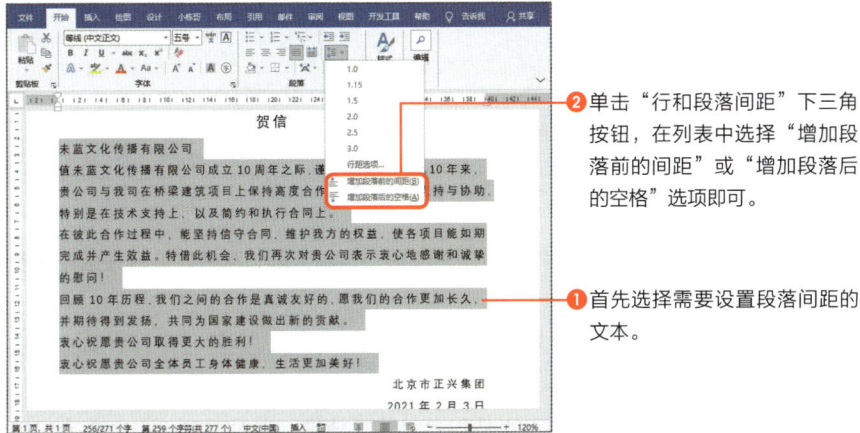

❷ 单击"行和段落间距"下三角按钮，在列表中选择"增加段落前的间距"或"增加段落后的空格"选项即可。

❶ 首先选择需要设置段落间距的文本。

在"段落"对话框的"间距"选项区域中设置"段前"或"段后"的值，其单位可以是"行"，也可以是"磅"。

在"段落"对话框中设置段前和段后的值。

在"布局"选项卡的"段落"选项组中也可以设置"段前"或"段后"的值，其单位也是"行"或"磅"。

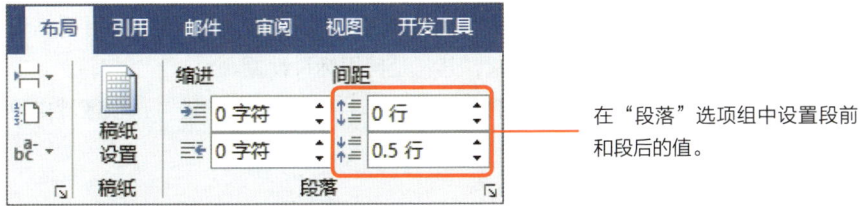

在"段落"选项组中设置段前和段后的值。

首行缩进2字符

扫码看视频

规范文稿的操作

首行缩进的含义

首行缩进是将段落的第一行从左向右缩进一定的距离，除首行外的段落中其他行都保持不变。

我们从小学写作文时，老师就一直强调，每段开头空两格，即首行缩进两字符，也符合人们的阅读习惯。

上一节介绍设置段落间距可以使段落结构更清晰，首行缩进不但符合人们的阅读习惯，而且能够区分段落结构。每个段落缩进2个字符，也是Word中排版的基本要求。

● 未设置首行缩进

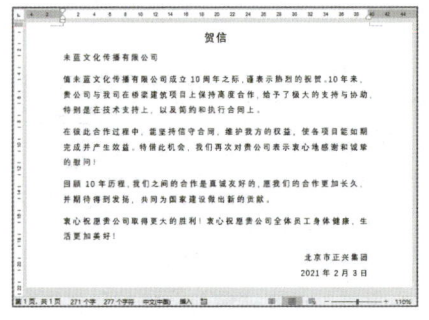

● 首行缩进2字符

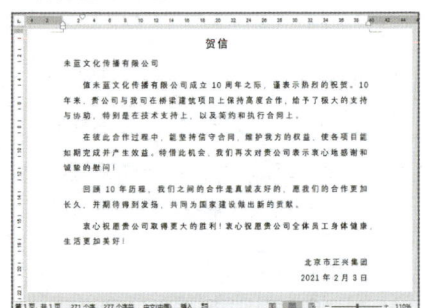

设置首行缩进的方法

在Word中可以通过3种方法设置首行缩进，其一是通过"段落"对话框设置，其二是通过键盘上的Tab键设置，其三是使用标尺设置。

选择正文中所有段落文本，打开"段落"对话框，在"缩进"选项区域中设置首行缩进。

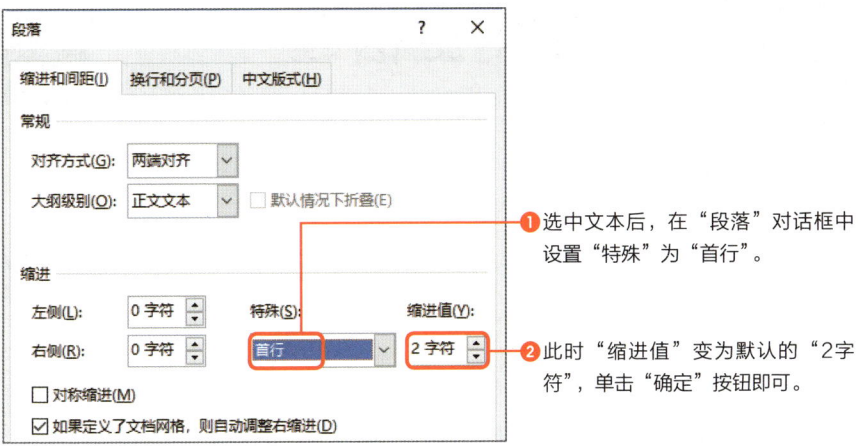

使用Tab键可以快速设置首行缩进，首先将光标定位在需要设置首行缩进2字符的段落，在第1个文字前按Tab键。该行缩进0.74厘米，相当于2个字符的距离。

如果选择文本，再按Tab键，则该段文本会向右缩进2个字符。

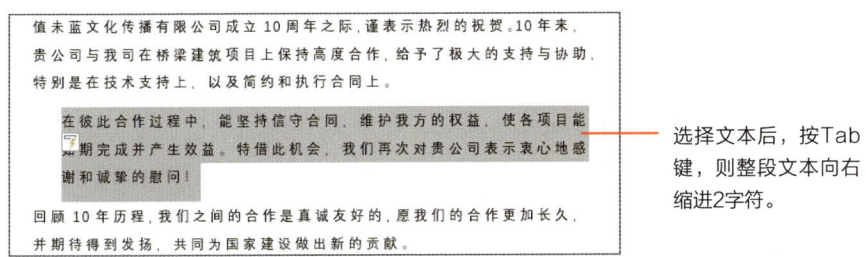

将光标定位在段落中，向右拖拽标尺左侧的"首行缩进"滑块到数字2处，释放鼠标左键即可完成首行缩进2字符的操作。

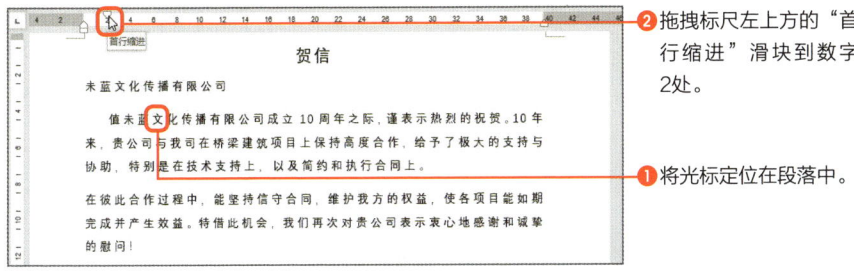

滥用空格键

扫码看视频

常见的
不规范操作习惯

使用空格键设置首行缩进

在使用Word文档时，一些不规范的操作，不仅降低了文档的制作效率、影响文档的整齐美观，而且再次编辑时也不容易修改。

上一节介绍了设置首行缩进的方法，相信很多读者之前虽然意识到段落前要空两格，但是通常是敲4下空格；甚至有的读者还要确认是不是4个空格。这就是不规范的操作，而且容易导致错误。

读者可以参考"首行缩进2字符，更符合习惯"章节中介绍的设置首行缩进2个字符的方法进行设置，此处不再演示。

使用空格设置对齐方式

在Word中设置文本的居中对齐或者右对齐时，很多读者也是通过疯狂地敲空格键来主观判断文本的位置。首先不说设置对齐方式是否准确，不停地敲空格键就很浪费时间。

正确的做法是：选择文本，在"开始"选项卡下"段落"选项组中单击指定的对齐按钮即可，操作简单、对齐准确。

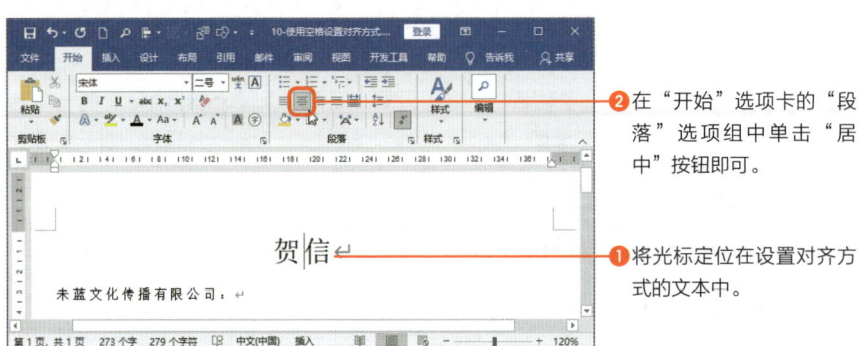

❷ 在"开始"选项卡的"段落"选项组中单击"居中"按钮即可。

❶ 将光标定位在设置对齐方式的文本中。

使用空格设置文本长度

设置不同长度的文本，令其长度相等时，有的读者是通过按空格键增加字符间距来调整文本长度的。这当然也是不可取的。如果是需要把4个字设置成和5个字的长度相同，该如何添加空格呢？最后发现无论怎么添加空格都影响美观。

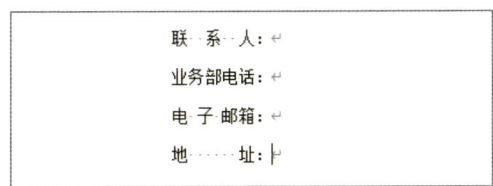

正确的做法：选择"联系人"文本，通过"调整宽度"功能设置3个文本的长度为5个文本的长度即可。

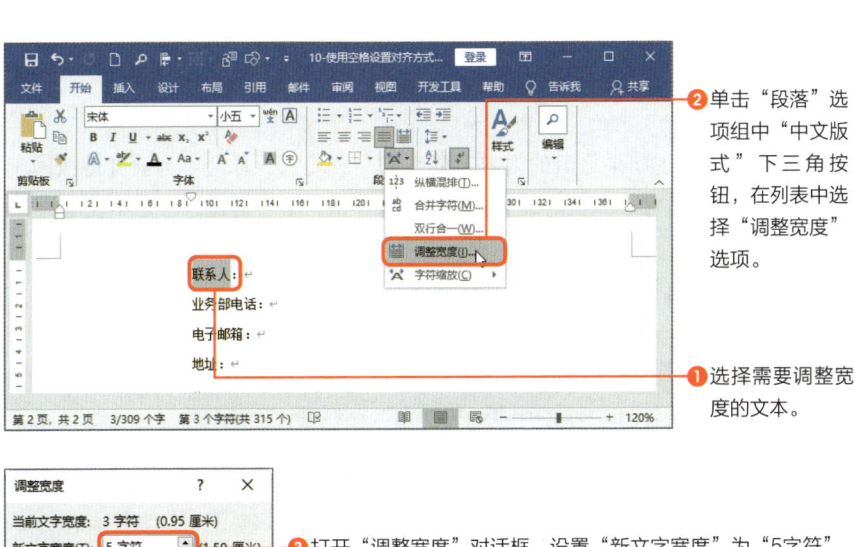

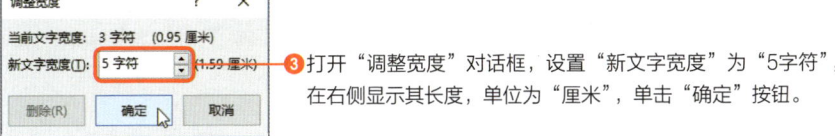

滥用回车键

扫码看视频

常见的
不规范操作习惯

使用回车键调整行间距或者段落间距

学习完行间距和段落间距设置后,再看到通过按回车键增加行间距和段落间距时,是不是感觉很可笑呢!使用回车键调整段落间距也是很多读者之前常用的不规范操作之一。

具体如何正确设置行间距和段落间距,此处不再赘述,读者可参考"适当增加行间距,文档更清晰"和"增加段落间距,文档层次更清晰"两节内容进行学习即可。

使用回车键分页

使用Word时,如果之后的内容需要在下一页输入,你会不会疯狂地按回车键,直到光标定位在下一页的最上方?这种操作很"费"键盘,也是不规范的。

正确的做法:光标定位在文本末,单击"布局"选项卡中"分隔符"下三角按钮,在列表中选择"分页符"选项即可。

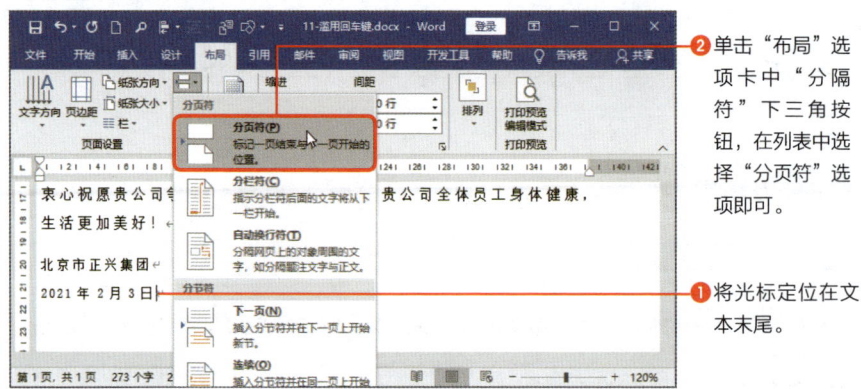

❷ 单击"布局"选项卡中"分隔符"下三角按钮,在列表中选择"分页符"选项即可。

❶ 将光标定位在文本末尾。

第2章

高效率工作者必备的操作技巧

设置快速访问工具栏

扫码看视频

快速使用常用的工具

认识快速访问工具栏

快速访问工具栏可以帮助我们更加高效便捷地使用Word中的工具,达到事半功倍的效果。快速访问工具栏即快速使用Word中的功能,默认位于页面的左上角,包含保存、撤销和恢复等功能。

单击快速访问工具栏右侧的下三角按钮,在列表中可以选择预设功能对应的选项,快速将选中的功能添加到快速访问工具栏中。同样,如果取消选择某功能选项也可从快速访问工具栏中删除。

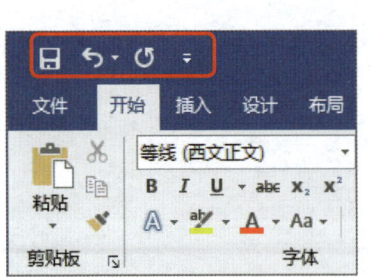

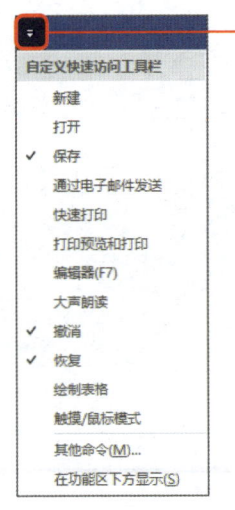

单击该按钮,在列表中选择对应的功能选项。

快速访问工具栏的作用如下。
- 放置入口较深又比较常用的功能选项。
- 放置高频使用的功能选项。

自定义快速访问工具栏的方法

快速访问工具栏这么好用,可不可以将多数功能都放在这里呢?当然不行,否则快速访问工具栏就变成杂货铺了。**最好是将经常使用的功能添加到工具栏中**,节省在不同选项卡之间切换的时间。

我们可以通过两种方法将常用功能添加到快速访问工具栏,分别是右键菜单法和对话框法。

1. 右键菜单法

将光标移到功能区指定的功能按钮上,单击鼠标右键,在快捷菜单中选择"添加到快速访问工具栏"命令。无论这个功能按钮是否被激活都可执行该操作。

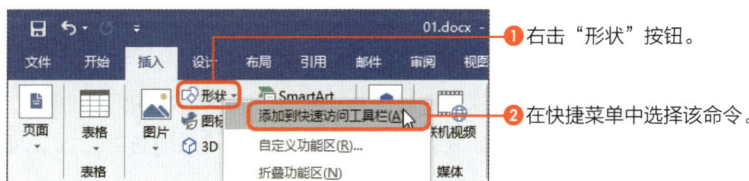

2. 对话框法

执行"文件>选项"选项,打开"Word选项"对话框,选择"快速访问工具栏"选项,在中间区域选择添加的功能选项,单击"添加"按钮,即可添加到快速访问工具栏中。我们还可以通过单击对话框右侧"上移"和"下移"按钮,调整任一功能选项在快速访问工具栏中的位置。

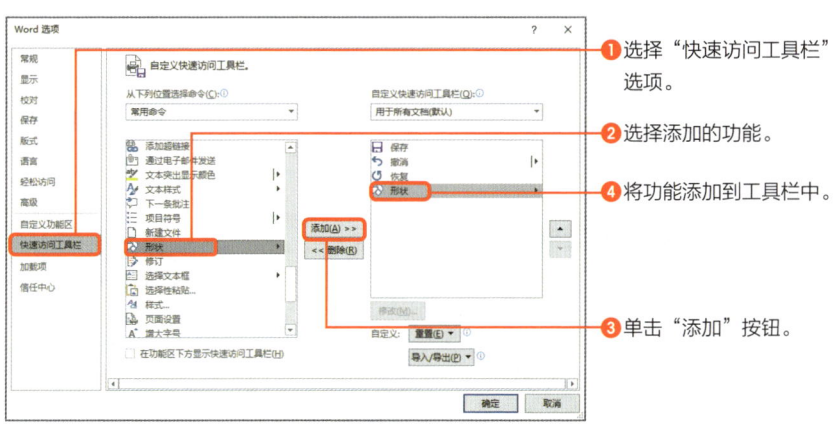

体验使用快速访问工具栏的便捷性

我们可以将"插入"选项卡"图片"列表中的"此设备"选项添加到快速访问工具栏,现在以在Word文档中插入图片的形式展示两种操作。

常规操作如下。

① 光标定位在插入图片处。
② 切换至"插入"选项卡。
③ 单击"图片"下三角按钮。
④ 在列表中选择"此设备"选项。
⑤ 在打开的"插入图片"对话框中选择图片,单击"插入"按钮。

使用快速访问工具栏进行操作如下。

① 光标定位在插入图片处。
② 单击快速访问工具栏中"此设备"按钮。
③ 在打开的"插入图片"对话框中选择图片,单击"插入"按钮。

可见,使用快速访问工具栏可以节省操作的时间,提高操作的效率。以下两图展示了这两种操作。

● 常规操作

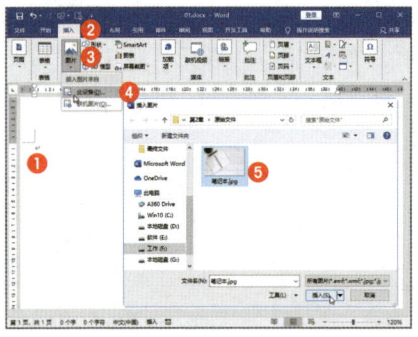

● 通过快速访问工具栏操作

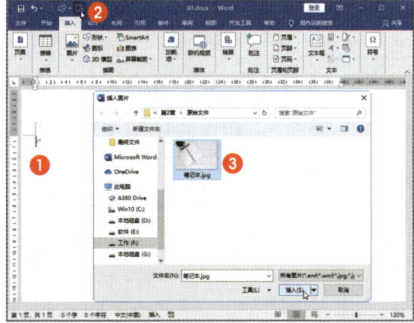

> **这也很重要!**
>
> **打开"Word选项"对话框的方法**
>
> 在Word中很多设置都需要打开"Word选项"对话框,下面介绍三种常用的方法。
> - 单击快速访问工具栏右侧下三角按钮,在列表中选择"其他命令"选项。
> - 在功能区任意空白处或功能按钮上右击,在快捷菜单中选择"自定义功能区"命令。
> - 单击"文件"标签,在列表中选择"选项"选项。

根据习惯调整快速访问工具栏的位置

快速使用常用的工具

快速访问工具栏只能在功能区上方吗

正所谓"工欲善其事，必先利其器"，建议每个常使用Word的职场人，花一点时间调整你的快速访问工具栏，就能更省时省力地制作各种文档了。

至此，快速访问工具栏并没有介绍完！先看下面两张图，比较哪个快速访问工具栏使用更方便。

● 快速访问工具栏在功能区上方

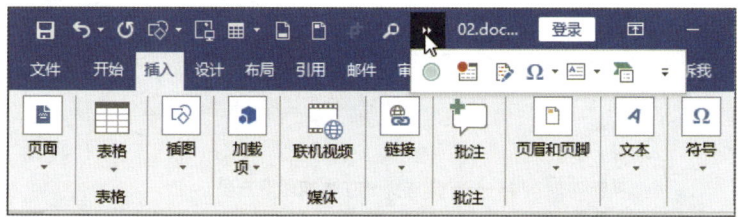

● 快速访问工具栏在功能区下方

快速访问工具栏在功能区上方时，如果添加的功能比较多，会有部分功能不能完整地显示，需要单击右侧 按钮显示隐藏的功能。因为快速访问工具栏中的所有功能按钮都是白色，只能靠外观来判断该按钮是什么功能，所以辨识度降低了。我们在页面中选中元素，还需要移动到窗口上方单击按钮，也很不方便。

快速访问工具栏在功能区下方时,可以显示完整的功能,不需要和标题共用有限的空间。各功能按钮是原来的样式,辨识度也增强,并且使用按钮时不需要大幅度移动鼠标。

调整快速访问工具栏位置的方法

既然快速访问工具栏在功能区下方如此方便,那如何调整其位置呢?我们可以单击快速访问工具栏右侧下三角按钮,在列表中选择"在功能区下方显示"选项来进行设置。

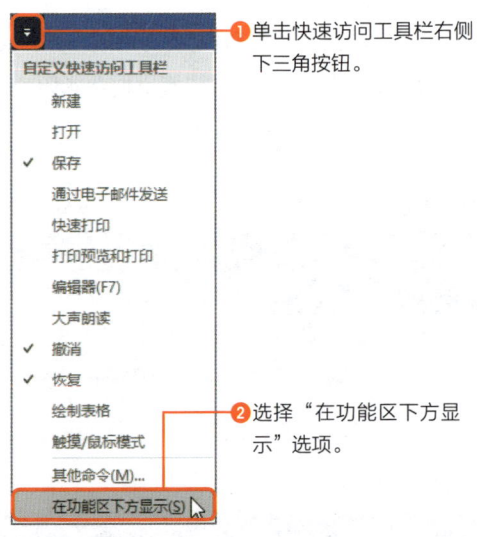

❶ 单击快速访问工具栏右侧下三角按钮。

❷ 选择"在功能区下方显示"选项。

如果需要将快速访问工具栏移到功能区的上方,则再次单击右侧下三角按钮,在列表中选择"在功能区上方显示"选项。

> **这也很重要!**
>
> **添加功能注意事项**
>
> 　　我们向快速访问工具栏添加相关功能时,建议将同一类的功能放在一起,例如形状、编辑形状、形状填充、形状轮廓等。
>
> 　　如果要从快速访问工具栏中删除功能,则先在工具栏中右击功能按钮,然后在快捷菜单中选择"从快速访问工具栏删除"命令。

定时保存制作的文档

扫码看视频

时刻手动保存Word文档

我们在使用Word文档时,使用快捷键可以快速执行某操作,提高工作效率。常用的快捷键除了Ctrl+S外,还有Ctrl+C、Ctrl+V、Ctrl+H等。

当我们全身心制作Word文档时,千万别忘记要经常按Ctrl+S组合键。

制作高质量的文档,从来不是一蹴而就的事情,在制作期间难免会出现意外情况,比如计算机突然死机、突然断电等,这会导致费尽心思制作的成果没来得及保存便消失殆尽。

使用Ctrl+S组合键可以保存当前文档,即使突然断电,也可以将损失降到最小。在使用Ctrl+S组合键保存文档时,如果是操作一步按一下,不仅很麻烦,而且会打断我们的操作思路。

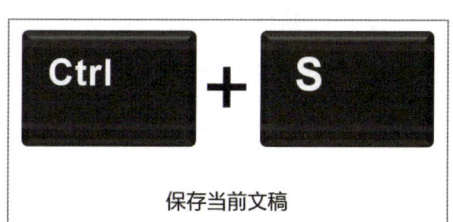

保存当前文稿

设置定时保存文档

手动保存文档不是很可靠,**设置每隔一段时间就自动保存一次**,我们就可以专心制作Word文档了。如果突然发生意外,可以根据自动恢复文件的位置去查找上次保存的文件。

在设置自动保存时间时,并不是时间越短越好,时间越短越占用计算机内存空间,容易造成卡顿和崩溃。 当然计算机内存和性能很高的可以忽略。

如果Word非正常关闭，而且没及时保存，下次再打开Word软件时，单击"文件"标签，在列表中选择"信息"选项。在右侧区域的"管理文档"下方显示"今天11:05（当我没保存就关闭时）"信息，如果单击该信息，则打开关闭文档时名称相同的文档，该文档为"只读"状态。

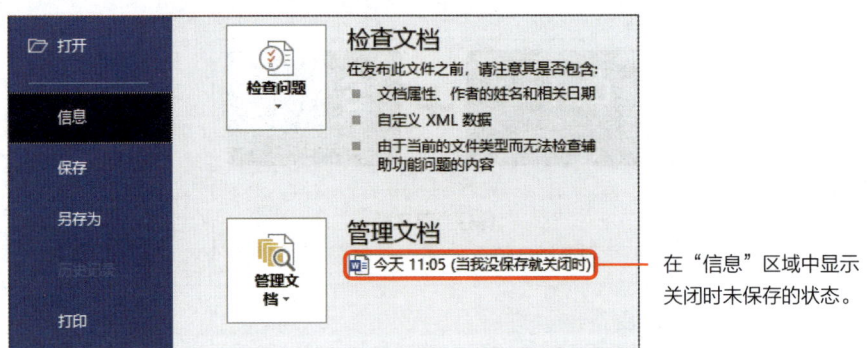

合理执行撤销操作

扫码看视频

手动撤销和恢复

在现实生活中，我们会因为后悔做某件事，说"如果时间能倒流，我绝对不会……"。现实是没有后悔药的，但是在Word中可以随时后悔，而且可以一直后悔。

在实际操作中，只需要按Ctrl+Z组合键就可以撤销一步。如果我们一直按就可以一直撤回。

当我们步数出现失误，还可以按Ctrl+Y组合键恢复操作。

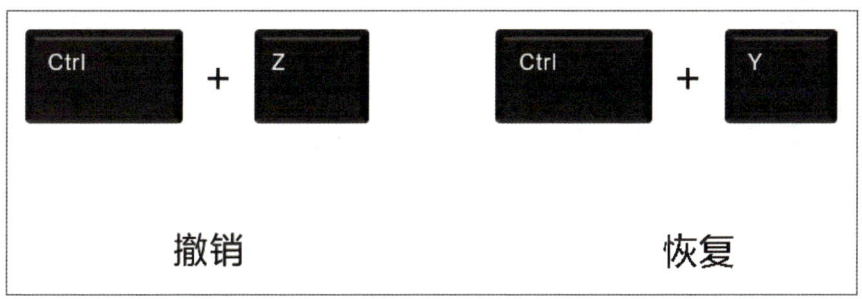

除了使用快捷键进行撤销和恢复操作外，我们还可以通过快速访问工具栏中相关功能按钮实现。

单击该按钮，撤回上步操作，相当于按Ctrl+Z组合键。

单击该按钮，恢复上步操作，相当于按Ctrl+Y组合键。

撤销多步操作

当我们对制作的结果不满意、需要撤销很多步时，可以一直按Ctrl+Z组合键；也可以通过"撤销键入"按钮一次撤销到指定的操作。Word中默认的撤销频数已经足以解决我们的错误操作问题。

在快捷访问工具栏中单击"撤销键入"下三角按钮，在列表中显示到目前为止文档的所有操作内容。如果在列表中直接选择撤销操作点对应的选项，那么之前所有显示为灰色底纹的选项均表示将要撤销。

❶ 单击"撤销键入"下三角按钮。

❷ 在列表中选择撤销操作点对应的选项，文档即撤销到该选项对应的状态。

> **这也很重要！**
>
> **设置显示最近打开的文档数量**
>
> 在"Word选项"对话框中选择"高级"选项，在右侧"显示"选项区域中设置"显示此数目的'最近使用的文档'"的数值。在Word的"开始"或"打开"界面的右侧会显示设置数量的最近打开文档。如果该数值设置为0，则不显示最近打开的文档。

防止字体效果丢失

扫码看视频

首先看两份文档

● 原文档的效果

● 其他计算机打开的效果

比较两份文档,左侧是使用书法字体的文档,当把文档发送到其他计算机上时,字体发生了变化。

那么同样的文档为什么在不同计算机中会出现不同的效果呢?这是因为不同的计算机安装了不同的字体,如果**计算机中字体和文档中字体不匹配,就会自动替换为其他字体,出现字体丢失现象**。

Word中文档无论是排版、图片、字体等都是精心设计的,**字体一旦改变了,原文档的效果就没了**。这也是我们使用Word文档时尽量使用常见通用字体的原因,这样普通传阅就不会出现这种问题。

那么我们该如何解决字体丢失的问题呢?第一种方法:让查看Word文档的计算机也安装同样的字体;第二种方法:将字体嵌入到文件中。

如果Word文档流动比较频繁,是无法为每台计算机安装相同的字体的,何况有可能会涉及到字体侵权。所以,我们推荐第二种方法。

将字体嵌入到文件中

将字体嵌入到Word文档中,在其他计算机上查看时即使没有安装相同的字体,也可以查看文档原来的效果,而且还可以编辑文档中的文本。

下面介绍将字体嵌入到Word文档中的方法。

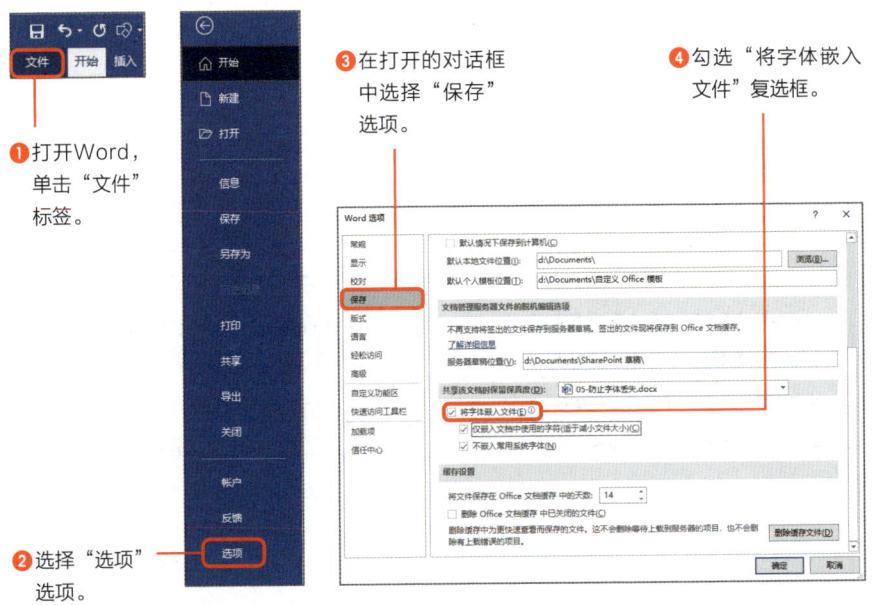

在"Word选项"对话框中勾选"将字体嵌入文件"复选框后,激活下方两个单选按钮。勾选"仅嵌入文档中使用的字符(适于减小文件大小)"复选框,含义是只嵌入字符。选择该复选框的优点是**文件空间小,缺点是无法在其他计算机上编辑**。

勾选"不嵌入常用系统字体"复选框,**设置不自动嵌入系统自带的字体到文档中**。

为了防止字体丢失,除了将字体嵌入文件外,我们平时制作Word文档时尽量使用常见的字体或者计算机自带的默认字体。

启动自动检查功能

扫码看视频

对比检查功能的优势

● 未开通自动检查功能　　　　● 开通自动检查功能

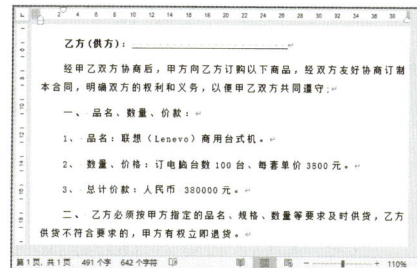

两个文档的差别在于红色的波浪线和蓝色双下划线的不同。这些线段是系统自动添加的,它们代表不同的含义。**红色波浪线表示Word检查出该单词出现拼写错误,需要进行修改;蓝色双下划线表示Word检查出该词语语法可能存在问题。**

当我们在Word中输入大量文字时,难免会出现输入错误或者语法问题,此时Word的自动检查功能可以帮助检查这些错误并进行标记。我们在检查文档时,首先要处理标记错误的地方。

启动自动检查功能

Word提供了错误检查处理功能,包括自动检查拼写和语法、自动处理错误、统计文档字数、自动更改字母大小写等。本节只介绍和拼写语法相关的功能,其他功能将在以后章节中介绍。

首先,介绍在Word中开启自动检查功能的方法。

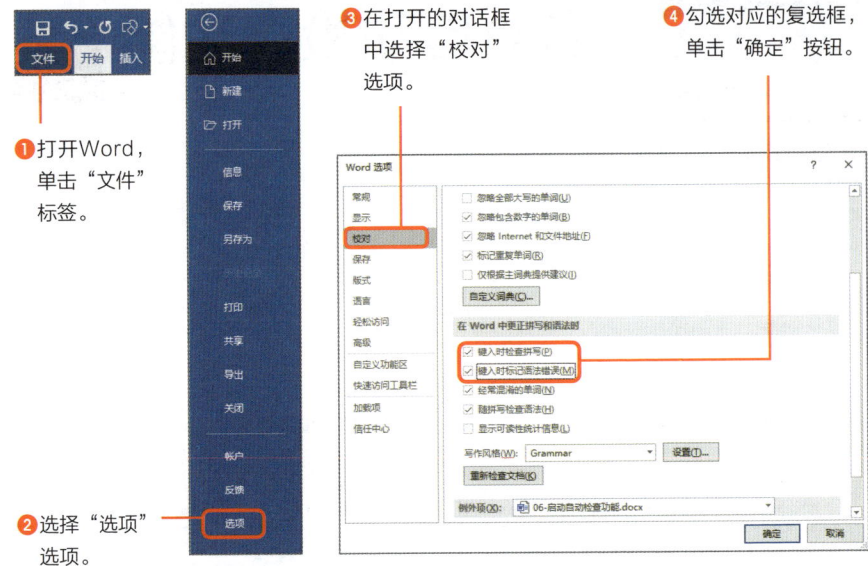

处理检查的结果

Word不仅提供自动检查功能，还提供了"校对"功能，可以为我们提供正确的拼写。下面介绍具体操作方法。

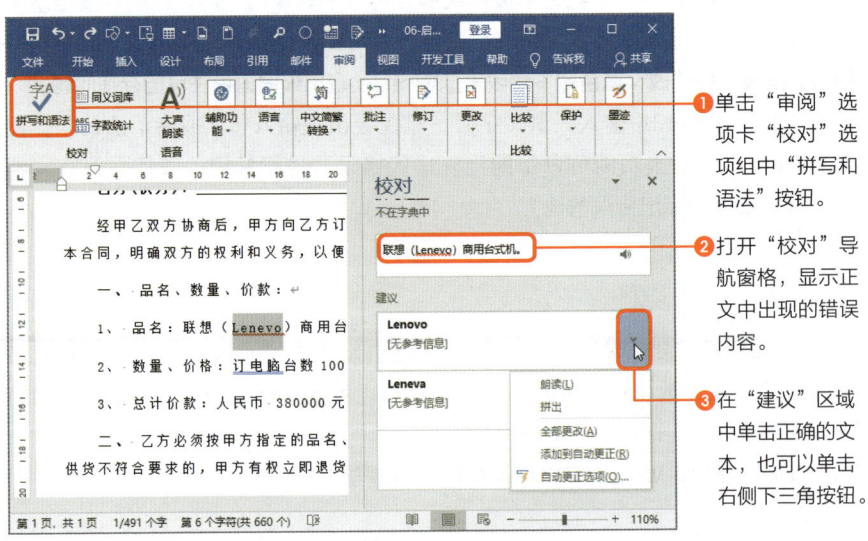

为文档设置用户名

扫码看视频

使工作效率翻倍的5大习惯

为Word文档设置用户名的好处

在使用Word时,我们经常会发现在某些地方显示Administrator,这就是Word的默认用户名,当我们查看文档的信息、添加批注和修订文档时系统都会显示。那为什么要修改文档用户名呢?下面以为文档添加批注为例,介绍修改文档用户名的必要性。

● 默认用户名

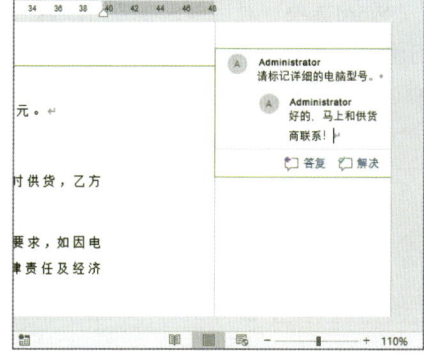

● 修改后用户名

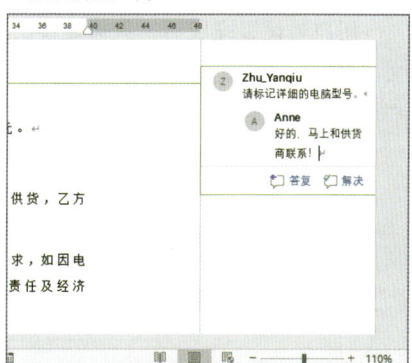

上左图中批注的人和答复的人都没有修改用户名,此时好像是Administrator在自言自语。上右图修改了用户名,二者之间的对话很清晰,读者一目了然。

设置用户名的方法

修改Word的用户名也需要在"Word选项"对话框中进行,下面介绍具体操作方法。

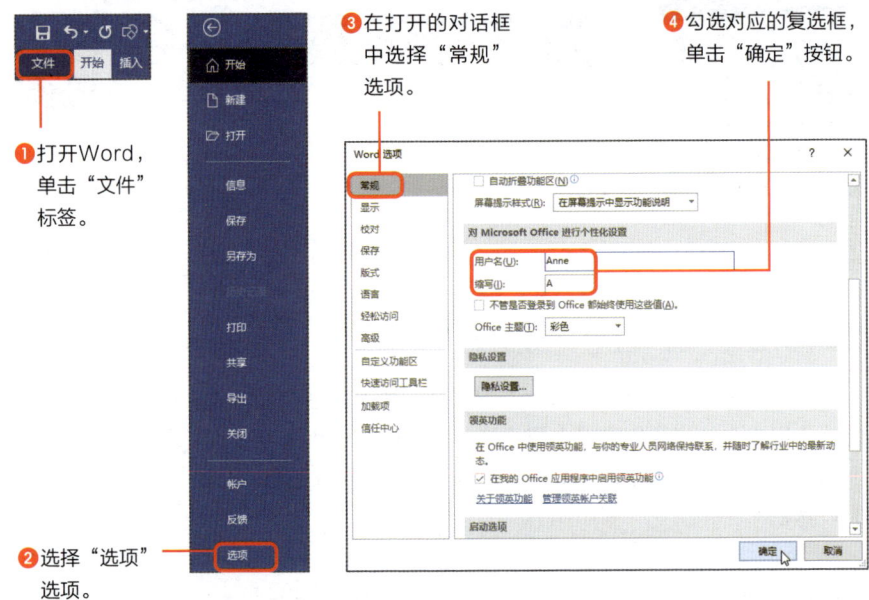

用户名设置完成后，只需要再次打开"Word选项"对话框，在"用户名"文本框中输入中文即可。在文档信息中显示修改后的用户名，批注框中之前的用户名是不会被修改的，再添加批注时，用户名则为修改后的名称。

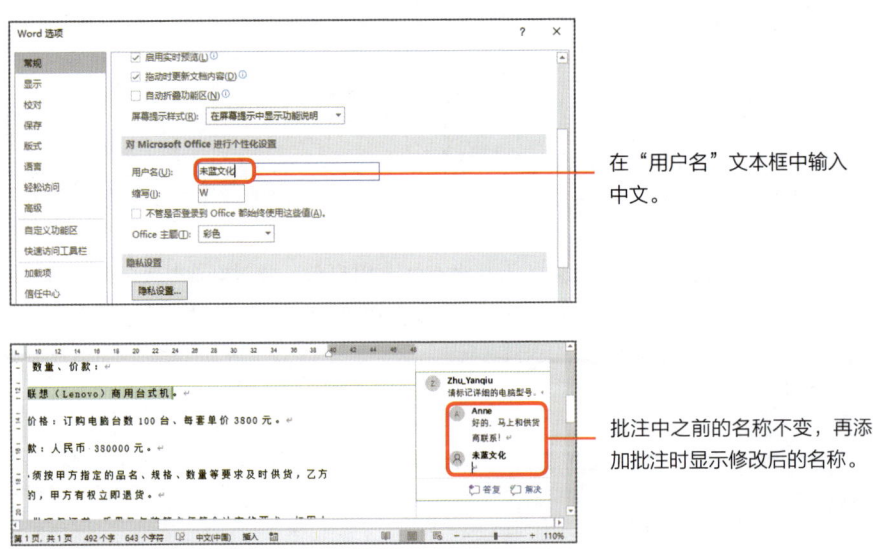

更改文件的作者信息

使用Word制作文档时，**文档会自动记录作者的信息**，我们可以根据需要更改文件的作者信息，例如更改作者的名称。

下面介绍更改文件作者信息的方法。

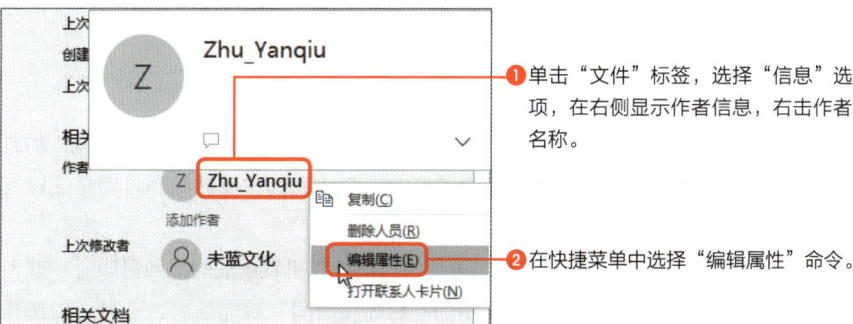

❶ 单击"文件"标签，选择"信息"选项，在右侧显示作者信息，右击作者名称。

❷ 在快捷菜单中选择"编辑属性"命令。

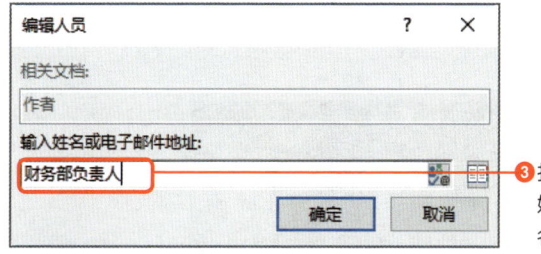

❸ 打开"编辑人员"对话框，在"输入姓名或电子邮件地址"文本框中输入名称，单击"确定"按钮。

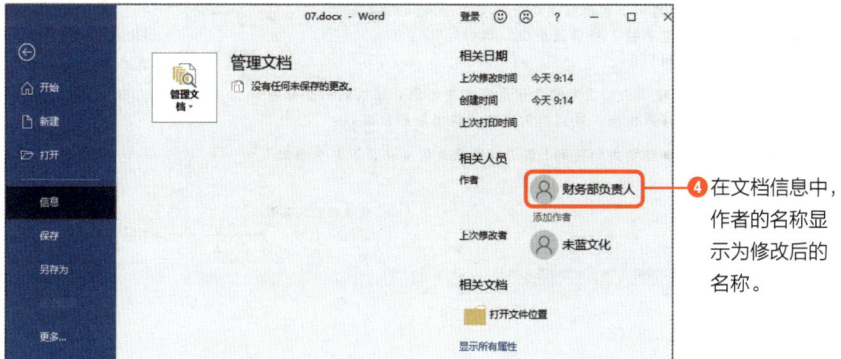

❹ 在文档信息中，作者的名称显示为修改后的名称。

快速输入时间和日期

实用专业的输入技巧

扫码看视频

选择时间和日期格式

当我们需要在Word中输入时间和日期来规范文档的时效,通过**手动输入的方式输入时间和日期,只要不修改是不会改变的**。只要我们按照时间和日期格式输入即可,该方法就不再介绍了。

当需要输入的**时间和日期要随时更新为当前计算机系统的时间和日期**时,就不能直接输入了,我们可以通过Word中的"**日期和时间**"功能插入,并且可以选择日期和时间的格式。

下面介绍通过"日期和时间"功能插入日期和时间的方法。

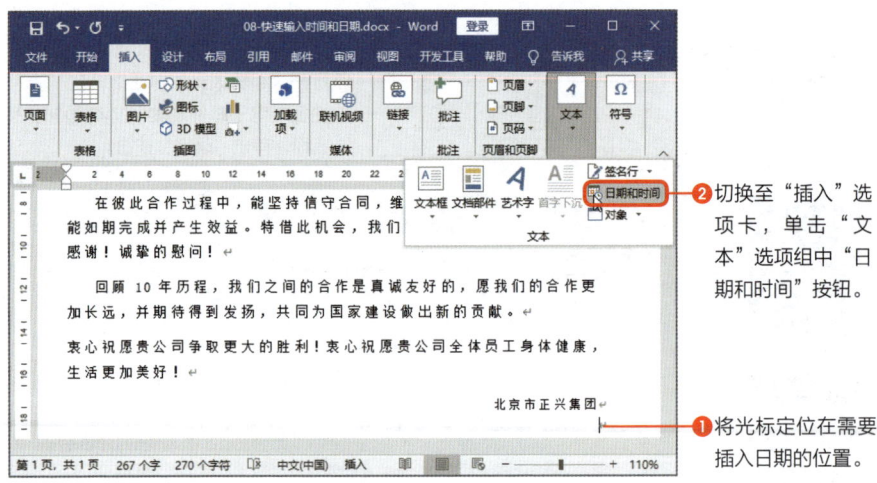

❶ 将光标定位在需要插入日期的位置。

❷ 切换至"插入"选项卡,单击"文本"选项组中"日期和时间"按钮。

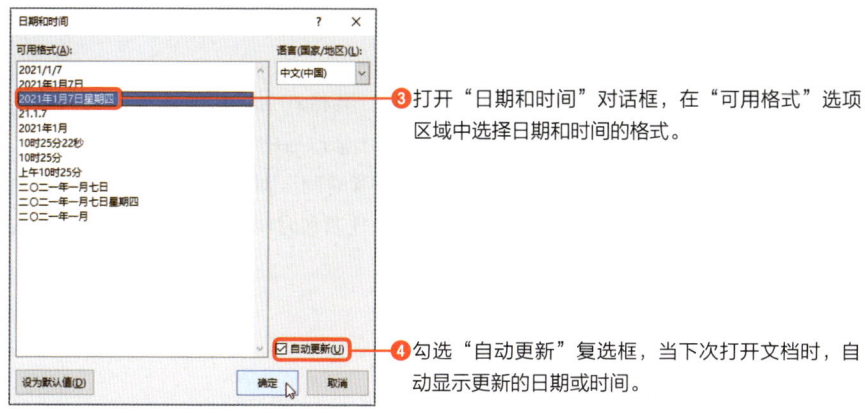

❸ 打开"日期和时间"对话框,在"可用格式"选项区域中选择日期和时间的格式。

❹ 勾选"自动更新"复选框,当下次打开文档时,自动显示更新的日期或时间。

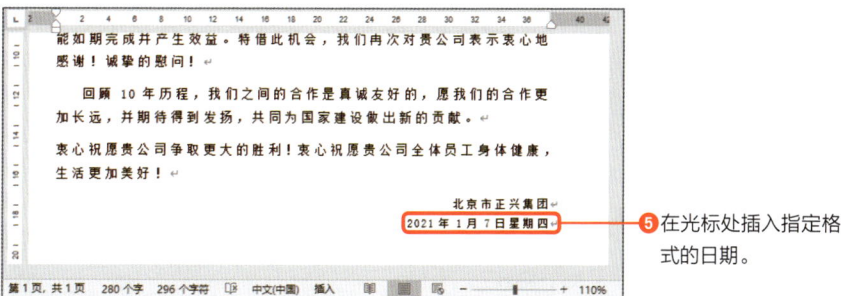

❺ 在光标处插入指定格式的日期。

使用快捷键插入日期和时间

在Word中可以使用快捷键快速插入当前的日期或时间,均为默认格式,而且也会随时更新为当前的日期或时间。

在Word中按Alt+Shift+D组合键插入计算机系统中当前的日期,按Alt+Shift+T组合键插入计算机系统中当前的时间。

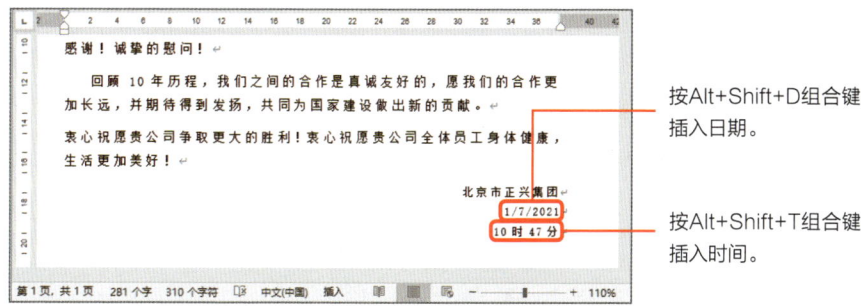

按Alt+Shift+D组合键插入日期。

按Alt+Shift+T组合键插入时间。

设置默认的日期和时间格式

在Word中使用快捷键插入日期和时间时,其格式为默认的格式。我们可以根据需要修改格式,再次使用快捷键插入则显示修改后的日期和时间格式了。

修改默认日期和时间格式仍然要在"日期和时间"对话框中进行,所以切换至"插入"选项卡,单击"文本"选项组中"日期和时间"按钮。下面介绍修改默认日期和时间格式的具体操作方法。

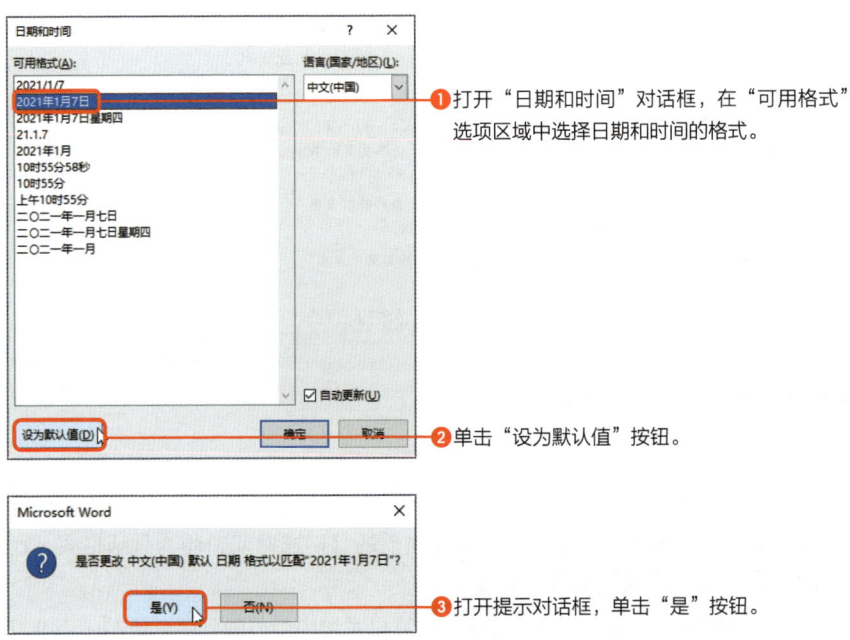

❶ 打开"日期和时间"对话框,在"可用格式"选项区域中选择日期和时间的格式。

❷ 单击"设为默认值"按钮。

❸ 打开提示对话框,单击"是"按钮。

根据相同的方法修改默认的时间格式,再使用快捷键插入日期和时间,即可应用修改后的默认格式。

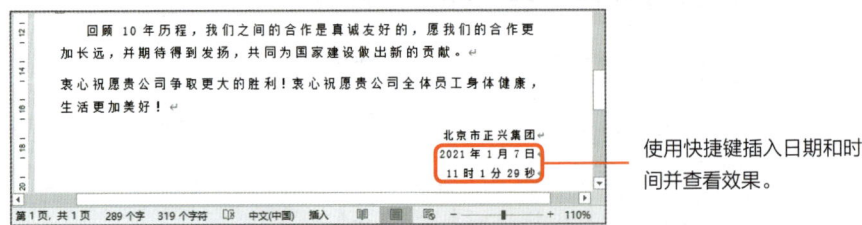

使用快捷键插入日期和时间并查看效果。

数字大小和繁简快速转换

扫码看视频

数字大小转换

现实生活中,在填写银行、财务上的各种票据以及结算凭证时,要求数据必须准确、规范,所以一般要填写大写的数字。对不经常使用大写数字的人来说,输入时是不太方便的。

在Word中,我们可以输入阿拉伯数字,然后转换成大写的,既规范又准确,下面介绍具体操作方法。

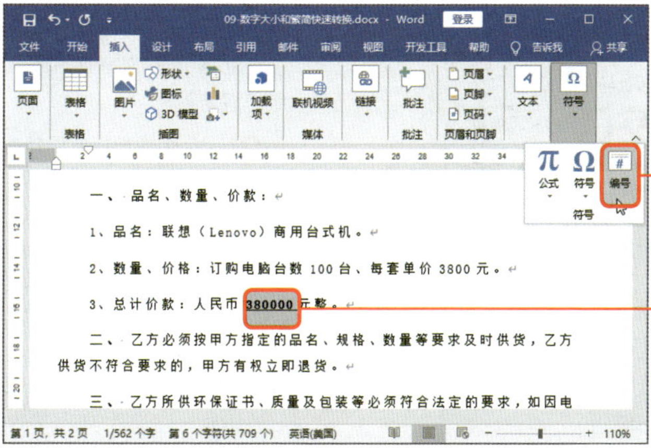

❶ 首先选择需要转换为大写的数字。

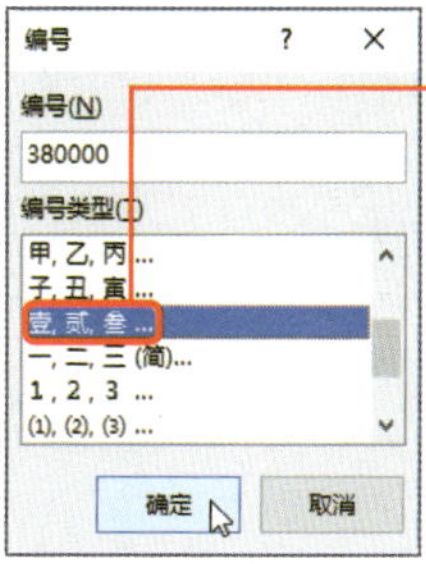

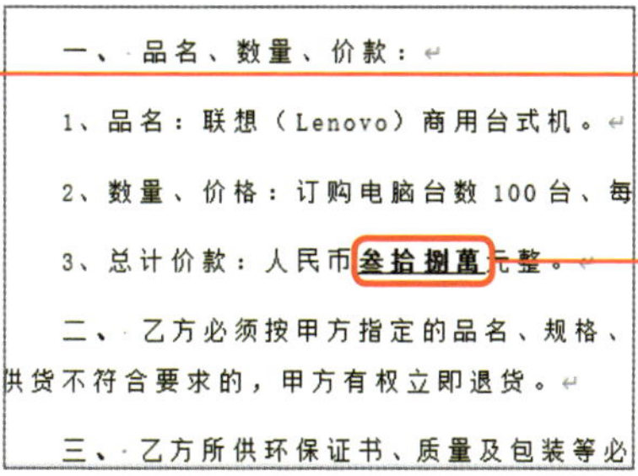

❷ 单击"插入"选项卡"符号"选项组中的"编号"按钮。

❸ 打开"编号"对话框,选择大写汉字对应的选项。

❹ 单击"确定"按钮,可见数字转换为大写汉字了。

繁简相互转换

繁体字至今已有两千多年的历史，也称为繁体中文，一般指汉字简化运动中被简化字所代替的汉字。

简体字也称为简体中文，是现代中文一种标准化的写法。

现在我们使用的汉字都是简体字，有时为了使古代的文学更有韵味，要采用繁体字。现在仍然有使用繁体字的地区，例如中国港澳台地区、新加坡以及马来西亚等海外华人居住区。

在Word中可以一键进行汉字的繁简转换，即使我们没有学过繁体字或简体字也可以准确、快速输入。下面介绍具体操作方法。

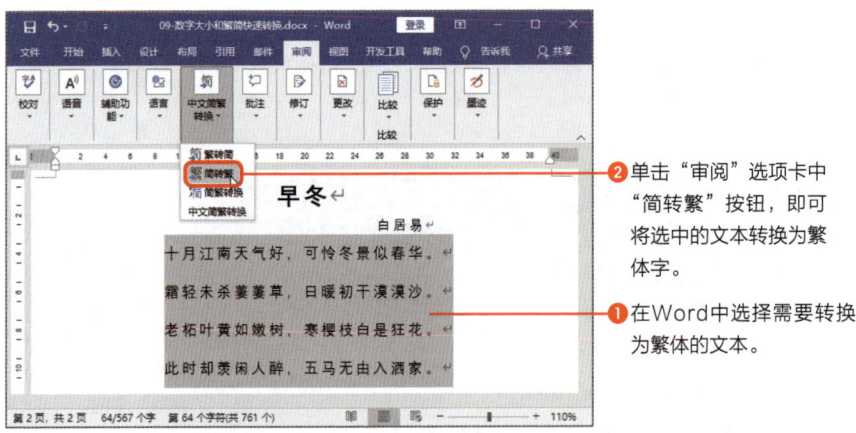

❷ 单击"审阅"选项卡中"简转繁"按钮，即可将选中的文本转换为繁体字。

❶ 在Word中选择需要转换为繁体的文本。

同样如果将繁体字转换成简体字，则选择文本，单击"繁转简"按钮即可。我们也可以单击"简繁转换"按钮，打开"中文简繁转换"对话框，选择转换的方向，再单击"确定"按钮。

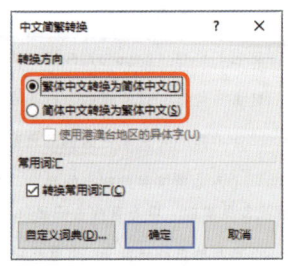

巧为生字加拼音

扫码看视频

在汉字上方添加拼音

Word不仅仅是文字处理和排版的软件，还是学习工具哦！例如**在Word中遇到不认识的汉字，可以添加拼音**，省去我们翻阅字典的麻烦。

在Word中默认添加的拼音位于对应汉字的上方，用户也可以对添加的拼音设置格式。下面以几个罕见字为例，介绍添加拼音的方法。

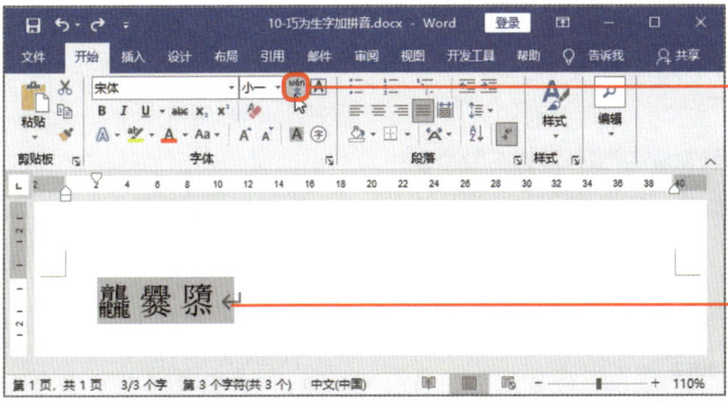

❷ 单击"开始"选项卡下"字体"选项组中"拼音指南"按钮。

❶ 在Word中选择需要添加拼音的文本。

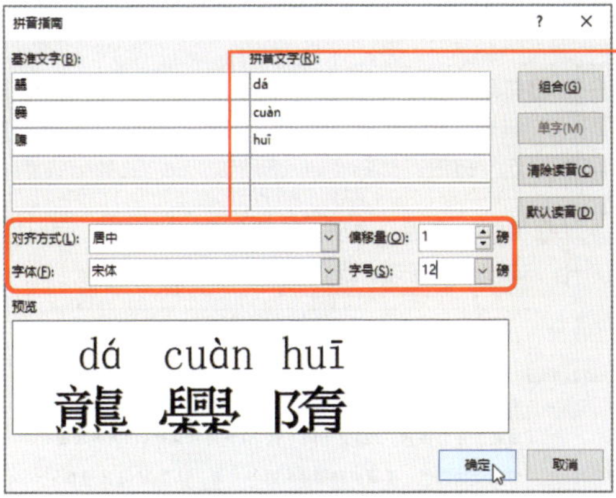

❸ 打开"拼音指南"对话框，设置拼音的对齐方式、字体、偏移量和字号。可以在"预览"区域查看设置的效果。

❹ 返回文档查看选中的文本上方添加的拼音。

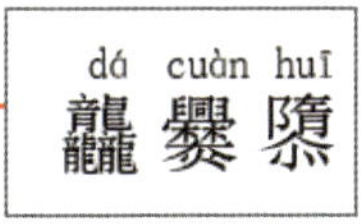

横排显示拼音

在Word中默认添加的拼音位于文字的上方,无疑会增加行距。对整篇文本进行排版时,有的行距大有的行距小,影响美观。我们可以在汉字的右侧显示拼音,即横排显示拼音。

● 拼音显示在上方

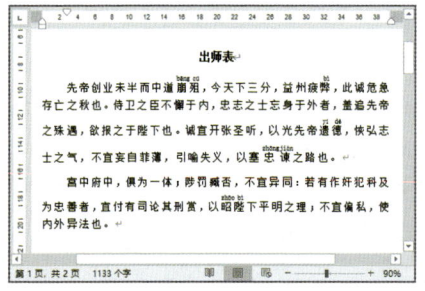

● 拼音显示在右侧

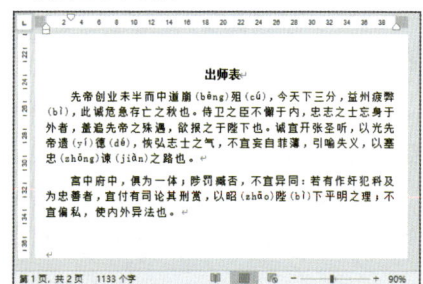

下面介绍横排拼音的方法。

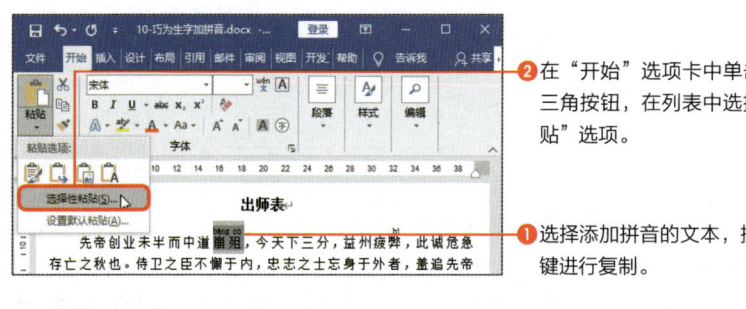

❶ 选择添加拼音的文本,按Ctrl+C组合键进行复制。

❷ 在"开始"选项卡中单击"粘贴"下三角按钮,在列表中选择"选择性粘贴"选项。

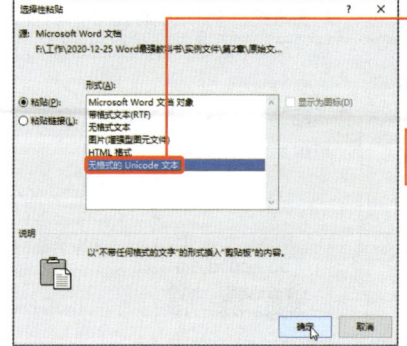

❸ 打开"选择性粘贴"对话框,在"形式"列表框中选择"无格式的Unicode文本"选项,单击"确定"按钮。

❹ 操作完成后,拼音会显示在汉字的右侧,而且格式和正文格式一致。

输入千奇百怪的符号

第 2 章 Word 11 实用专业的输入技巧

扫码看视频

输入特殊符号

我们在制作各种文案时经常使用特殊符号,若键盘上没有,可通过选择符号的方式插入,例如正方形中打勾的符号。

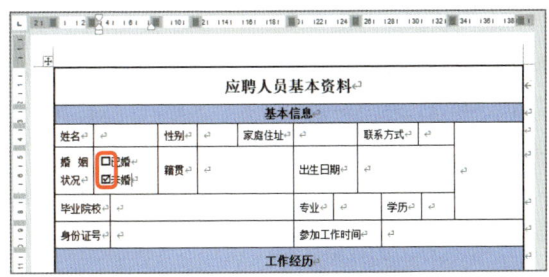

下面介绍输入特殊符号的方法。

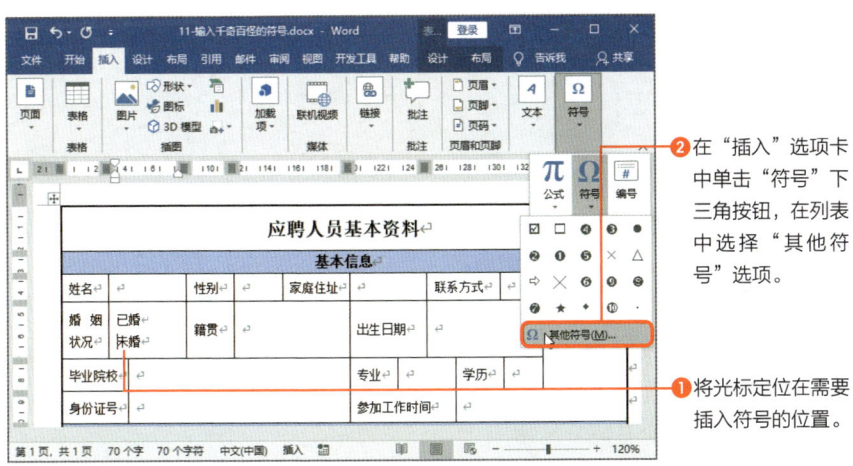

❶ 将光标定位在需要插入符号的位置。

❷ 在"插入"选项卡中单击"符号"下三角按钮,在列表中选择"其他符号"选项。

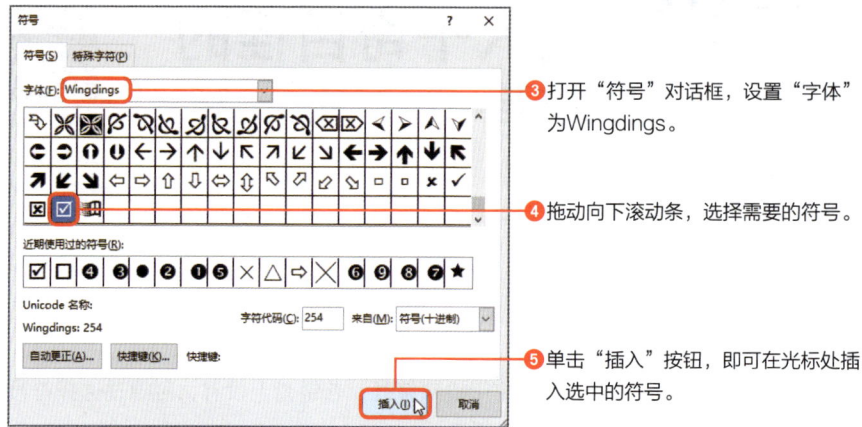

通过自动更正功能快速输入符号

我们可以**将常用的符号通过"自动更正"功能快速插入到Word文档中**,省去通过"符号"对话框插入符号的操作。

通过"自动更正"功能可以将符号用对应的文本代替,在Word中输入设置的文本后自动显示对应的符号。在"符号"对话框中,单击"自动更正"按钮,在打开的对话框中设置即可。

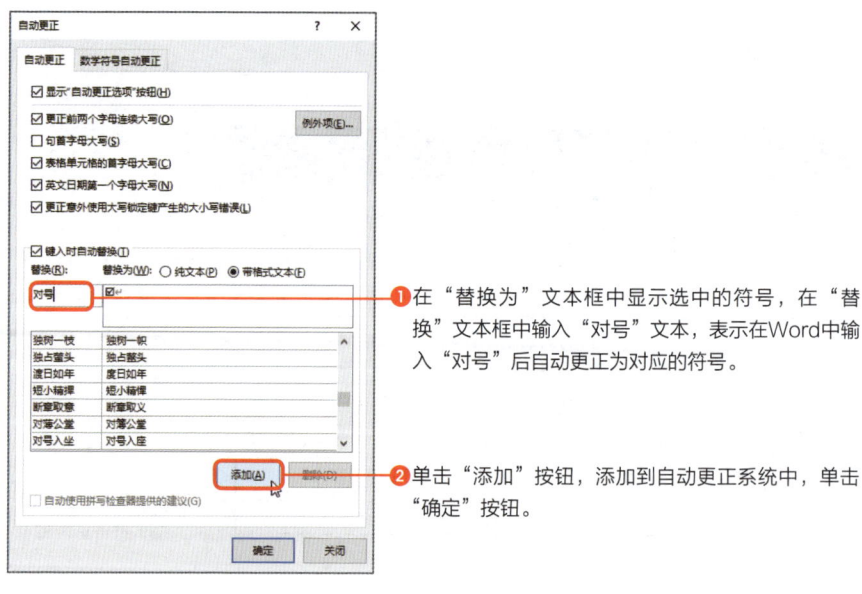

输入商标符号

通过Word中快捷键可以快速输入商标和版权符号。TM商标的快捷键为Alt+Ctrl+T；R商标的快捷键为Alt+Ctrl+R；版权符号的快捷键为Alt+Ctrl+C。我们也可以通过"符号"对话框输入，其中包含20多种特殊的符号。

打开"符号"对话框，切换至"特殊字符"选项卡，在中间区域选择，右侧有快捷键时，可以通过指定的快捷键输入。

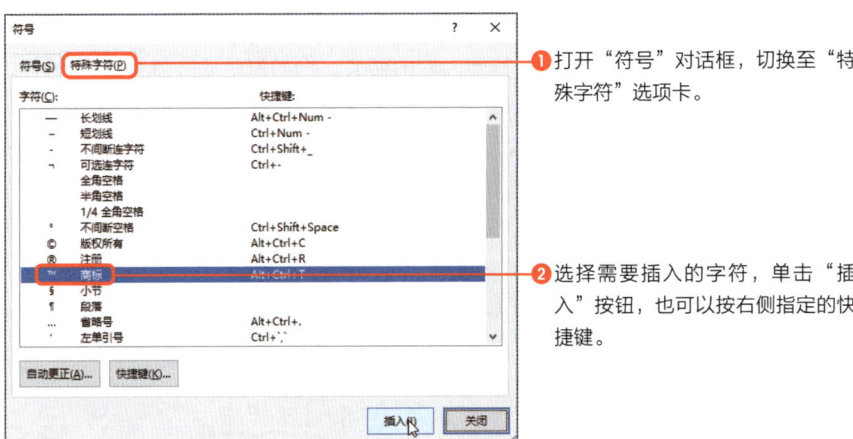

❶ 打开"符号"对话框，切换至"特殊字符"选项卡。

❷ 选择需要插入的字符，单击"插入"按钮，也可以按右侧指定的快捷键。

在"符号"对话框中除了输入符号和字符外，还可以输入不常见的文字。在"符号"选项卡中设置"字体"后，在中间区域选择文字后单击"插入"按钮。

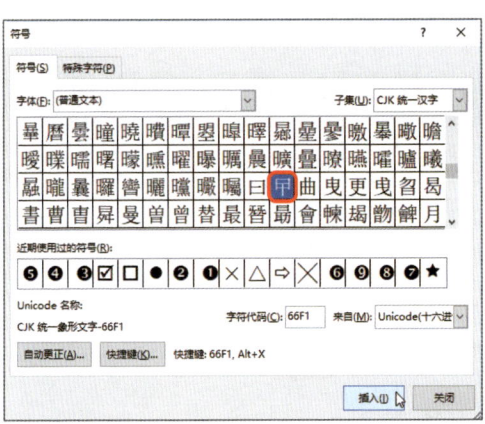

输入数学或化学公式

第 2 章
12 Word
实用专业的输入技巧

扫码看视频

输入数学公式

Word开发人员也考虑到一些特殊人群的需要,例如数学老师需要输入各种公式。使用Word的"公式"功能,可以轻松输入各种数学公式,为老师解决难题。

Word中内置了许多公式样式,我们可以直接通过"公式"功能输入相关公式,然后进行修改即可。下面介绍在Word中输入数学公式的方法。

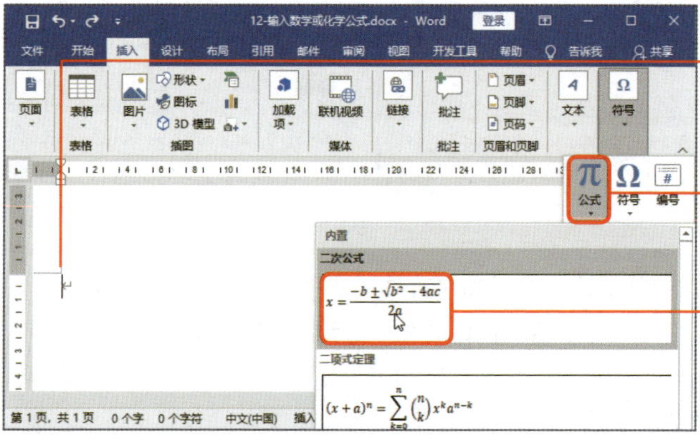

❶ 将光标定位在需要插入公式的位置。

❷ 单击"插入"选项卡下"公式"下三角按钮。

❸ 选择合适的公式选项。

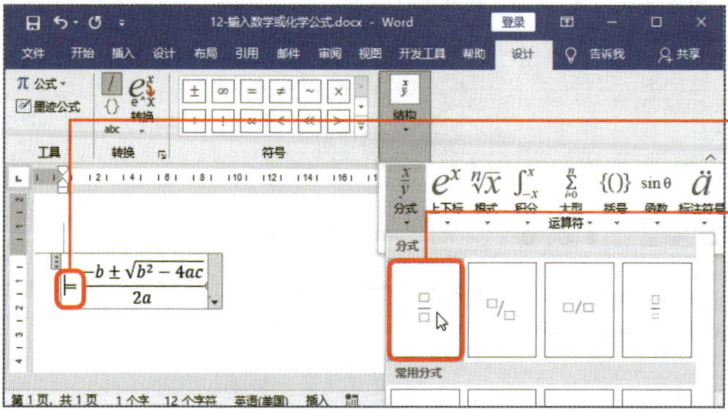

❹ 在等号左侧删除原数据。

❺ 在"公式工具—设计"选项卡中单击"分式"下三角按钮,在列表中选择"分式(竖式)"选项。

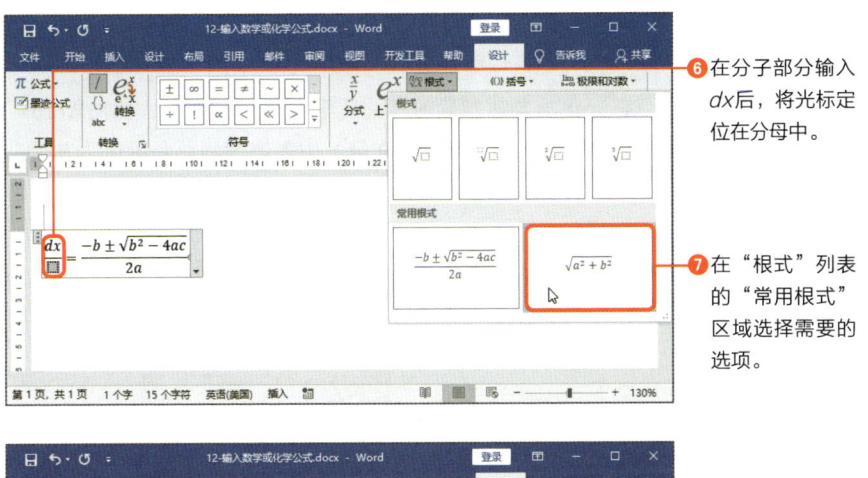

❻ 在分子部分输入 dx 后，将光标定位在分母中。

❼ 在"根式"列表的"常用根式"区域选择需要的选项。

❽ 在根号中修改字母，选择加号。

❾ 在"符号"选项组中单击"其他"按钮，在列表中选择"加减"符号。

根据相同的方法删除等号右侧数据，再添加公式即可。单击公式右侧下三角按钮，在列表中选择"线性"选项，即可以线性方式显示该公式。

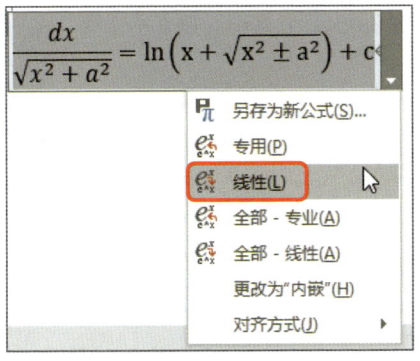

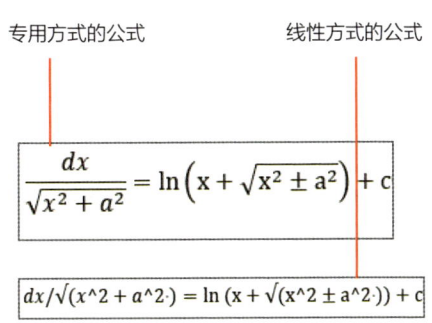

专用方式的公式

$$\frac{dx}{\sqrt{x^2+a^2}} = \ln\left(x + \sqrt{x^2 \pm a^2}\right) + c$$

线性方式的公式

$dx/\sqrt{(x^2+a^2\cdot)} = \ln(x + \sqrt{(x^2 \pm a^2\cdot)}) + c$

输入化学方程式

相信读者都不会忘记化学老师布置的有关化学方程式的作业,使用Word可以轻松输入任意复杂的方程式。下面以氢气在氧气中燃烧为例,介绍化学方程式的输入方法。

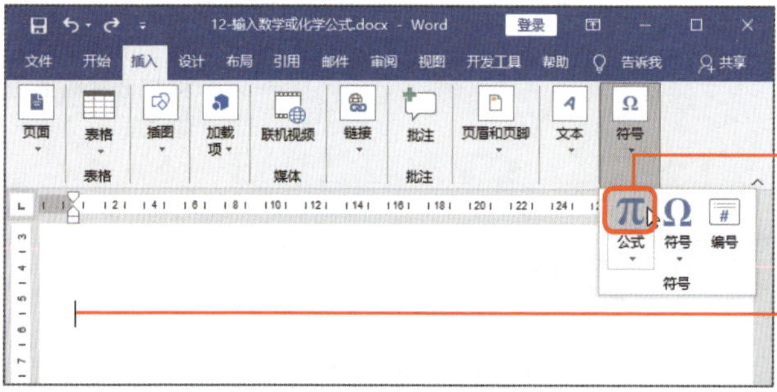

❶ 将光标定位在需要插入化学方程式的位置。

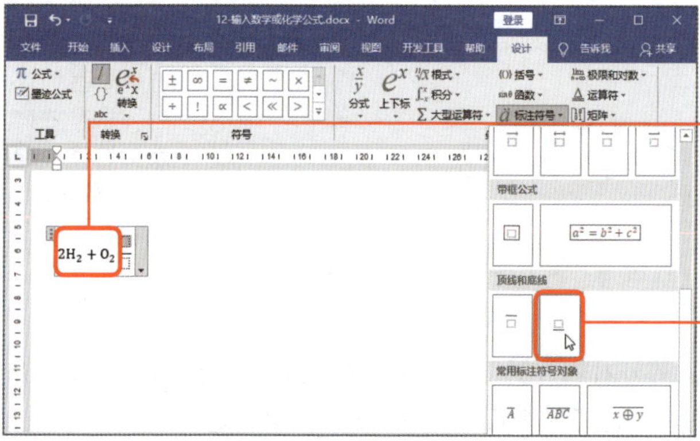

❷ 单击"插入"选项卡下"公式"按钮。

❸ 在光标处插入公式文本框,输入相关元素,并添加竖式的分式,定位在分子上。

❹ 单击"标注符号"下三角按钮,在列表中选择"底线"选项。

在分子中输入"点燃"文本,在分母中输入空格,此时中间变成了等号。接着在右侧输入返回的结果,即可完成化学方程式的输入。

> **这也很重要!**
>
> **上标和下标功能**
>
> 在Word中也可以不通过公式添加上标和下标,首先选择需要设置上标或下标的文本,单击"字体"选项组中"上标"或"下标"按钮即可。
>
>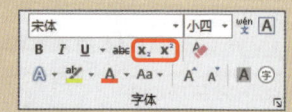

快速录入下划线

扫码看视频

实用专业的
输入技巧

输入5种不同的下划线

在编辑文档时，若需要为某行添加下划线，除了使用"字体"选项组中的"下划线"功能外，还可以直接快速录入。例如输入3个减号，按回车键会为上行添加细实线。

但是，通过该方法只能为整行添加下划线，如果为部分内容添加下划线，要使用"下划线"功能。

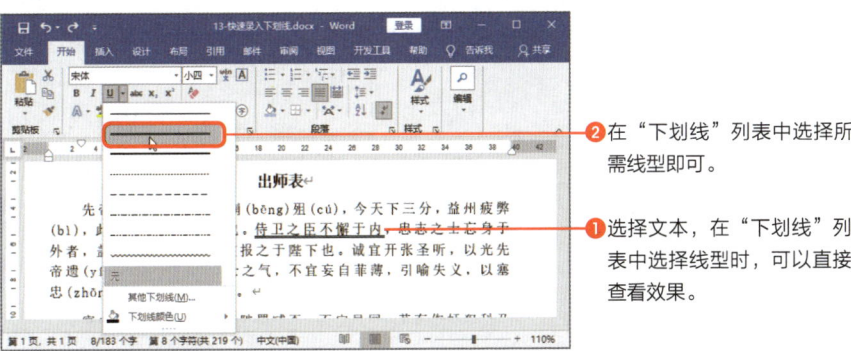

❷ 在"下划线"列表中选择所需线型即可。

❶ 选择文本，在"下划线"列表中选择线型时，可以直接查看效果。

下图是从上到下分别输入3个波浪号～～～、3个减号---、3个下划线＿＿＿、3个星号＊＊＊、3个井号###和3个等于号＝＝＝，按回车键的效果。

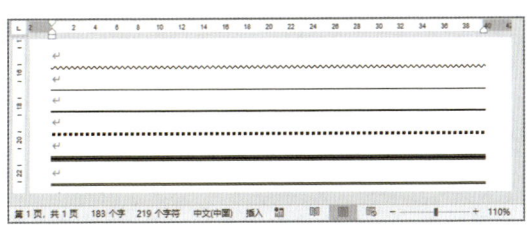

59

Word

第3章

影响文档显示效果的文字设计

字体的类型和安装

字体格式的设置

扫码看视频

衬线字体和非衬线字体

字体展示文字的外在形式特征,即文字的风格。字体是文化的载体,是社会的缩影。字体的艺术性体现在其完美的外在形式与丰富的内涵之中。

任何一种字体,从字形到笔画都是由设计师精心设计的,都有特定的设计含义和适用环境。

字体主要有两种类型,分别是衬线字体和非衬线字体。

衬线字体和非衬线字体都是来自西方国家的字母体系,其差异主要表现在西方字母的书写笔画上。

- 衬线字体是在文字笔画开始、结束的地方有额外的装饰,而且笔画的粗细有所不同。
- 非衬线字体是无衬线字体,文字没有额外的装饰,而且笔画的粗细差不多。

两种字体各有各的优势,衬线字体容易识别,强调了每个字母笔画的开始和结束,因此辨识度比较高,多用于印刷行业。非衬线字体笔画粗细差不多,比较醒目,多用于演示。

安装字体的方法

字体下载后，需要安装后重启Word软件才能使用。

常用的字体安装有3种方法：复制粘贴字体文件、快捷命令安装、使用"安装"功能安装。

1. 复制粘贴字体

选择字体文件，按Ctrl+C组合键复制需要安装的字体，然后根据路径"C:\Windows\Fonts"打开Fonts文件夹，再按Ctrl+V组合键粘贴字体文件。

2. 快捷命令安装

选择需要安装的字体，单击鼠标右键，在快捷菜单中选择"安装"命令，弹出的提示对话框会显示字体安装的进度。

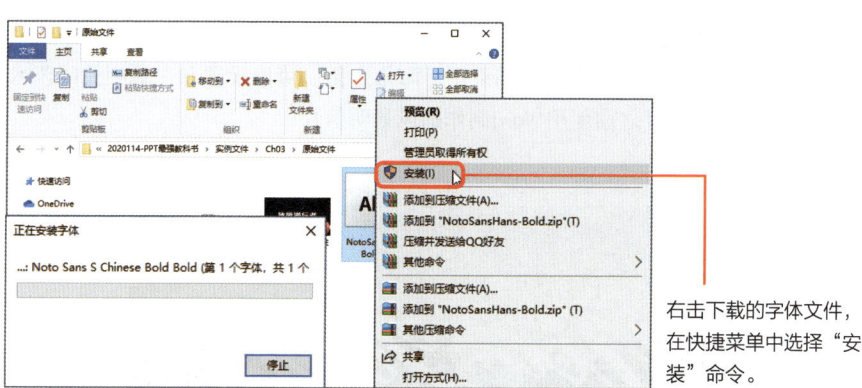

右击下载的字体文件，在快捷菜单中选择"安装"命令。

3. 使用"安装"功能安装

双击下载的字体文件，在打开的字体对话框中单击"安装"按钮即可。

打开字体对话框，单击"安装"按钮。

设置字体、字号和字形

扫码看视频

设置字体

字体格式设置的相关操作在第1章的"基础知识之规范文稿的操作"一节中已经介绍过了，<mark>字体、字号、字体颜色和字形都属于字体格式的相关知识</mark>，本节主要对字体效果的设置进行介绍。

字体的设置主要是根据文档的用途决定的，如果用于排版书籍、商务文档等，可以设置常规的衬线字体；如果用于海报宣传，可以设置和主题相关的艺术字体等。下图是笔者之前使用Word制作的风景明信片。

设置字号

<mark>字号是文字大小的一种衡量标准</mark>。为文本设置不同的字号，可以区分文本的结构，一般主标题的字号最大，次级标题的字号稍小，正文文本的字号最小，相关设置在第1章关于"贺信"文本字号的设置中进行了详细介绍，下图展示笔者使用Word文档制作的海报效果，其文本通过不同字号来帮助读者直观地理解其结构。

设置字形

在Word中字形是指文本的加粗和倾斜。为通过文本的含义让读者理解其意思,笔者在制作文档时经常使用加粗文本以突出显示。下图为笔者使用Word制作的年终报告,对字形设置了加粗和倾斜。

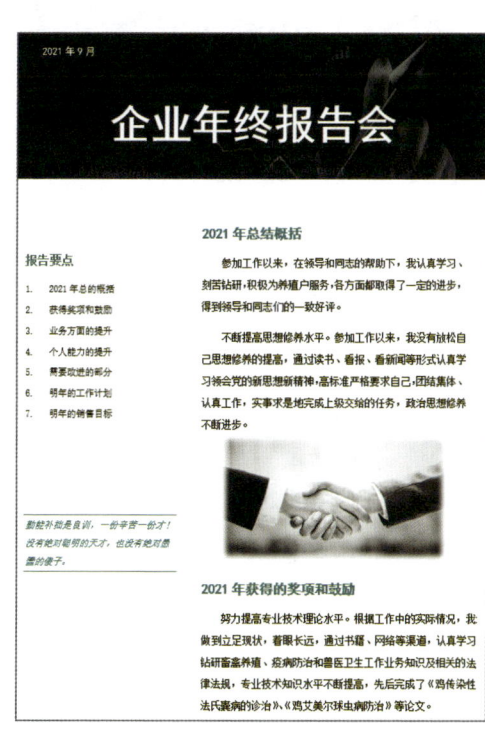

增加文字的视觉效果

字体格式的设置

扫码看视频

为文本应用效果

当我们为Word文本进行基本的字体格式设置,例如字体、字号、颜色和字形后,仍感觉有所欠缺,可以考虑**为文本添加效果,增加文档的视觉效果**,使其更具有吸引力。但在一些比较正式的文件中,最好不要设置文本效果。

为文本应用效果后,不会影响我们设置字体的格式。下面介绍为文本应用效果的操作方法。

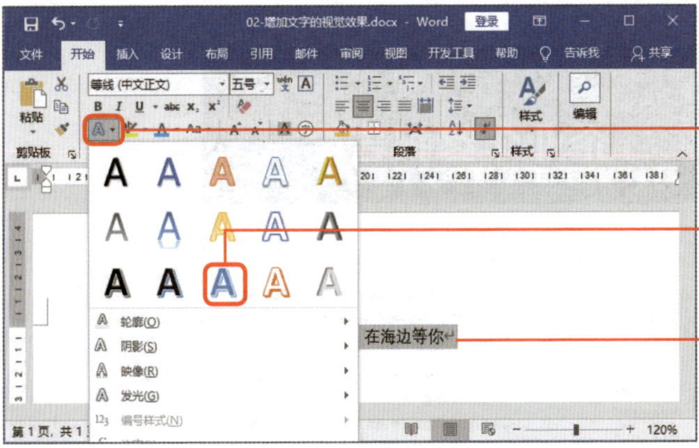

❷ 单击"文本效果和版式"下三角按钮。

❸ 在列表中选择合适的效果选项。

❶ 选择需要应用效果的文本。

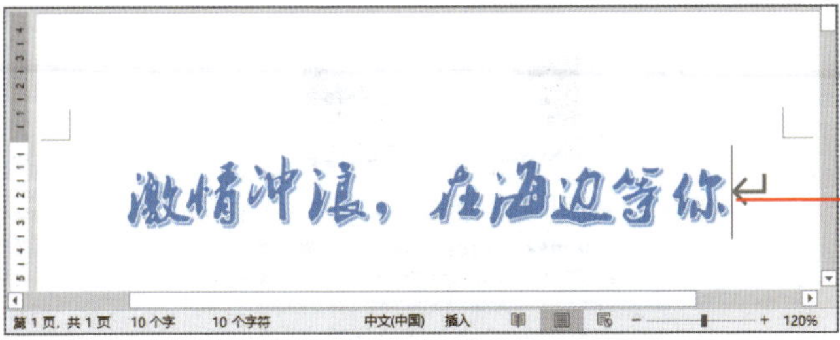

❹ 为了效果更明显,设置字体并增大字号。

进一步设置文本

为应用效果的文本设置字体和字号后，还可以设置字体颜色、轮廓、阴影、映像和发光。通过这些设置就能得到想要的文本效果了。

下面介绍具体操作方法。

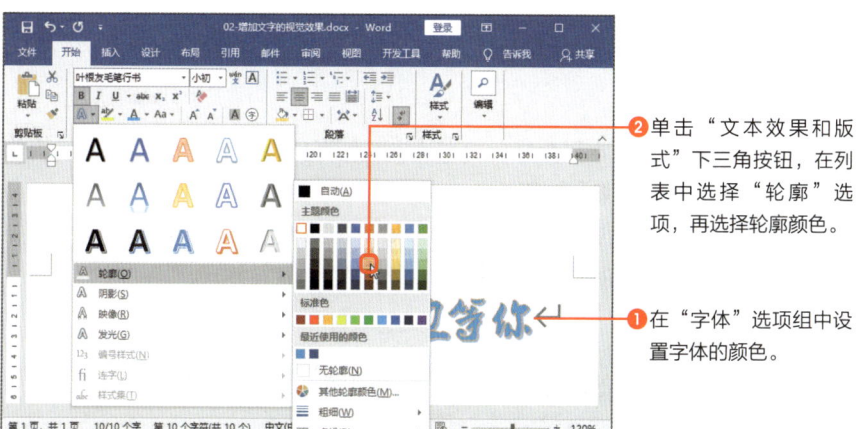

❷ 单击"文本效果和版式"下三角按钮，在列表中选择"轮廓"选项，再选择轮廓颜色。

❶ 在"字体"选项组中设置字体的颜色。

❸ 在"文本效果和版式"列表中选择"阴影>阴影选项"选项，打开该导航窗格。

❹ 设置阴影的颜色、透明度等参数。

> **这也很重要!**
>
> **映像和发光效果**
>
> 我们不仅可以在"文本效果和版式"列表中设置文本的映像、发光效果，同样可以在"设置文本效果格式"导航窗格中进一步设置相关参数。

设置基本的段落格式

扫码看视频

设置行间距

本节介绍的设置基本段落格式的方法主要是第1章07、08和09节相关知识的应用,这里首先介绍设置行间距的方法。

选择文档中的段落文本,切换至"开始"选项卡,单击"段落"选项组中"行和段落间距"下三角按钮,在列表中选择预设好的行间距选项即可。

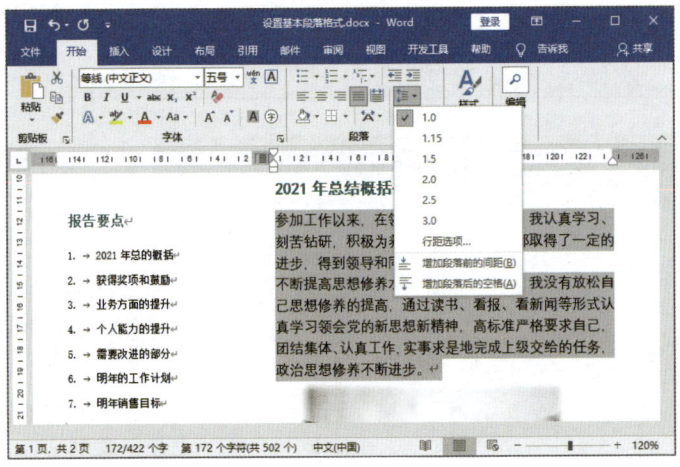

设置段前段后的距离

根据之前介绍的段落间距要大于行间距的原则,设置正文段前和段后为"0.5"行。

选择段落文本,切换至"布局"选项卡,在"段落"选项组中设置"段前"和"段后"均为"0.5"行。随着选中的段落文本之间的距离增大,段落的层次更明显了。

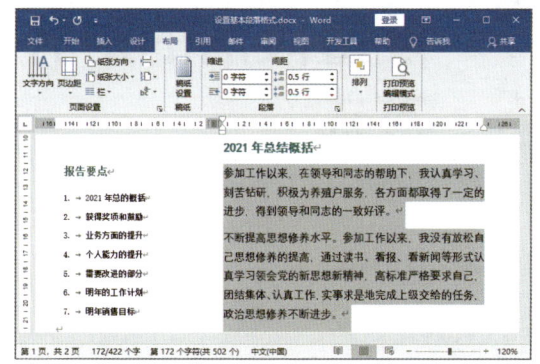

设置首行缩进

根据我们的阅读习惯,每段文本的第1行要向右缩进2个字符。设置首行缩进可以通过"段落"对话框的"缩进和间距"选项卡设置,也可以通过标尺左上角的"首行缩进"滑块进行设置。

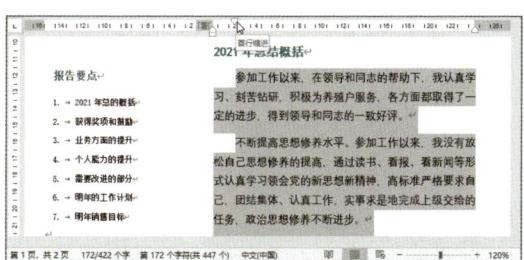

在"段落"对话框中设置首行缩进时,在"特殊"列表中还包括"悬挂"选项。悬挂表示将段落中除第1行外的其他行均向右缩进至指定的位置。例如设置悬挂2个字符。

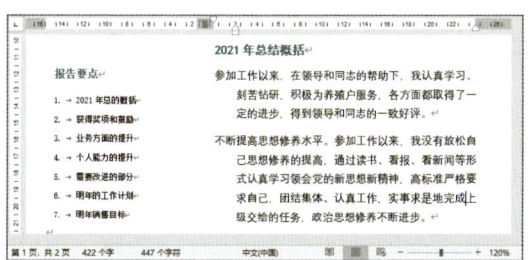

设置段落的对齐方式

扫码看视频

设置标题和落款的对齐方式

在Word中对齐方式共5种，分别为**左对齐、居中对齐、右对齐、分散对齐和两端对齐**。Word默认的对齐方式为两端对齐，我们制作文档时，一般情况下标题要居中对齐，落款要右对齐。

下面介绍设置标题和落款对齐方式的方法。

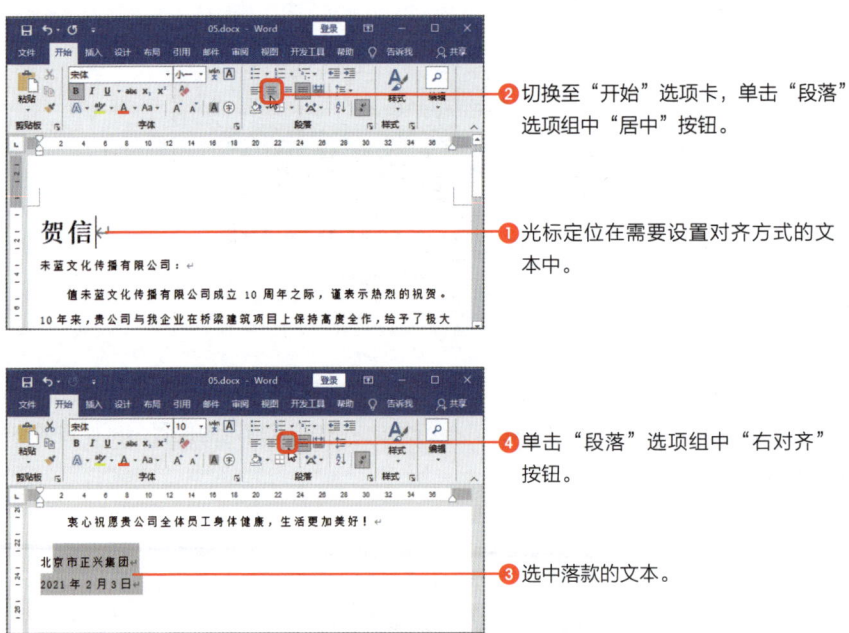

❶ 光标定位在需要设置对齐方式的文本中。

❷ 切换至"开始"选项卡，单击"段落"选项组中"居中"按钮。

❸ 选中落款的文本。

❹ 单击"段落"选项组中"右对齐"按钮。

选中文本后也可以通过快捷键快速设置对齐方式，5种对齐方式的快捷键如下表所示。

5种对齐方式的快捷键

对齐方式	快捷键	对齐方式	快捷键
左对齐	Ctrl+L	居中对齐	Ctrl+E
右对齐	Ctrl+R	两端对齐	Ctrl+J
分散对齐	Ctrl+Shift+J		

为什么段落文本为两端对齐而非左对齐

上述介绍的5种对齐方式大部分通过字面意思都能理解其含义，下面简单介绍两端对齐和分散对齐的含义。

- 两端对齐：在页边距之间均匀地分布文本，段落的最后一行靠左侧对齐。该对齐方式排列文本整洁干净。
- 分散对齐：和两端对齐差不多均匀地分布文本，最后一行为添加额外的间距使和段落宽度匹配。

在Word中，段落文本为什么是两端对齐而不是左对齐呢？相信很多读者都会将段落文本设置为左对齐。下面两图为同一段落文本两端对齐和左对齐的效果，为了能进一步说明两种对齐方式的差别，首先选中这段文本。

●两端对齐

2021 年总结概括
　　参加工作以来，在领导和同志的帮助下，我认真学习、刻苦钻研，积极为养殖户服务，各方面都取得了一定的进步，得到领导和同志的一致好评。

●左对齐

2021 年总结概括
　　参加工作以来，在领导和同志的帮助下，我认真学习、刻苦钻研，积极为养殖户服务，各方面都取得了一定的进步，得到领导和同志的一致好评。

由以上两张图片可以明显比较出哪种对齐方式使文本看起来更整齐。两端对齐方式会根据情况自动调整字符间距，使文本对齐左右两边。

> **这也很重要！**
>
> **在对话框中设置对齐方式**
>
> 除了本文介绍的在"开始"选项卡"段落"选项组中设置对齐方式外，还可以在"段落"对话框中设置。单击"段落"选项组的对话框启动器按钮，打开"段落"对话框，在"缩进和间距"选项卡的"常规"选项区域中单击"对齐方式"下三角按钮，列表中包含了5种对齐方式的选项。

项目符号让段落结构更清晰

项目符号和编号的使用

扫码看视频

什么是项目符号

项目符号就是在文本前的符号，它起到强调作用。在Word文档中合理地使用项目符号可以使文档的层次结构更清晰、更有条理。

在编辑文档时，一个项目中包含多个小条目，而且各条目之间是平等、非递进的关系时，可以考虑添加项目符号。

下面两图为添加和未添加项目符号的效果，可清晰地看出应用项目符号的优势。

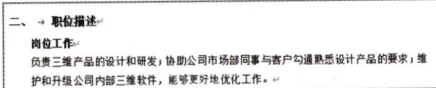

在招聘启事文档中对"岗位工作"进行"职位描述"时，包含3个小条目，使用项目符号后结构层次更清晰。

添加项目符号

在Word中，可以通过"段落"选项组的"项目符号"功能为选中的文本添加项目符号，默认的项目符号是黑色的圆点。

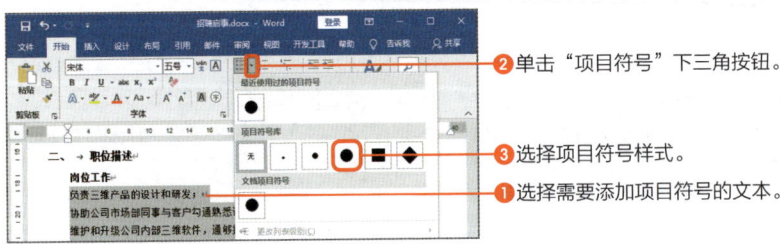

在"项目符号"列表的"项目符号库"区域包含最近使用的项目符号,如果使用相同的符号,直接选择即可。

在Word中为文本添加项目符号后,在符号和文本之间默认添加"制表符"(向右的箭头)。如果觉得制表符使符号和文本之间的距离太大,可以设置"空格"或"不特别标注"选项,下面两图介绍了具体操作方法。

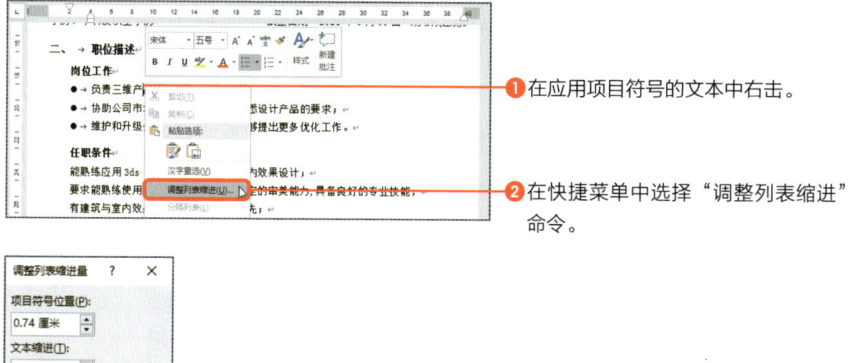

❶ 在应用项目符号的文本中右击。

❷ 在快捷菜单中选择"调整列表缩进"命令。

❸ 打开"调整列表缩进量"对话框,单击"编号之后"下三角按钮,在列表中选择合适的选项即可。

在列表中如果选择"空格"选项,则项目符号和文本之间添加1个空格,如下左图所示。如果选择"不特别标注"选项,则项目符号和文本之间不添加任何标注,如下右图所示。

● 添加空格

岗位工作
● 负责三维产品的设计和研发;
● 协助公司市场部同事与客户勾通熟悉设计产品的要求;
● 维护和升级公司内部三维软件,能够提出更多优化工作的建议。

● 不添加标注

岗位工作
●负责三维产品的设计和研发;
●协助公司市场部同事与客户勾通熟悉设计产品的要求;
●维护和升级公司内部三维软件,能够提出更多优化工作的建议。

> **这也很重要!**
>
> **项目符号的位置**
>
> 在"调整列表缩进量"对话框中,"项目符号位置"参数可以调整编号缩进的值,0.74厘米为两个字符的宽度,之前设置首行缩进2字符。我们也可以调整该参数,进一步设置项目符号的位置。

百变的项目符号

扫码看视频

项目符号和编号的使用

更改项目符号样式

在Word中可以将"符号"对话框中的任意特殊符号作为项目符号使用,而且还可以设置符号的大小和颜色。

下面介绍更改项目符号样式的方法。

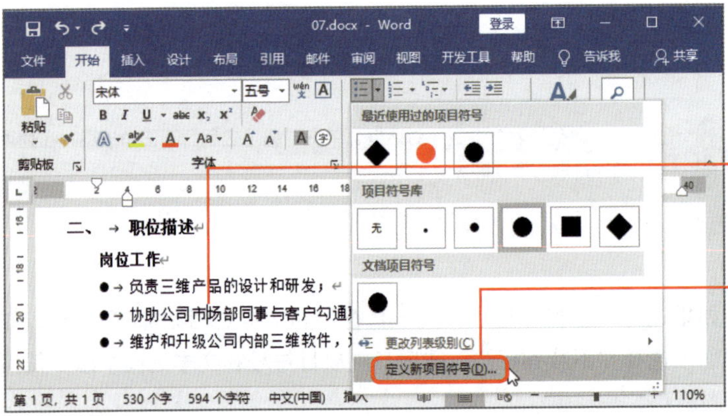

❶ 将光标定位在要添加项目符号的文本中。

❷ 在"项目符号"列表中选择"定义新项目符号"选项。

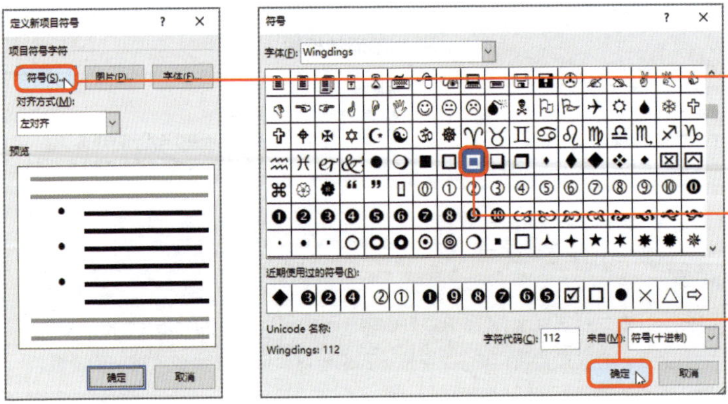

❸ 在"定义新项目符号"对话框中单击"符号"按钮。

❹ 在打开的对话框中选择特殊符号。

❺ 单击"确定"按钮。

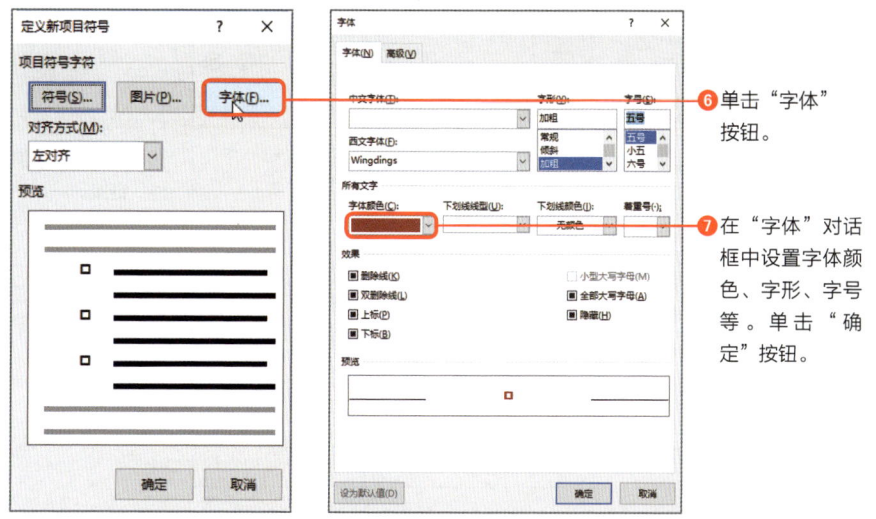

设置完成后,光标定位的项目符号修改成设置的样式。读者可以根据具体要求选择合适的符号并设置。

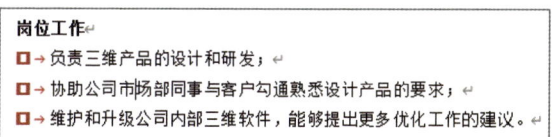

使用图片当作项目符号

除了使用特殊符号作为项目符号外,我们还可以使用图片,制作出来的项目符号更漂亮。选择图片时,要选择清晰、尺寸稍小的图片,如果图片太大,作为项目符号时完全看不清楚图片的内容。

设置项目符号为图片,也要在"定义新项目符号"对话框中操作,下面介绍具体方法。

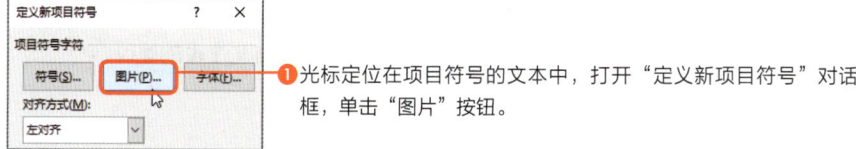

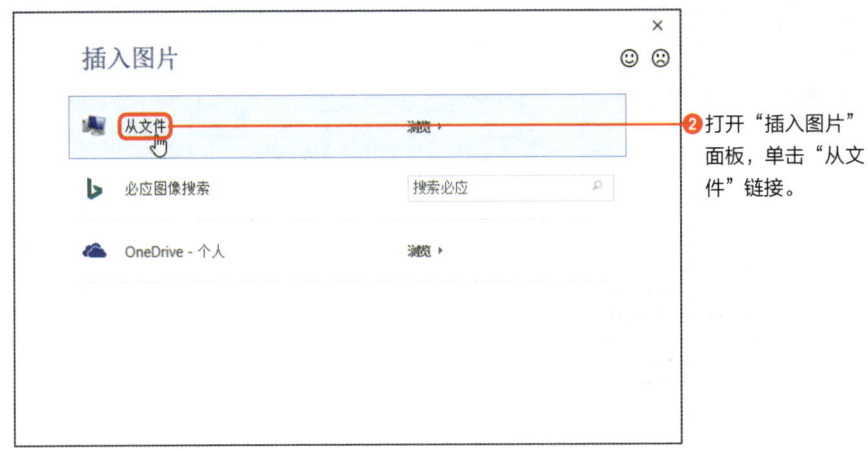

❷ 打开"插入图片"面板，单击"从文件"链接。

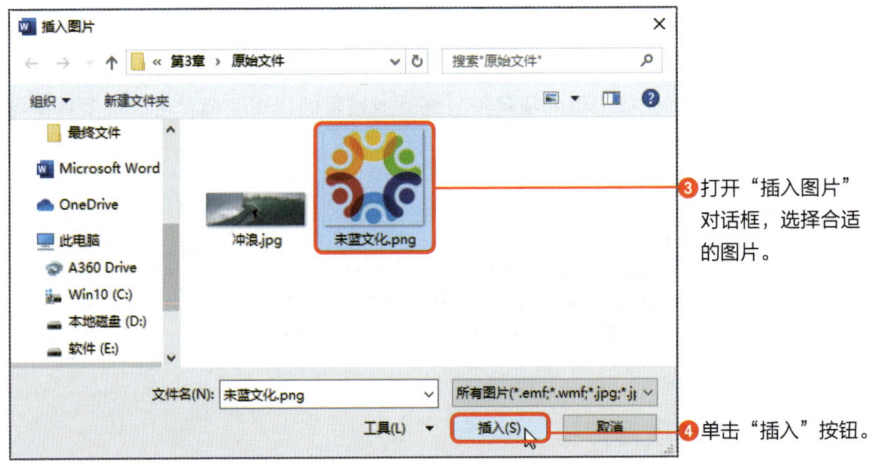

❸ 打开"插入图片"对话框，选择合适的图片。

❹ 单击"插入"按钮。

返回"定义新项目符号"对话框，在"预览"区域可以查看设置的效果，单击"确定"按钮，完成设置图片为项目符号的操作。

岗位工作
❀→负责三维产品的设计和研发；
❀→协助公司市场部同事与客户勾通熟悉设计产品的要求；
❀→维护和升级公司内部三维软件，能够提出更多优化工作的建议。

第3章 影响文档显示效果的文字设计

编号让文档的层次更清晰

项目符号和编号的使用

扫码看视频

编号的作用

编号和项目符号都在文本左侧，都起到了使文档更有条理的作用。两者有什么区别呢？项目符号适用于平等关系的文本；编号适用于有层次、有递进关系的文本。

下面展示使用项目符号和编号来表达有层次关系的文本效果。

● 项目符号的效果

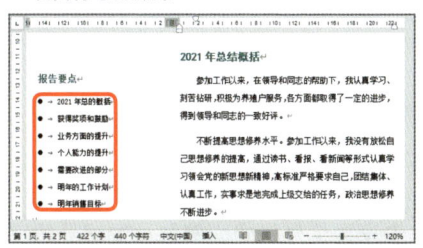

● 编号的效果

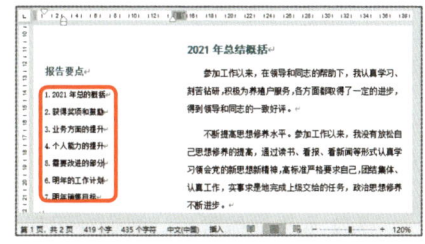

左图使用项目符号表示该文档的标题，因为标题比较多，项目符号展示的效果不是很理想。右图使用编号可以清晰地表达标题的数量以及层次关系。

下面介绍为文本添加编号的方法。

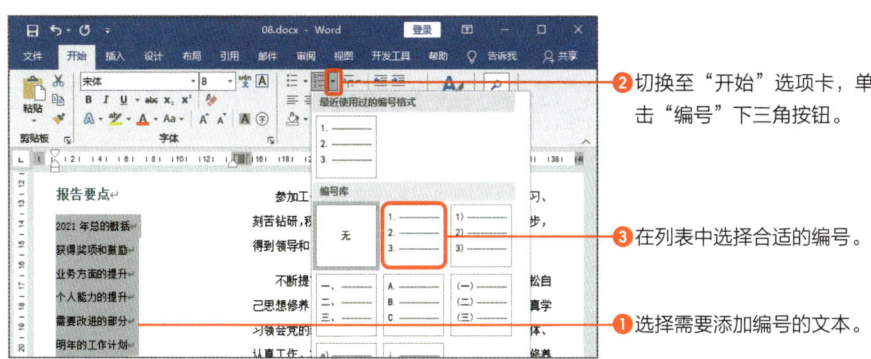

❷ 切换至"开始"选项卡，单击"编号"下三角按钮。

❸ 在列表中选择合适的编号。

❶ 选择需要添加编号的文本。

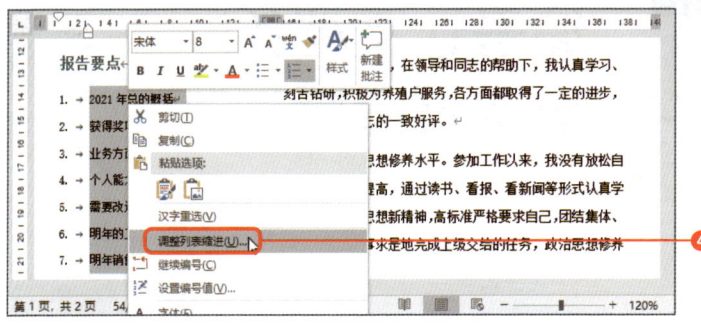

❹ 右击添加编号的文本，在快捷菜单中选择"调整列表缩进"命令。

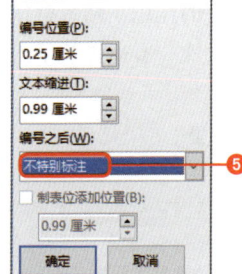

❺ 在"调整列表缩进量"对话框中设置"编号之后"为"不特别标注"。

进一步设置编号

为文本添加编号后，我们还可以进一步设置编号格式，例如设置编号的字体、颜色或者添加相应的文本等。其中设置字体格式与项目符号的方法一致，此处不再赘述。如果为编号添加文本，例如"第1条""第1部分""第一章"等，则可以更加清晰地展示文档的结构层次。

下面我们为添加的编号设置成"第一部分"，其中在"部分"文本右侧添加一个空格，具体操作方法如下。

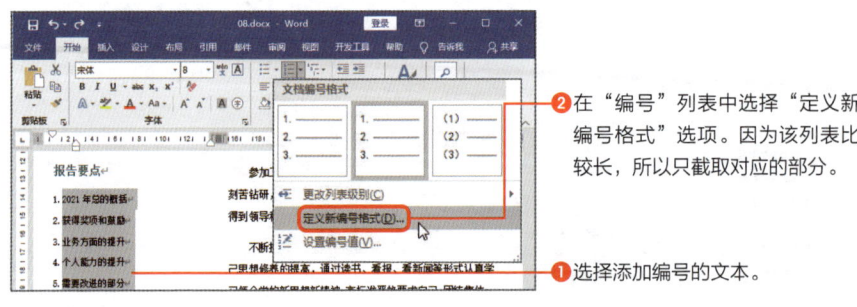

❷ 在"编号"列表中选择"定义新编号格式"选项。因为该列表比较长，所以只截取对应的部分。

❶ 选择添加编号的文本。

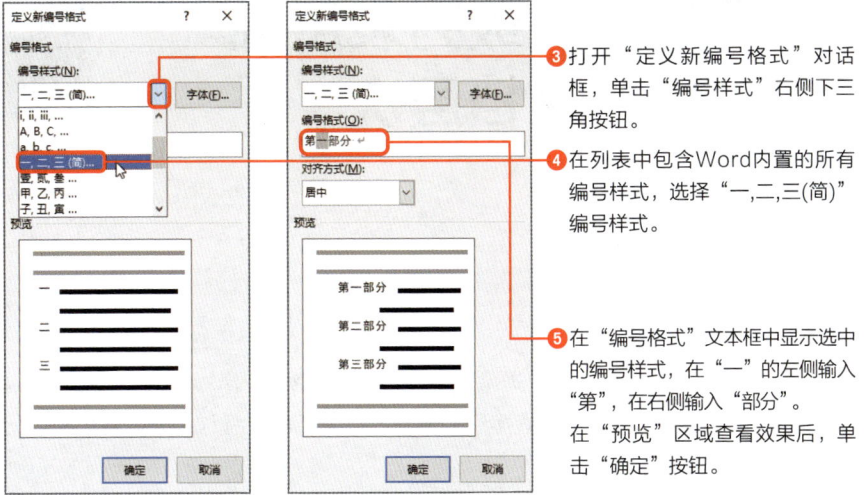

❸ 打开"定义新编号格式"对话框,单击"编号样式"右侧下三角按钮。

❹ 在列表中包含Word内置的所有编号样式,选择"一,二,三(简)"编号样式。

❺ 在"编号格式"文本框中显示选中的编号样式,在"一"的左侧输入"第",在右侧输入"部分"。
在"预览"区域查看效果后,单击"确定"按钮。

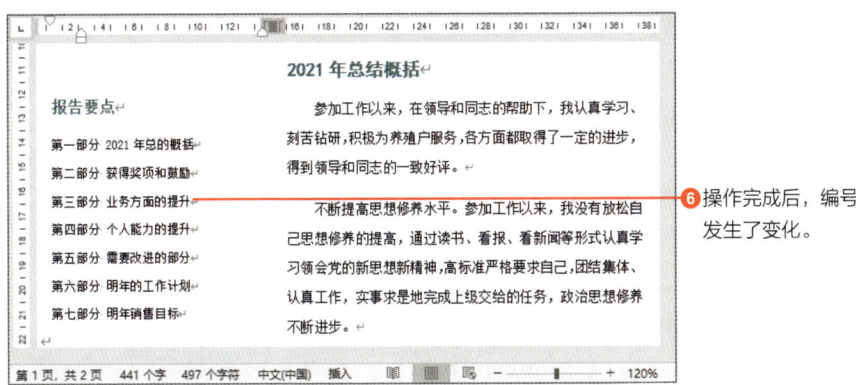

❻ 操作完成后,编号发生了变化。

> **这也很重要!**
>
> **设置编号的起始值**
>
> 　　上述介绍了为连续的文本设置编号的方法。当需要为不连续的文本设置编号时,只需要按住Ctrl键选择不连续的文本,然后添加编号即可。

多级列表展现文档层次

扫码看视频

多级列表的应用

在Word中编辑长文档时,通常使用章节体现文档的层次和等级。我们可以为标题文本应用标题样式或设置多级列表更改级别,本节将详细介绍多级列表的设置方法。

使用多级列表最多**可以为文档设置9个级别的标题**,每个级别都可以根据需要设置不同的格式形式。

下面以"招聘启事"文档为例,介绍多级列表的应用,本文档需要设置两个级别的标题,具体操作如下。

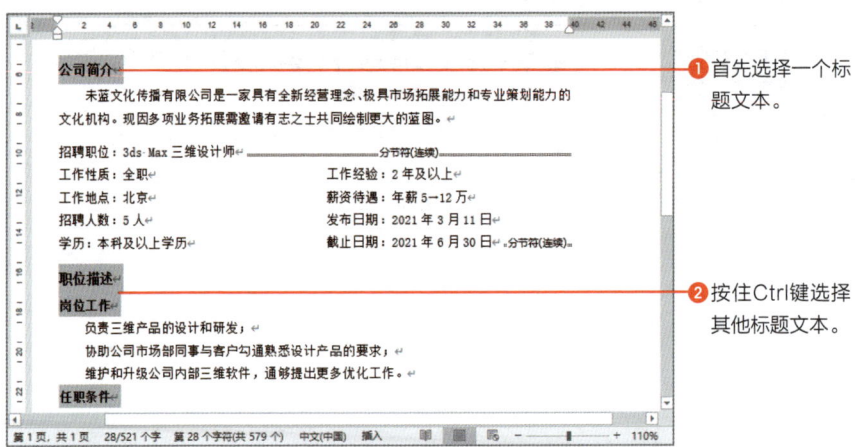

❶ 首先选择一个标题文本。

❷ 按住Ctrl键选择其他标题文本。

第3章 影响文档显示效果的文字设计

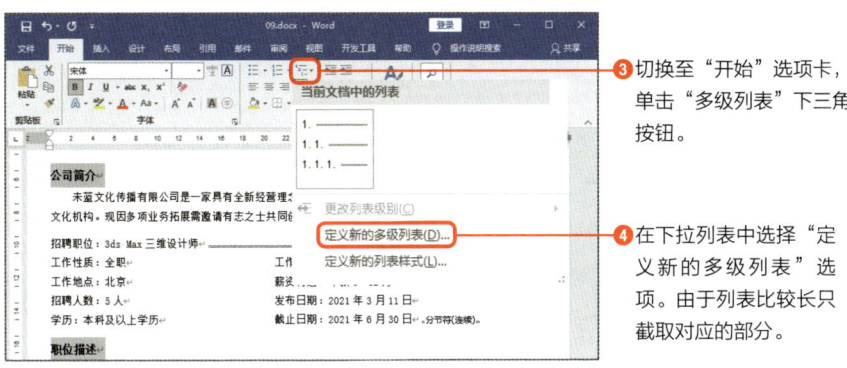

❸ 切换至"开始"选项卡，单击"多级列表"下三角按钮。

❹ 在下拉列表中选择"定义新的多级列表"选项。由于列表比较长只截取对应的部分。

❺ 在"单击要修改的级别"列表框中选择1级别。

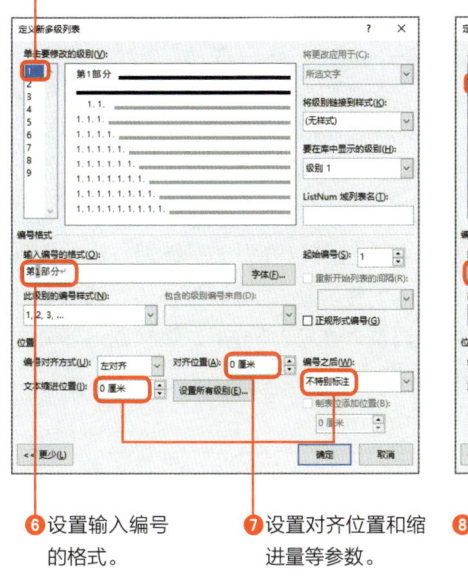

❻ 设置输入编号的格式。

❼ 设置对齐位置和缩进量等参数。

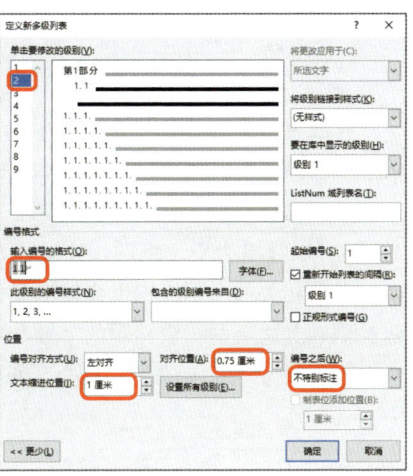

❽ 根据相同的方法设置2级标题的编号格式、位置和缩进量等参数。

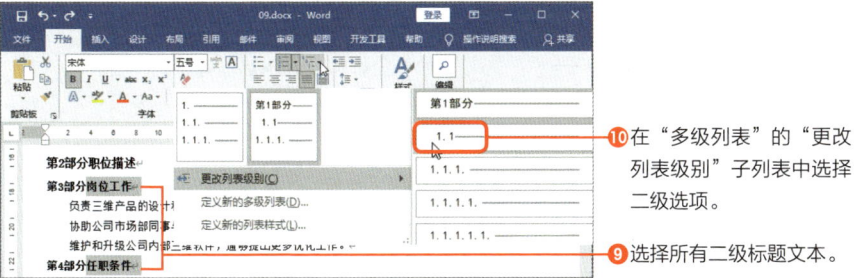

❿ 在"多级列表"的"更改列表级别"子列表中选择二级选项。

❾ 选择所有二级标题文本。

操作完成后，选中应用二级列表样式的标题应用了一级列表的样式，而且二级列表的标题的序号自动更新。

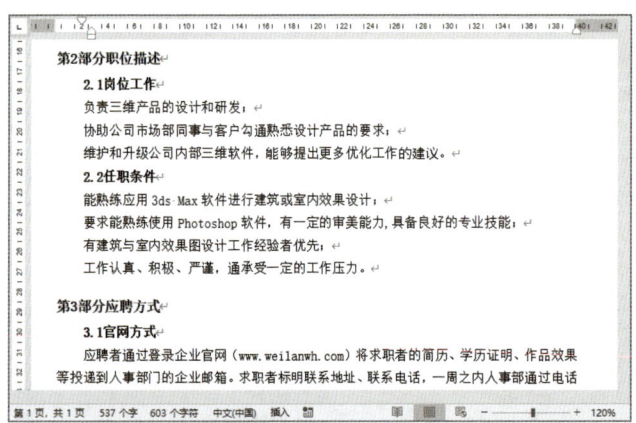

我们为标题文本应用多级列表后，可以根据需要调整级别。通过在"多级列表"中选择"更改列表级别"选项，在子列表中选择合适的级别选项即可。

我们也可以使用快捷键快速调整级别，首先选择需要调整级别的文本，按Tab键可以降级为下一级别，按Shift+Tab组合键可以升为上一级别。调整级别时，其他相关的文本级别也会发生变化。例如将"第2部分职位描述"降级为二级，则在其之后的一级标题的序号会自动调整，在第2部分下二级标题的序号也会自动调整为"第1部分公司简介"的标题下。

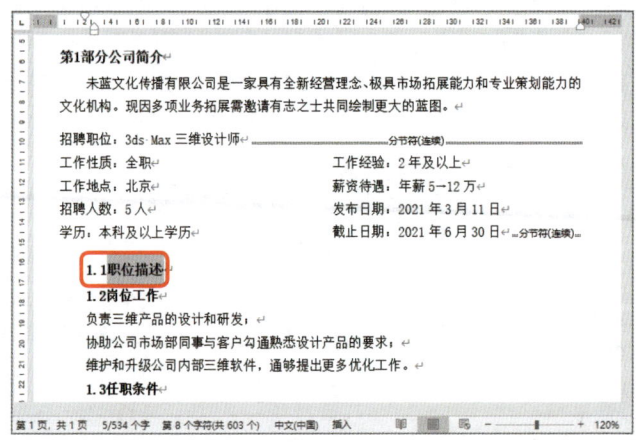

巧设多级列表的格式

扫码看视频

设置多级列表的字体格式

多级列表的编号格式也可以设置，例如设置字体格式。此处需要注意**设置的格式仅应用于列表的编号**。

下面介绍设置多级列表的字体格式的方法。

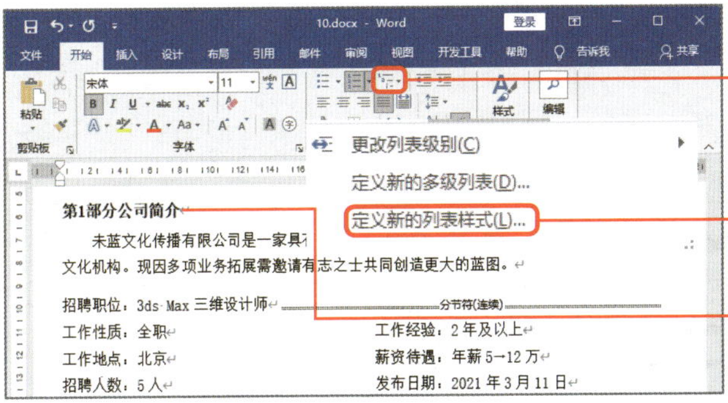

❷ 单击"多级列表"下三角按钮。

❸ 选择"定义新的列表样式"选项。

❶ 将光标定位在应用多级列表的文档中。

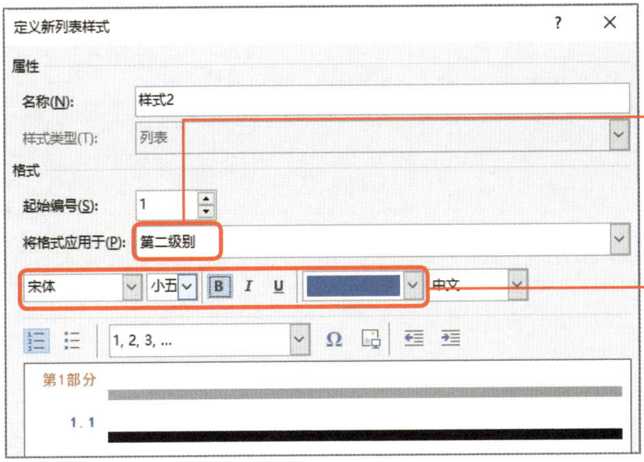

❹ 设置格式应用的级别。

❺ 设置字体的格式，例如字体、字号、字形和字体颜色。

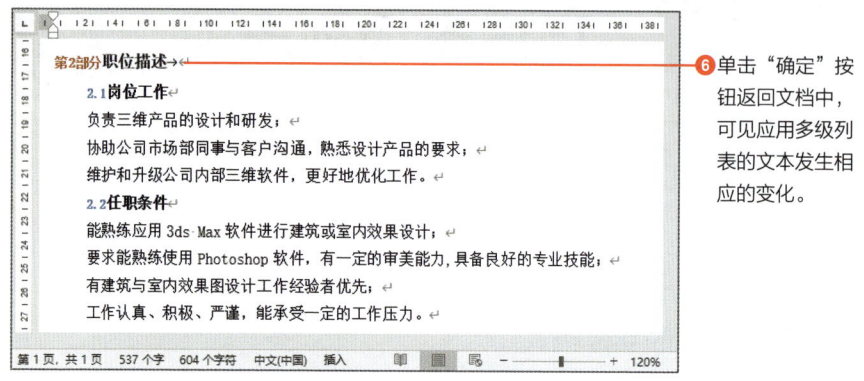

在"定义新列表样式"对话框中还可以单击"格式"下三角按钮,在列表中选择"字体"选项,在打开的"字体"对话框中设置多级列表的字体格式。

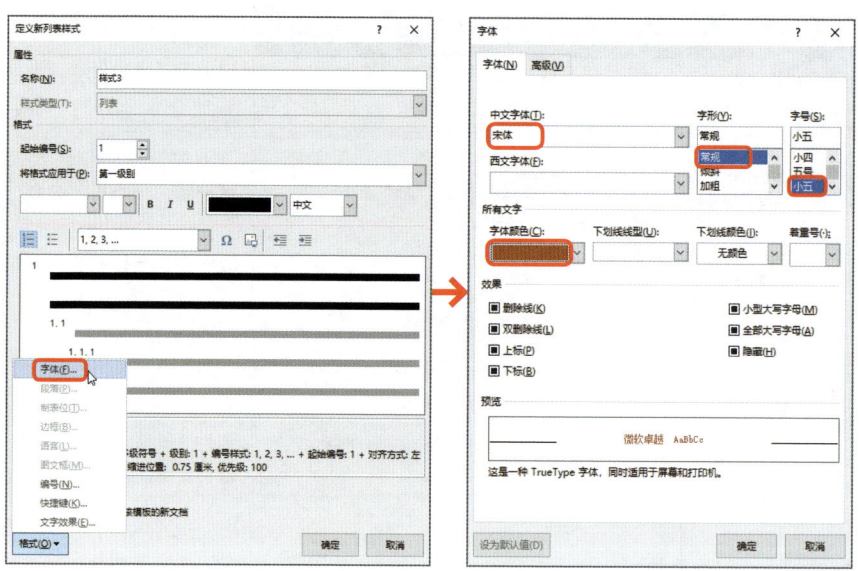

第4章

Word中的表格用处多

掌握创建表格的方法

编辑表格的结构

扫码看视频

自动插入表格

在Word中我们经常使用表格展示数据、计算数据、制作个人简历、制作考核表以及对文档进行排版。

当我们需要插入行数和列数较少、且比较规范的表格时，可以使用Word的"表格"功能自动插入表格。该方法**最多插入8行10列的表格**。

将光标定位在需要插入表格处，切换至"插入"选项卡，单击"表格"选项组中"表格"下三角按钮，在"插入表格"区域选择插入的表格的行数和列数。当选择行数和列数时，"插入表格"文本变为选中行数和列数，例如下图中"8×4表格"表示8列4行的表格。

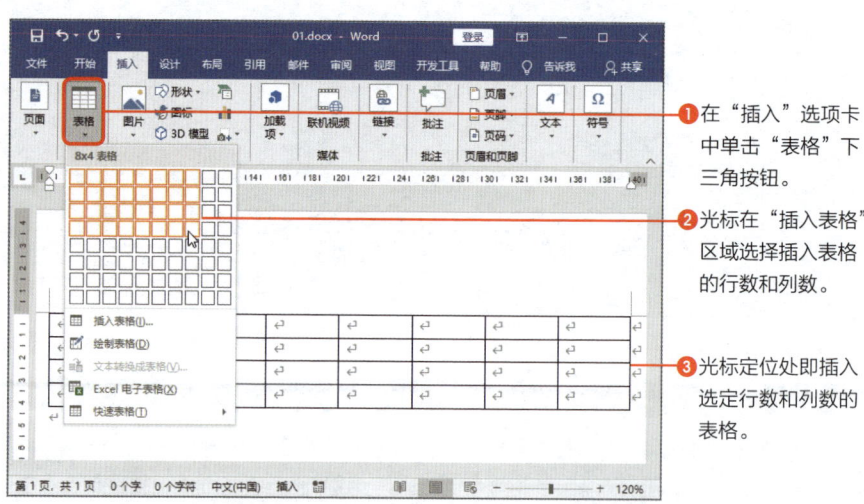

❶ 在"插入"选项卡中单击"表格"下三角按钮。

❷ 光标在"插入表格"区域选择插入表格的行数和列数。

❸ 光标定位处即插入选定行数和列数的表格。

在"插入表格"区域选择行数和列数时，选中的单元格以橙色显示。插入的表格的宽度和Word页面的宽度一致。

如果绘制的表格超过8行10列,我们可以在"表格"列表中选择"插入表格"选项。打开"插入表格"对话框,在"表格尺寸"区域中输入列数和行数,单击"确定"按钮。

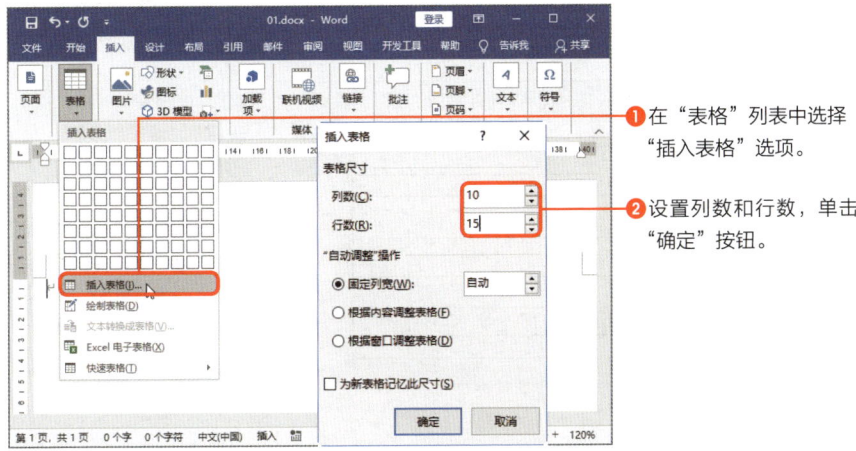

❶ 在"表格"列表中选择"插入表格"选项。

❷ 设置列数和行数,单击"确定"按钮。

手动绘制表格

当我们需要绘制一些不规则的表格时,可以**使用表格绘制工具手动绘制表格**。手动绘制表格时,首先要绘制表格的外边框,然后再绘制内边框,在"表格工具—设计"选项卡中可以进一步设置边框的颜色、线型等。

下面介绍手动绘制表格的方法。

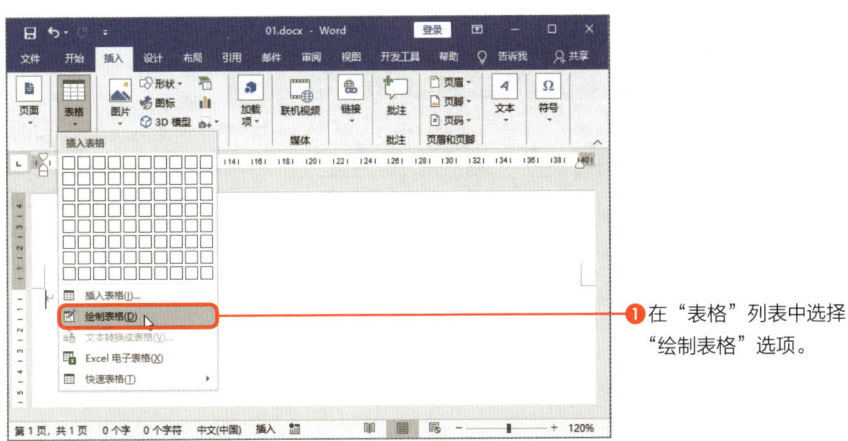

❶ 在"表格"列表中选择"绘制表格"选项。

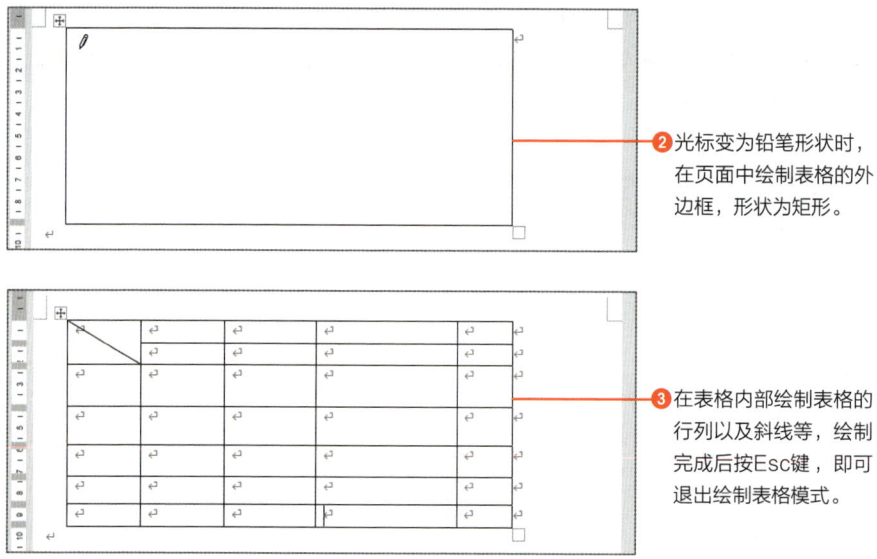

❷ 光标变为铅笔形状时，在页面中绘制表格的外边框，形状为矩形。

❸ 在表格内部绘制表格的行列以及斜线等，绘制完成后按Esc键，即可退出绘制表格模式。

插入Excel电子表格

当我们需要对表格中的数据进行计算管理时，之前介绍的两种表格在这方面的功能比较弱，这时可以使用Excel电子表格。Excel电子表格处理数据的功能相当强大，我们可以通过Word借用该功能。

在"表格"列表中选择"Excel电子表格"选项，即可在Word中插入Excel表格，而且在功能区可以使用Excel的处理数据功能。

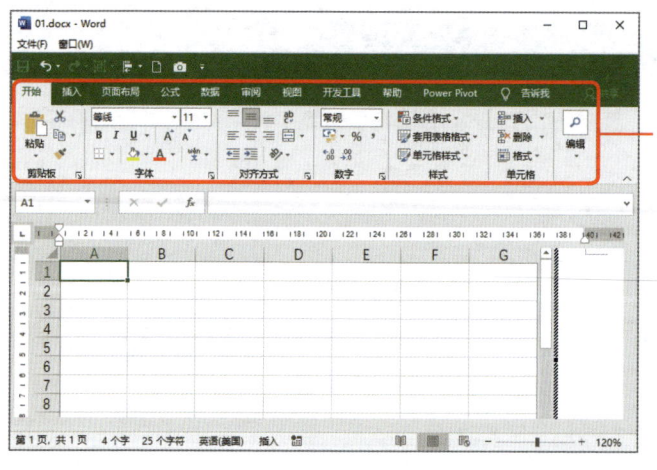

在"表格"列表中选择"Excel电子表格"选项，即可插入Excel表格，此时Word功能区变为Excel的功能区。在Word区域空白处单击即可退出Excel表格模式。

根据要求合并或拆分单元格

扫码看视频

编辑表格的结构

合并单元格

制作过表格的读者对合并单元格并不陌生。**合并单元格是指将表格中两个或两个以上连续的单元格合并成一个大的单元格**。

在Word中常用合并单元格的方法主要有3种，下面介绍各种方法的具体操作。

第1种是在功能区单击"合并单元格"按钮。

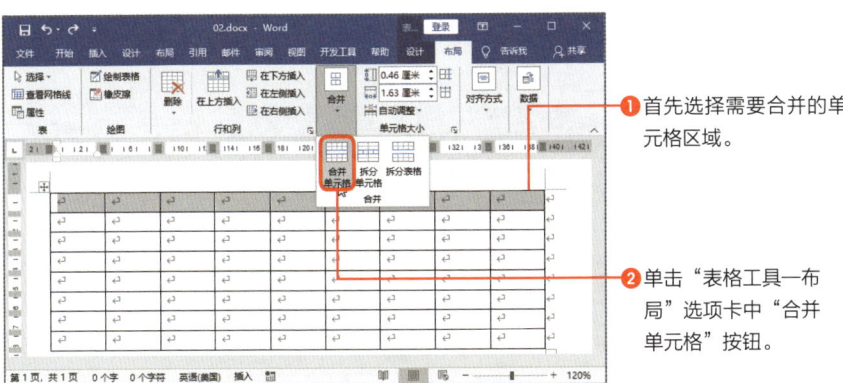

❶ 首先选择需要合并的单元格区域。

❷ 单击"表格工具—布局"选项卡中"合并单元格"按钮。

第2种是通过右键快捷菜单合并单元格。

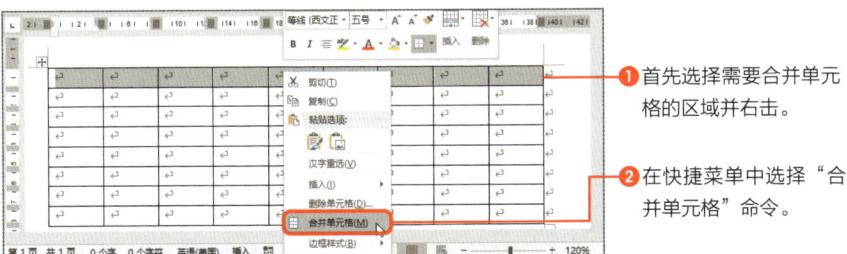

❶ 首先选择需要合并单元格的区域并右击。

❷ 在快捷菜单中选择"合并单元格"命令。

89

第3种是通过"橡皮擦"功能合并单元格。

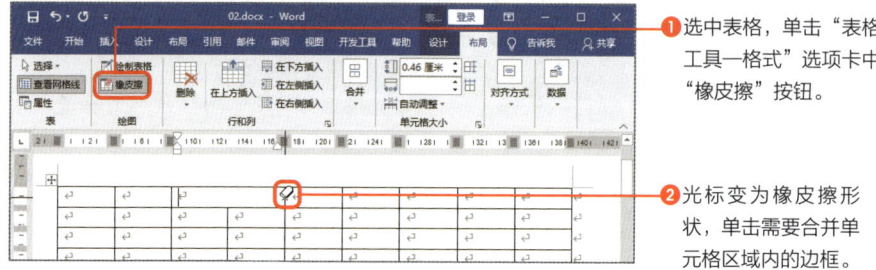

❶ 选中表格，单击"表格工具—格式"选项卡中"橡皮擦"按钮。

❷ 光标变为橡皮擦形状，单击需要合并单元格区域内的边框。

拆分单元格

拆分单元格是执行合并单元格相反的操作。**拆分单元格是将一个单元格拆分成指定行数和列数的多个单元格**。

常用的拆分单元格方法是单击功能区"拆分单元格"按钮，或者在快捷菜单中选择"拆分单元格"命令。

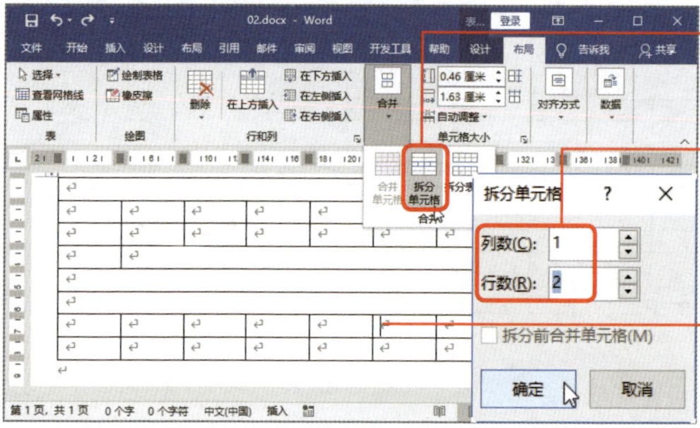

❷ 单击"拆分单元格"按钮。

❸ 在"拆分单元格"对话框中设置列数和行数。

❶ 光标定位在需要拆分的单元格中。

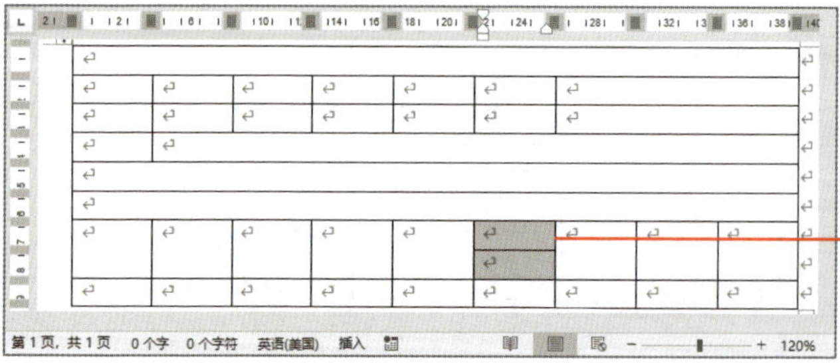

❹ 单元格被拆分为2行1列的两个单元格。

快速插入/删除行或列

扫码看视频

插入行或列

在制作表格过程中，经常需要根据内容的变化插入或删除行列。插入行或列的方法相同，下面以插入行为例介绍常用的方法。

第1种方法是通过功能区按钮插入。首先指定插入的位置，在"表格工具—布局"选项卡单击"行和列"选项组中对应的按钮即可。

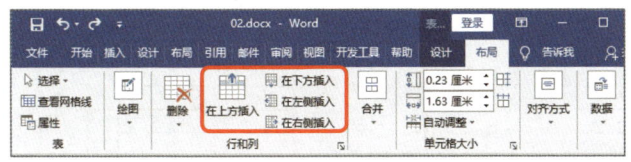

在"行和列"选项组中包括4种插入行或列的功能按钮，下面分别介绍各按钮的具体含义。

- 在上方插入：单击该按钮将在指定单元格的上方插入一行。
- 在下方插入：单击该按钮将在指定单元格的下方插入一行。
- 在左侧插入：单击该按钮将在指定单元格的左侧插入一列。
- 在右侧插入：单击该按钮将在指定单元格的右侧插入一列。

第2种方法是将光标移至想要插入行或列的位置，此时表格的行与行（列与列）之间会出现⊕按钮，单击此按钮即可在该位置处插入一行（一列）。

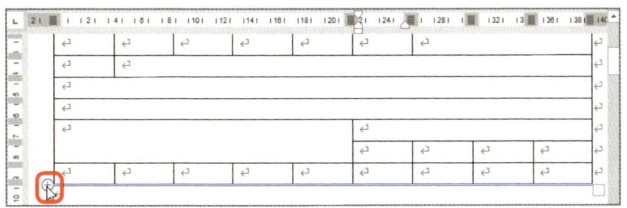

第3种方法是将光标移至行的最右侧，按回车键即可在该行的下一行插入一行。该方法只适合插入行，不适合插入列。

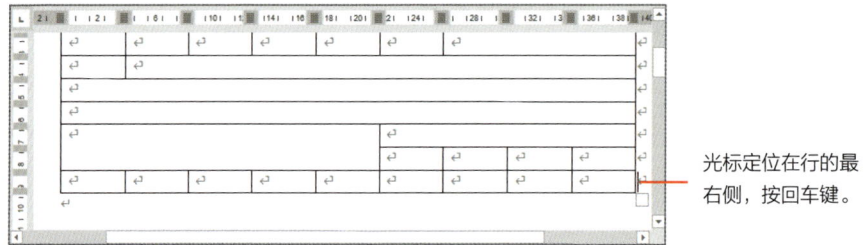

光标定位在行的最右侧，按回车键。

第4种方法是将光标定位在指定的行，在快捷菜单中选择"插入"命令，在子菜单中选择合适的命令。

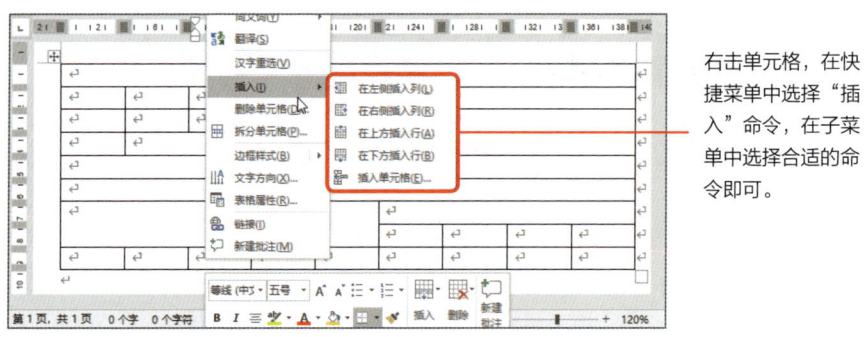

右击单元格，在快捷菜单中选择"插入"命令，在子菜单中选择合适的命令即可。

当在子菜单中选择"插入单元格"命令，则打开"插入单元格"对话框，可以插入整行或整列，也可以在表格中只插入单元格。

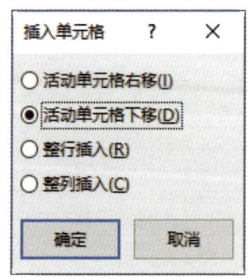

删除行或列

删除行列的方法和插入行列的方法有所不同,下面介绍几种常用的删除行或列的方法。

第1种方法是通过功能区"删除"按钮删除。

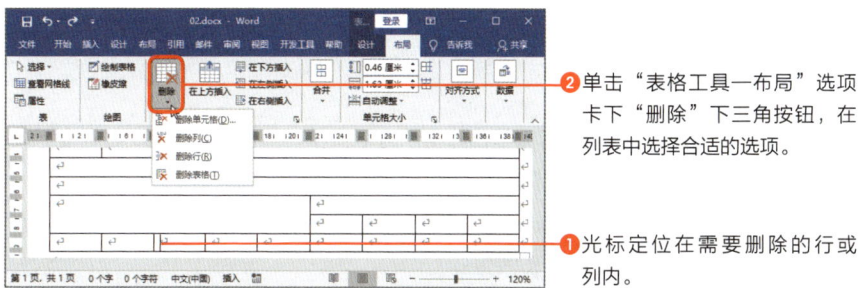

❷ 单击"表格工具—布局"选项卡下"删除"下三角按钮,在列表中选择合适的选项。

❶ 光标定位在需要删除的行或列内。

在列表中选择"删除单元格"选项时,会弹出"删除单元格"对话框,设置删除的行、列或单元格。

第2种方法是通过快捷菜单删除。在单元格中右击,在快捷菜单中选择"删除单元格"命令也会打开相应对话框。如果选择整行或整列,则在快捷菜单中选择"删除行"("删除列")命令,则直接删除选中的行(列)。

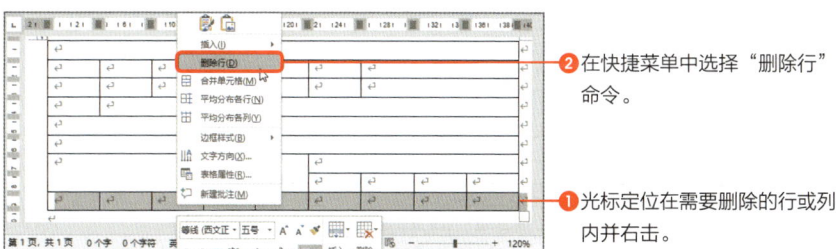

❷ 在快捷菜单中选择"删除行"命令。

❶ 光标定位在需要删除的行或列内并右击。

第3种方法是通过Backspace键删除。选中需要删除的行后,按键盘上的Backspace键即可快速删除行。当选中的是单元格,按Backspace键则弹出"删除单元格"对话框,选择合适的选项后单击"确定"按钮即可。

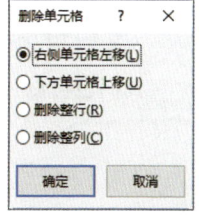

根据表格的内容调整行高和列宽

编辑表格的结构

扫码看视频

手动调整行高或列宽

在Word中插入的表格，行高是由字号大小决定的，列宽是根据页面宽度平均分布的，我们也可以根据需要调整行高和列宽。

在Word中，表格的行高和列宽可以进行粗略地手动调整，也可进行精确调整，还可以根据内容或窗口自动调整。

手动调整行高或列宽的方法如下：将光标定位在行（列）的边界线上，变为双向箭头时按住鼠标左键不放，拖拽至合适的位置释放鼠标即可调整行高（列宽）。

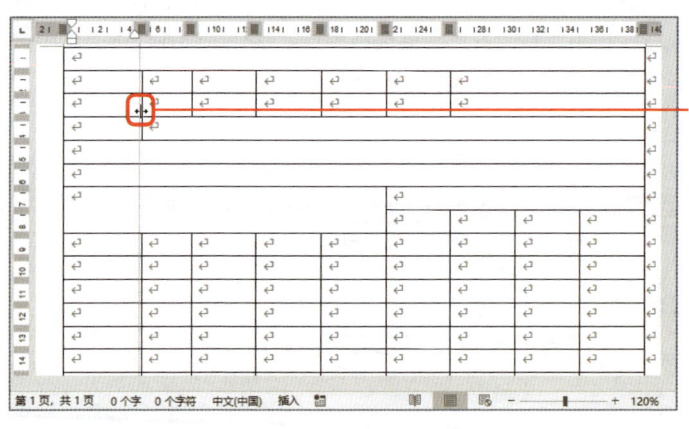

将光标定位在列的边界线上，变为双向箭头时，按住鼠标左键拖拽调整列宽。

精确设置行高和列宽

我们也可以在功能区中精确设置行高和列宽，其单位是"厘米"。下面介绍具体操作方法。

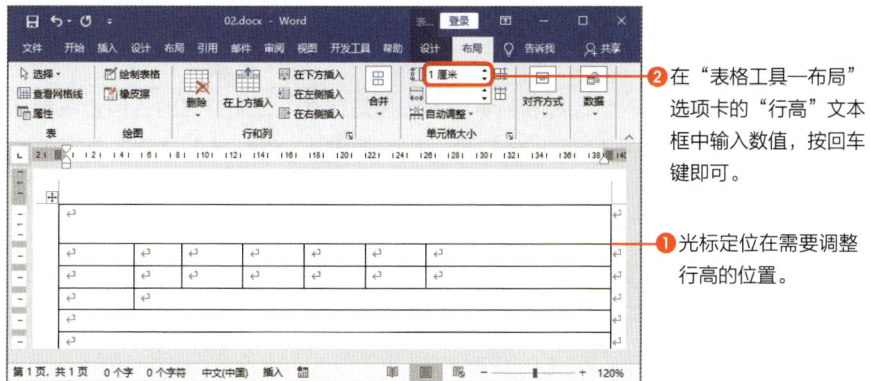

自动调整列宽

我们在调整表格列宽时,经常会出现表格的右侧超出页面范围的情况,此时为了保证各列宽的比例不变,可以设置"根据窗口自动调整表格"。

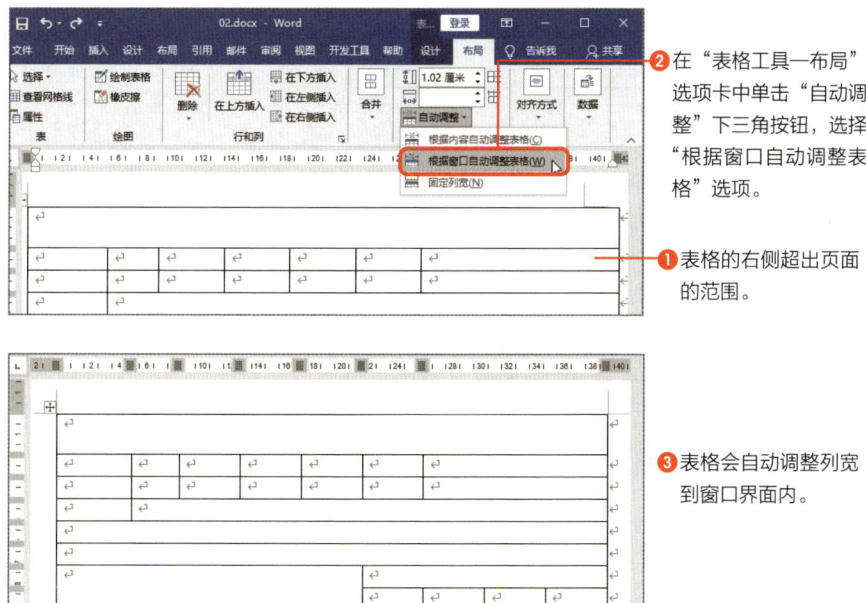

选择"根据内容自动调整表格"选项,表格会根据单元格中文本长度自动调整列宽。

调整局部列宽

在此之前介绍的调整行高和列宽的方法都是针对整行或整列的,但是在制作表格时经常需要将同一列调整为不同的列宽。例如,我们制作"员工年度考核表"时,第1列的第2行到第4行的列宽能容纳4个字,而从第8行到第22行的列宽只要容纳1个字即可。

在Word中需要调整部分列宽时,可以选中该部分的单元格,然后通过手动调整列宽的方法拖拽边界线即可。

❶ 选择需要调整列宽的部分单元格。

❷ 拖拽选中单元格区域的边界线,即可调整该部分的列宽。而且该列的其他单元格的列宽不变。

使用以上方法调整部分单元格的列宽时,表格整体结构不会发生变化,例如表格右侧边界线不变。如果选中部分单元格后,通过"表格工具—布局"选项卡下输入列宽的数值调整列宽,右侧的单元格会向左移动导致表格右侧边界线发生改变。

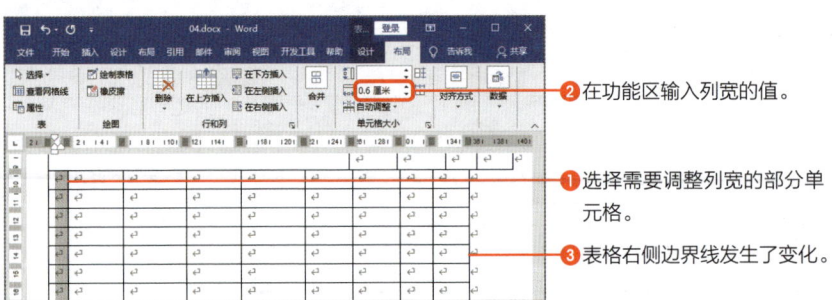

❷ 在功能区输入列宽的值。

❶ 选择需要调整列宽的部分单元格。

❸ 表格右侧边界线发生了变化。

将光标定位在表格中后,在表格的右下角显示□按钮,按住该按钮垂直拖拽可以等比例调整行高,水平拖拽可以等比例调整列宽。

让表格中的文本合理对齐

设置表格的格式

设置文本的方向

在Word表格中文本方向默认是横向的,我们可以根据需要调整为纵向显示。例如下图"员工年度考核表"中第1列第8行之后文本需要纵向显示。

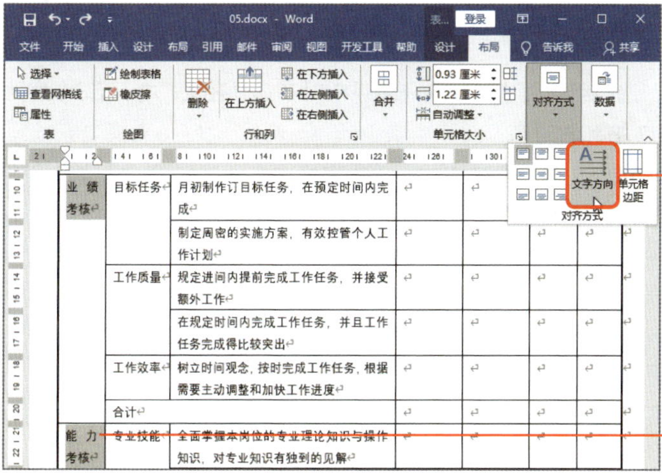

❶ 选择需要调整文字方向的单元格。

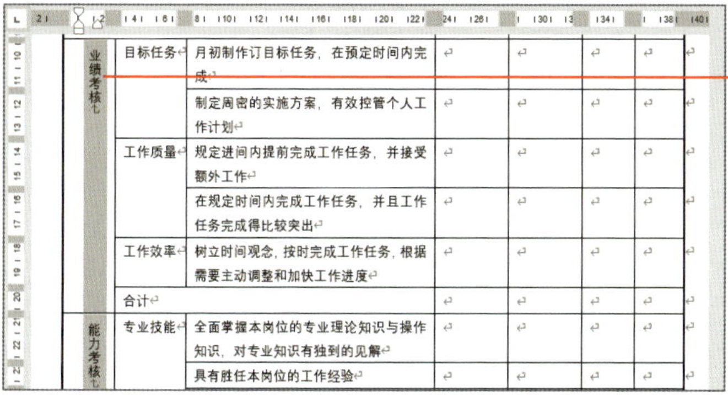

❷ 单击"表格工具—布局"选项卡中"文字方向"按钮。

❸ 操作完成后,选中的单元格中文本则竖向显示,同时"文字方向"左侧的对齐按钮也发生相应的变化。

调整表格内文本的对齐方式

在制作表格时,我们可能会遇到以下这样的困惑。
- 选中表格后,在"开始"选项卡中单击"居中"按钮,为什么只能将表格居中显示,而文本不能居中呢?
- 为什么文本都是靠单元格上方显示,而不能在垂直方向上居中呢?

要解决上述问题,需要调整表格中的文本对齐方式,即在"表格工具—布局"选项卡的"对齐方式"选项组中进行相应的设置。

●横排文字的设置选项

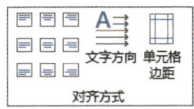

●竖排文字的设置选项

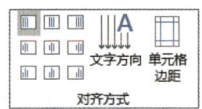

在"对齐方式"选项组中无论是横向还是纵向对齐都是**在上、中、下3个层面上设置左对齐、居中对齐和右对齐**。

如果统一设置表格中文本的对齐方式,单击表格左上角⊞按钮,全选表格,然后在"对齐方式"选项组中单击对应的按钮即可。

如果只设置部分单元格的对齐方式,则先选中单元格,然后在"对齐方式"选项组中设置对齐方式。设置完成后,效果如下图所示。

为表格设置颜色

扫码看视频

设置表格的格式

使用"底纹"功能填充颜色

在Word中制作的表格默认是白色，整体很单调，也体现不出表格的层次。我们虽然可以通过设置表格中文本的大小来体现表格内容的层次，但是填充不同的颜色会显得更直观、易懂。

我们可以通过"底纹"功能为表格各部分的标题单元格填充深浅不一的颜色，也可以为数据的合计填充不同的颜色。这样设置颜色后，表格包含几部分，以及各部分的内容都很清晰了。

最后，还需要注意一点，当为单元格填充深色时，单元格中的文本要设置成浅色或白色，否则会影响文本的显示效果。

下面介绍使用"底纹"功能填充表格颜色的方法。

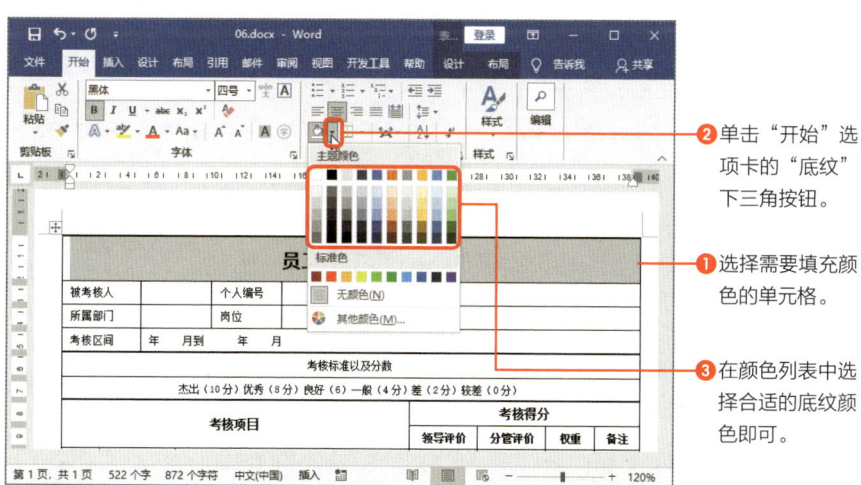

❷ 单击"开始"选项卡的"底纹"下三角按钮。

❶ 选择需要填充颜色的单元格。

❸ 在颜色列表中选择合适的底纹颜色即可。

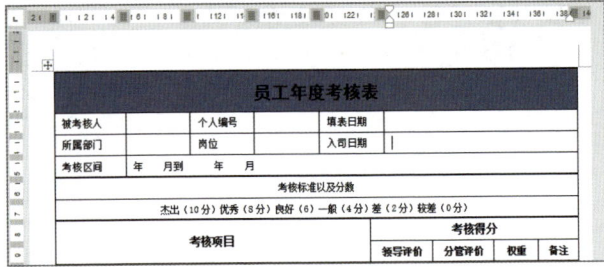

❹ 在列表中选择深蓝色时,则选中的单元格会显示该颜色。

❺ 根据相同的方法为其他单元格填充不同的颜色,本案例为考核表的项目标题填充浅蓝色。该颜色与标题的深蓝色为同一色系不同明度的颜色,可以使文档的整体风格一致。
其次,为合计和评分的标题填充浅灰色,起到辅助、协调的作用。
最后,将评分的标准文字设置为红色,可以起到点缀作用,不会使文档太单调。

> 这也很重要!

自定义填充的颜色

如果在"底纹"颜色列表中没有想要的颜色,我们也可以自定义颜色。在"底纹"列表中选择"其他颜色"选项,打开"颜色"对话框,可以在"自定义"选项卡中的"颜色"区域选择合适的颜色,也可以在下方设置"红色""绿色""蓝色"的值来指定具体的颜色。

快速应用表格样式

表格样式就是Word内置的各种格式表格的组合,例如结合了文字的格式、表格颜色、边框的线条和颜色等。Word中内置100多种表格样式,共3大类型,分别为普通表格、网格线和清单表。

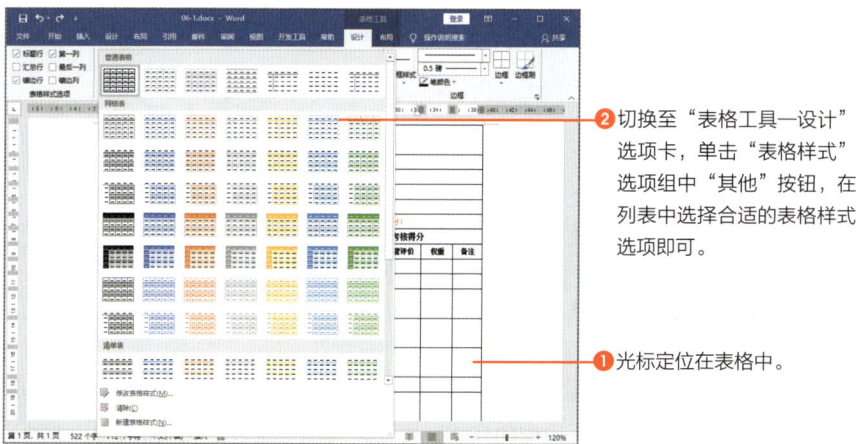

❷ 切换至"表格工具—设计"选项卡,单击"表格样式"选项组中"其他"按钮,在列表中选择合适的表格样式选项即可。

❶ 光标定位在表格中。

> **这也很重要!**
>
> **自定义表格样式**
>
> 如果在"表格样式"列表中没有想要的样式,我们也可以自定义。将光标定位在表格中,单击"表格工具—设计"选项卡下"表格样式"选项组中"其他"按钮,在列表中选择"新建表格样式"选项。打开"根据格式化创建新样式"对话框,在"属性"区域设置表格样式的名称,在"格式"区域里有"将格式应用于"选项,在其列表中选择表元素对应的选项,在下方设置相关格式。
>
> 设置完成后,如果需要应用设置的样式,则再次单击"表格样式"选项组中"其他"按钮,在列表的最上方显示自定义的样式,选择即可。
>
>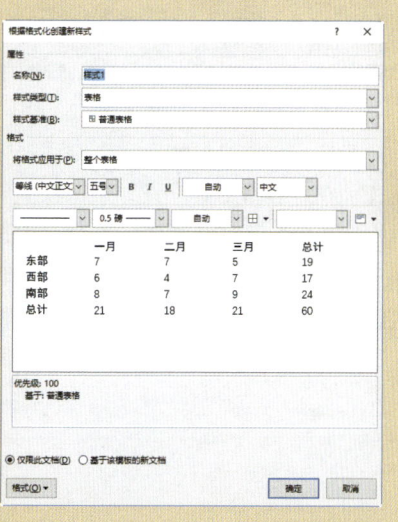

为表格设置边框

扫码看视频

设置表格的格式

为内边框设置不同的样式

在Word中创建表格时，默认边框为0.5磅黑色实线的样式，我们可以进一步设置边框样式，使表格更美观。

设置表格边框主要是以下几方面。
- 设置表格有无边框。
- 设置表格边框的宽度。
- 设置表格边框的颜色。

表格边框主要在功能区或对话框中设置。其一，在"表格工具—设计"选项卡的"边框"选项组中设置边框的样式、宽度、颜色以及边框应用范围。

其二，在"边框和底纹"对话框中设置。在"表格工具—设计"选项卡下单击"边框"下三角按钮，在列表中选择"边框和底纹"选项。打开"边框和底纹"对话框，在"边框"选项卡中设置边框的相关参数。

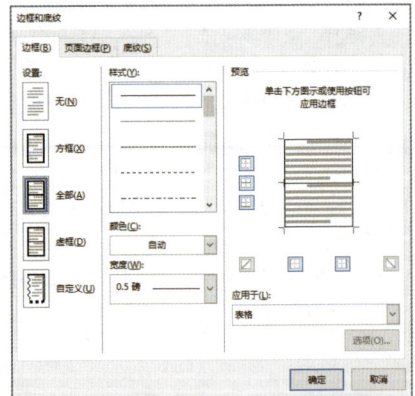

表格的跨页操作

扫码看视频

设置表格的格式

为跨页表格添加表头

我们在制作表格时，经常会遇到表格跨页显示，如果只有第一页显示表头，会严重影响其他页表格的显示效果。此时，可以通过设置"重复标题行"功能快速为其他页的表格添加表头。下面介绍两种方法实现跨页添加表头。

方法一：通过"重复标题行"按钮设置

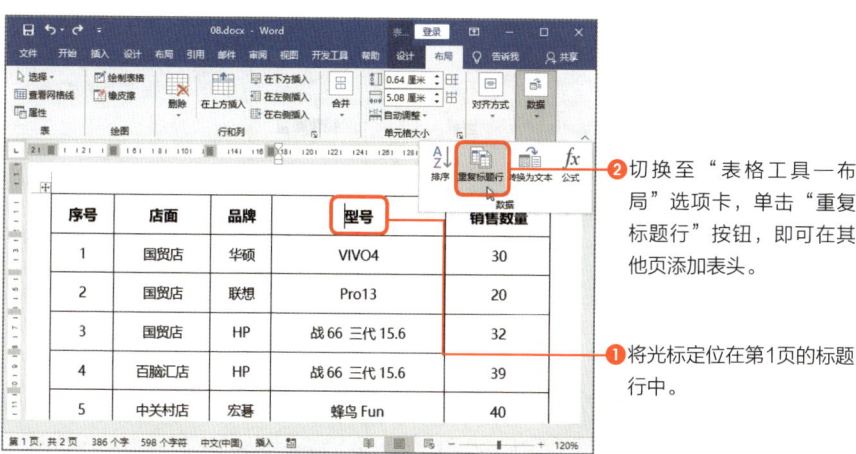

❷ 切换至"表格工具—布局"选项卡，单击"重复标题行"按钮，即可在其他页添加表头。

❶ 将光标定位在第1页的标题行中。

方法二：通过表格属性设置

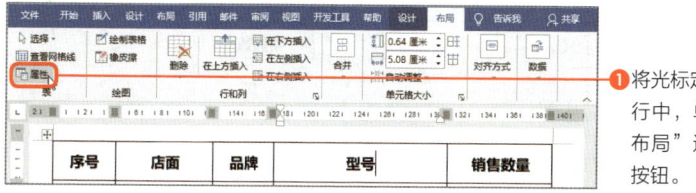

❶ 将光标定位在第1页的标题行中，单击"表格工具—布局"选项卡的"属性"按钮。

103

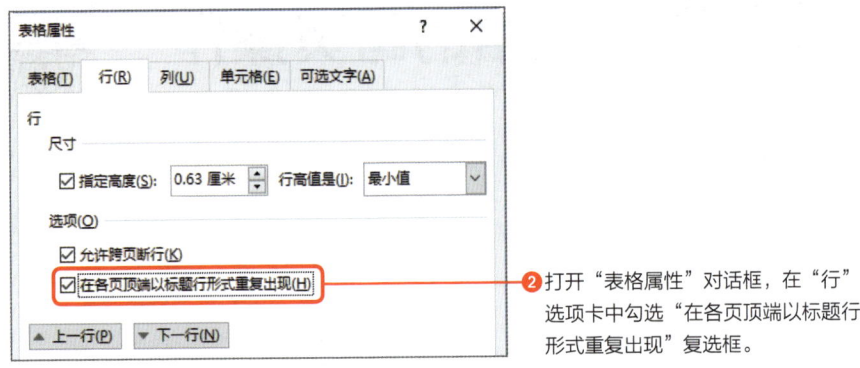

❷ 打开"表格属性"对话框,在"行"选项卡中勾选"在各页顶端以标题行形式重复出现"复选框。

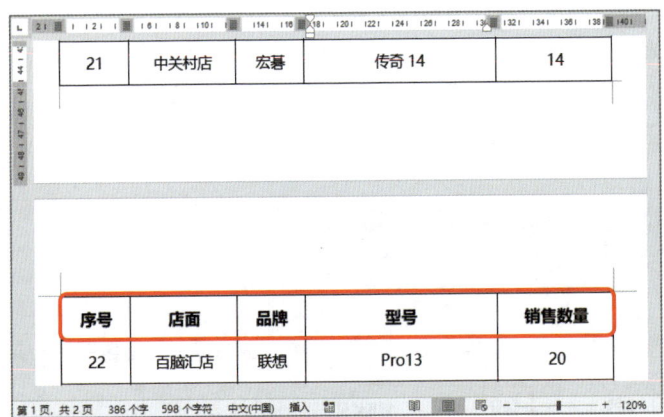

❸ 执行以上任意一种方法,其他页面的表格开头都添加了表头,有利于跨页查看表格数据。

> **这也很重要!**
>
> ### 快捷方式打开"表格属性"对话框
>
> 将光标定位在表格的表头任意单元格中并右击,在快捷菜单中选择"表格属性"命令,即可打开"表格属性"对话框,然后设置标题重复即可。
>
>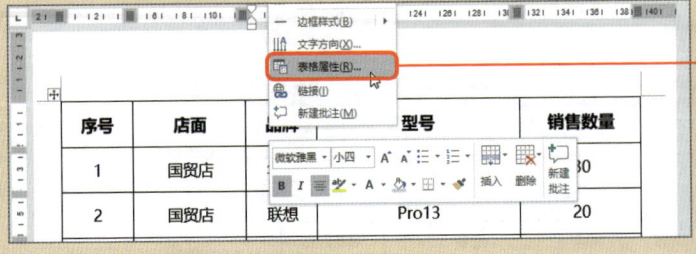
>
> 右击表格,然后在快捷菜单中选择"表格属性"命令。

对表格中的数据进行计算

扫码看视频

管理表格中的数据

对数据进行求和

在使用表格对数据进行管理时，经常需要对数据进行求和或求平均值。下面以对数据进行求和为例，介绍数据计算的方法。

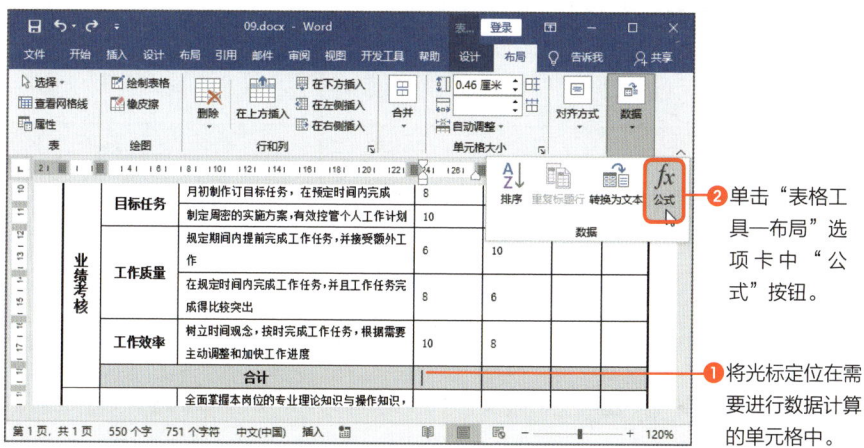

❷ 单击"表格工具—布局"选项卡中"公式"按钮。

❶ 将光标定位在需要进行数据计算的单元格中。

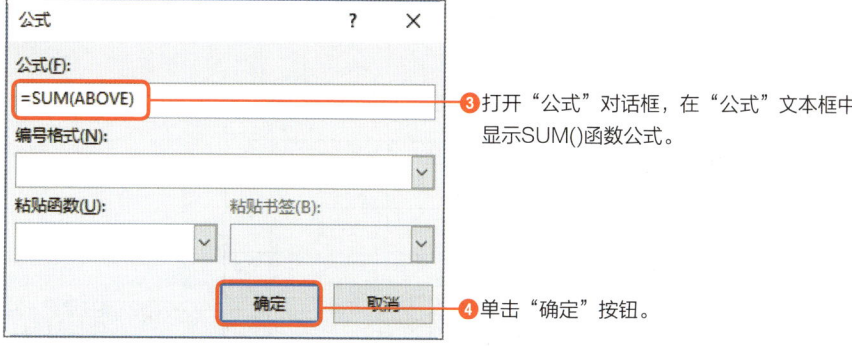

❸ 打开"公式"对话框，在"公式"文本框中显示SUM()函数公式。

❹ 单击"确定"按钮。

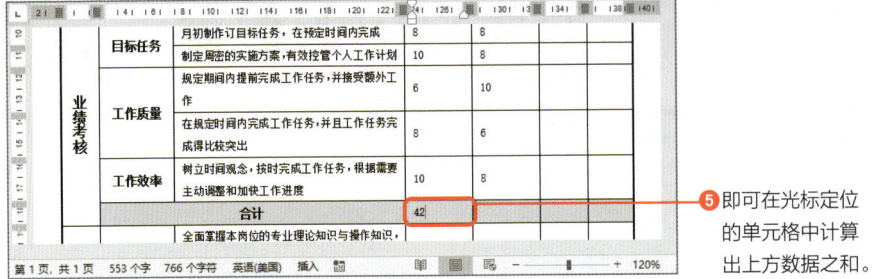

❺ 即可在光标定位的单元格中计算出上方数据之和。

对数据进行求平均值

在Word中使用"公式"功能进行计算时，默认是对数据进行求和，如果需要计算平均值该怎么操作呢？

下面介绍计算数据平均值的方法。

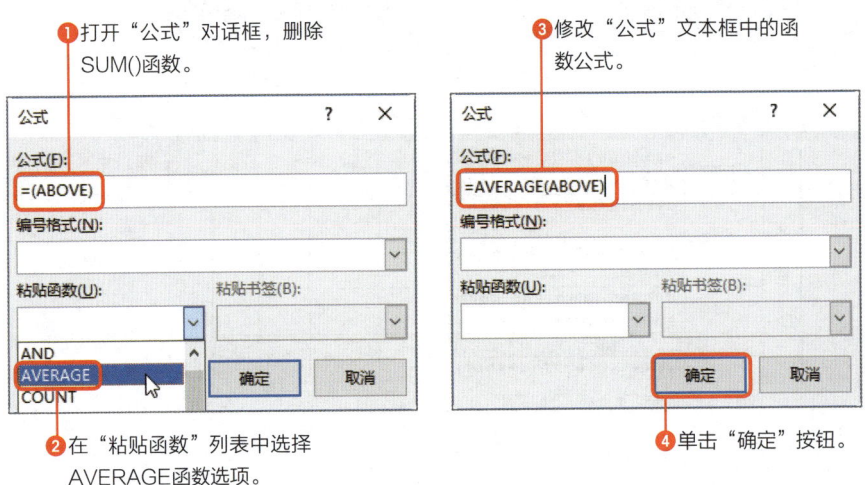

❶ 打开"公式"对话框，删除SUM()函数。

❷ 在"粘贴函数"列表中选择AVERAGE函数选项。

❸ 修改"公式"文本框中的函数公式。

❹ 单击"确定"按钮。

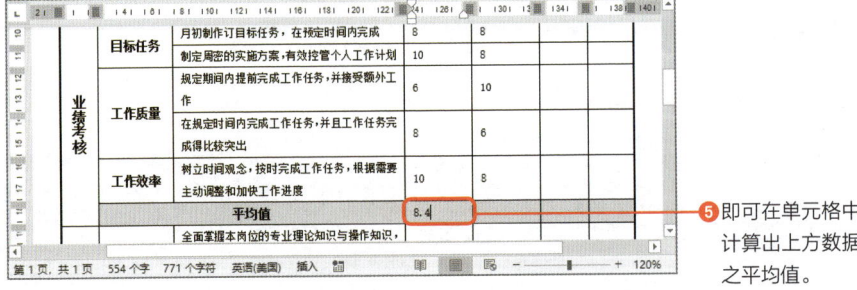

❺ 即可在单元格中计算出上方数据之平均值。

管理表格中的数据

对表格中的数据进行排序

扫码看视频

按数值大小排序

当表格中数据内容比较多、比较复杂时，可以将数据按照某些规律进行排序。当数值按照从小到大排序时叫做升序，按从大到小排序叫做降序。

下面介绍将数值从大到小排序的方法。

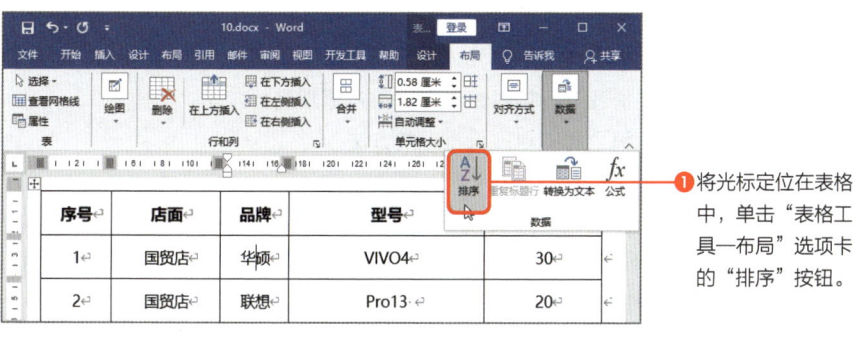

❶ 将光标定位在表格中，单击"表格工具—布局"选项卡的"排序"按钮。

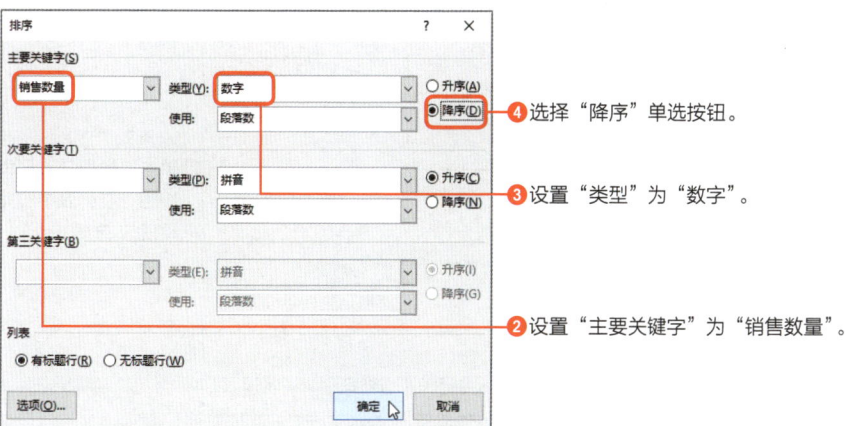

❹ 选择"降序"单选按钮。

❸ 设置"类型"为"数字"。

❷ 设置"主要关键字"为"销售数量"。

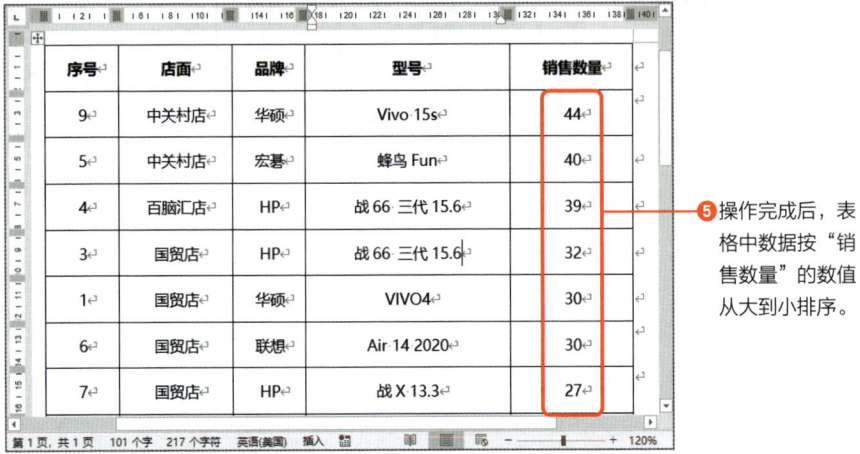

❺ 操作完成后，表格中数据按"销售数量"的数值从大到小排序。

按汉字的笔划进行排序

在表格中除了对数值进行排序外，还可以对汉字进行排序。在Word中对汉字进行排序时默认通过拼音进行排序，也可以通过笔划进行排序。

下面介绍按"品牌"的笔划进行排序的方法。

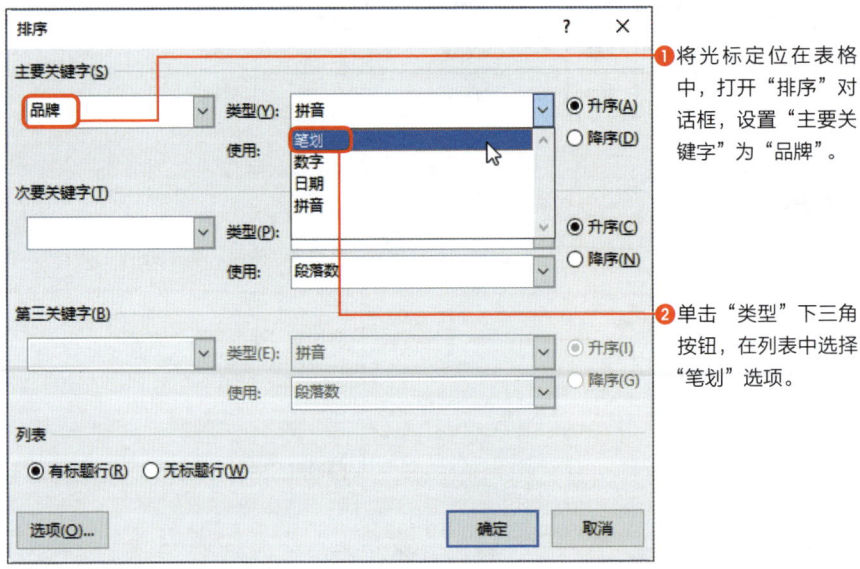

❶ 将光标定位在表格中，打开"排序"对话框，设置"主要关键字"为"品牌"。

❷ 单击"类型"下三角按钮，在列表中选择"笔划"选项。

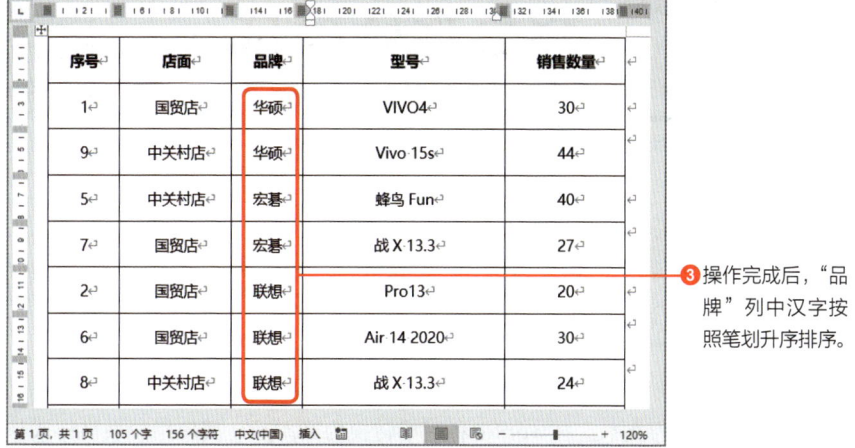

❸ 操作完成后,"品牌"列中汉字按照笔划升序排序。

按多字段进行排序

以上介绍了按数值或者汉字笔划进行排序的方法。在Word中还可以按照多字段进行排序,例如在本案例中,可以先对"品牌"按拼音升序进行排序,相同品牌时按销售数量降序进行排序。

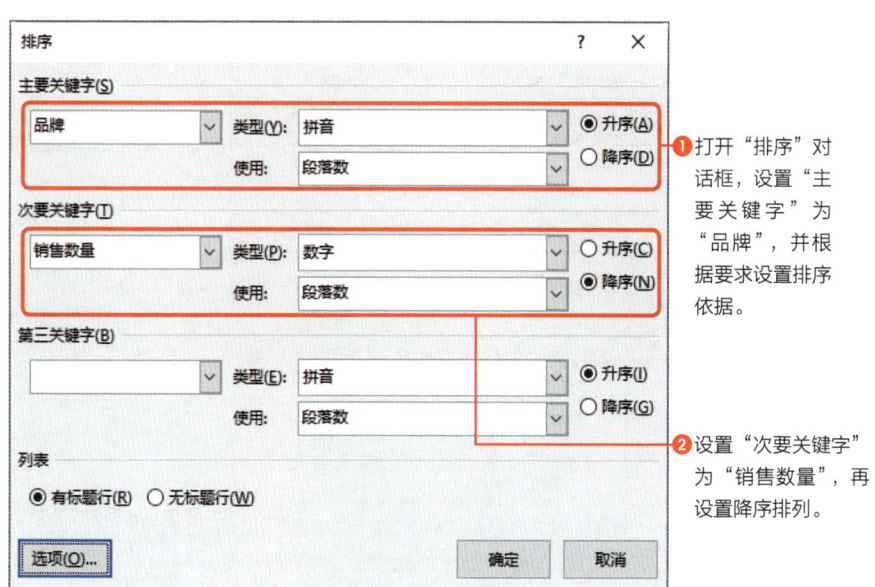

❶ 打开"排序"对话框,设置"主要关键字"为"品牌",并根据要求设置排序依据。

❷ 设置"次要关键字"为"销售数量",再设置降序排列。

将表格转换成文本

转换表格和文本

扫码看视频

通过制表符分隔单元格中文本

表格制作完成后，可以通过文字分隔符将表格转换为文本，例如，使用制表符可将表格转换为文本。在Word中将表格转换为文本后，其应用的表格样式将自动删除，例如表格的边框、底纹颜色等。

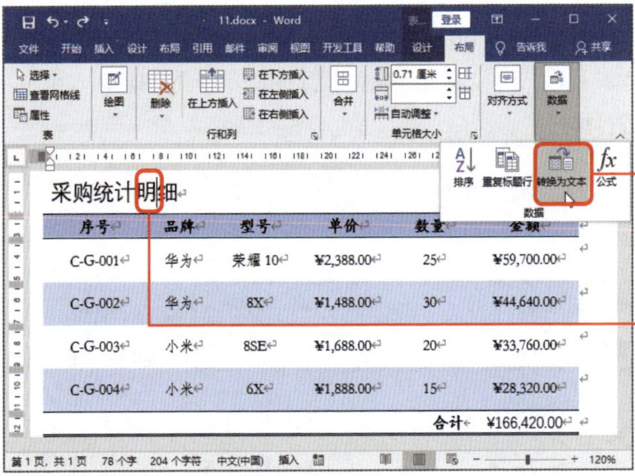

❶ 将光标定位在表格中。

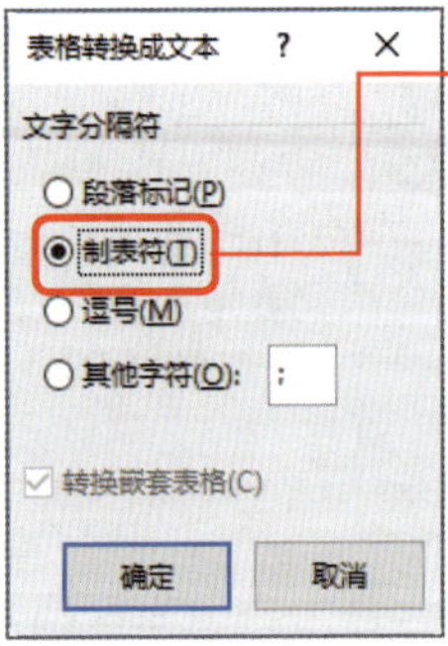

❷ 单击"表格工具—布局"选项卡的"转换为文本"按钮。

❸ 打开"表格转换成文本"对话框，选择"制表符"单选按钮。

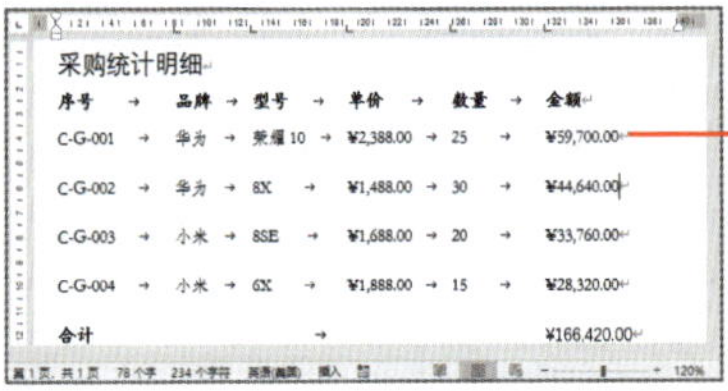

❹ 表格转换为文本后，每个单元格中的数值被分隔符隔开。

将文本转换成表格

扫码看视频

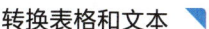

文本转换成表格

上一节介绍了如何将表格转换为文本，这里执行相反的操作也是可以的。但在Word中并不是所有文本都可以转换成表格的，首先，需要转换的单元格中的内容之间必须使用相同的符号隔开；其次，使用的分隔符号必须是英文半角状态下的，否则Word无法识别分隔符，就不能将文本转换成表格。

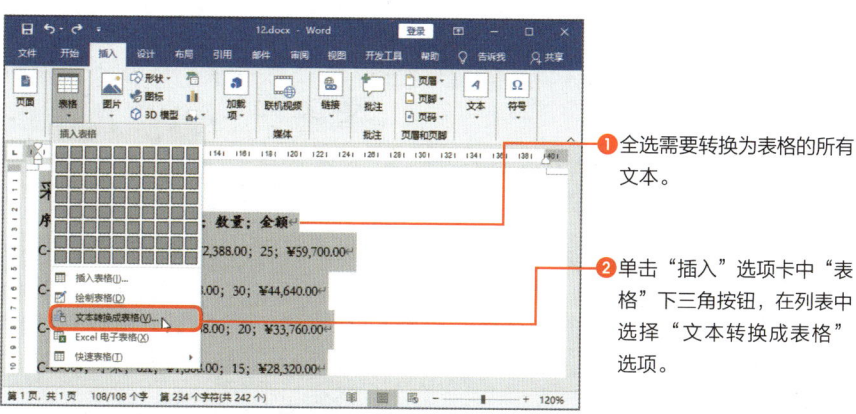

❶ 全选需要转换为表格的所有文本。

❷ 单击"插入"选项卡中"表格"下三角按钮，在列表中选择"文本转换成表格"选项。

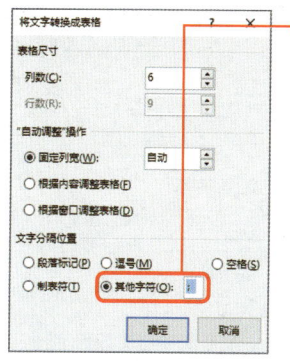

❸ 打开"将文字转换成表格"对话框，选中"其他字符"单选按钮，并输入分隔符。

❹ 返回文档中，查看根据分隔符将文本转换为表格的效果最后对表格进行编辑即可。

Word

第5章

图表让数据华丽变身

第 5 章 01 Word

使用图表的好处

用图表直观展示数据

扫码看视频

简述图表

图表可以将数据以图形的方式直观地展示出来，能够让浏览者产生深刻的印象。图表和表格、文字相比，其优势在于**将数据可视化**，减少浏览者的视觉负担和思考负担。所以在Word报表中比较数据时，使用图表是一个不错的选择。

下面展示几种图表的应用效果，有的是单一图表、有的是复合图表。我们来直观感受图表和表格、数据的区别。

● 堆积柱形图和折线图

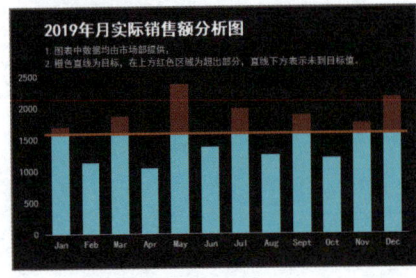

● 圆环图

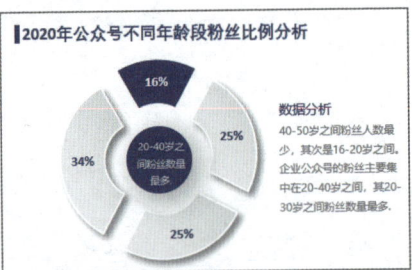

● 散点图和堆积柱形图

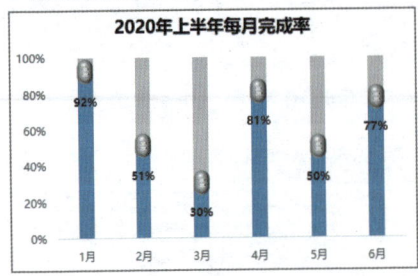

● 圆环图、饼图和条形图

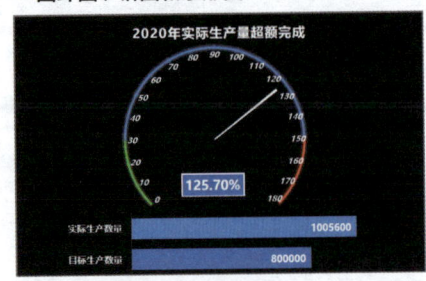

使用图表全方面展示数据

图表离不开表格，表格离不开数据。在创建图表之前**首先要读懂表格中的数据，理解数据的表达含义、重点和结构等**。

表格可以将数据系统地、清晰地、整齐地排列，但是很难发掘数据之间的各种关系。这就需要我们真正地深入挖掘表格的数据信息。

下表是某卖场2021年按月统计的各品牌手机的销量数据。

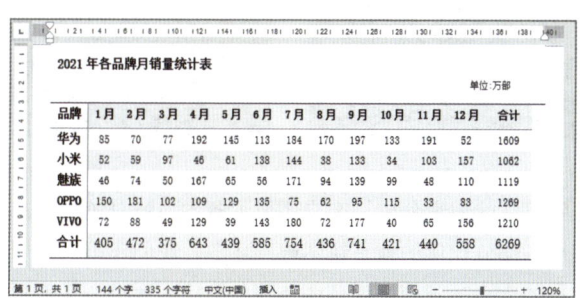

以上表格中的数据记录得很详细，分别记录了各品牌每月的销量、每月各品牌的总销量以及每个品牌全年的总销量。但是通过这么多的数据无法直观地了解哪个品牌的销量占比大、每个品牌销量的变化趋势等。

所有客户关心的或是我们想要展示的数据，如果通过图表来直观地体现，效果会比表格更有说明力。

我们可以由整体到局部去分析表格中的数据，首先通过折线图展示该卖场每月总销量的趋势。

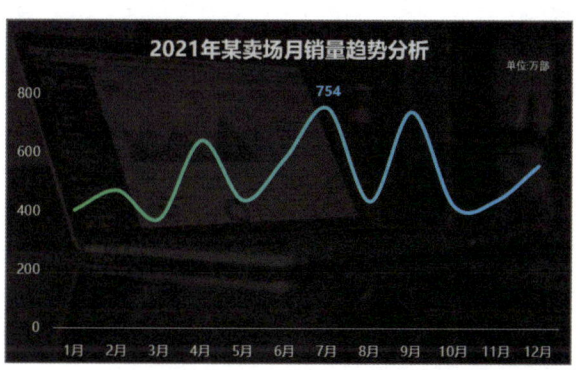

其次，可以将各品牌每月的销量进行整体分析，然后使用柱形图和折线图来直观地体现数据的大小和趋势。由于该部分的数据比较多也比较乱，展示的效果不是很理想，但是可以直观地体现数据的关系。

● 柱形图

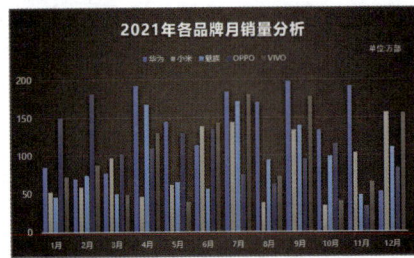

● 折线图

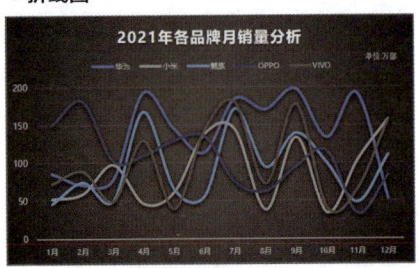

除了各品牌每月的销量分析，客户还想了解各品牌总销量的占比情况。在图表中最适合体现各部分比例的就是饼图或圆环图。我们还可以使用柱形图比较各品牌年销量数据的大小。既使用圆环图体现各品牌的比例，又使用柱形图展示各品牌销量的大小，通过两个维度展示数据。

● 圆环图

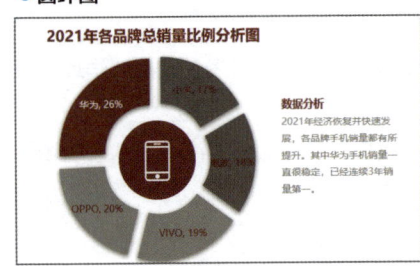

● 柱形图

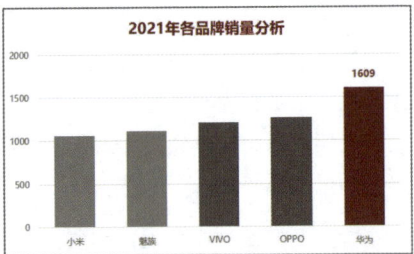

最后，再通过相关图表对各品牌的数据进行展示，例如使用折线图展示各品牌的销量趋势，使用饼图或圆环图展示各品牌的占比情况，从而全面分析各品牌的销售数据。

面面俱到的图表是这样的

扫码看视频

图表的组成

图表中包含很多元素，在默认情况下只显示部分元素，如果需要可以添加其他元素；如果不需要也可以删除。在制作图表时，用户可以调整各图表元素的位置、更改元素大小或设置格式。

下面以柱形图为例，展示各图表的元素。

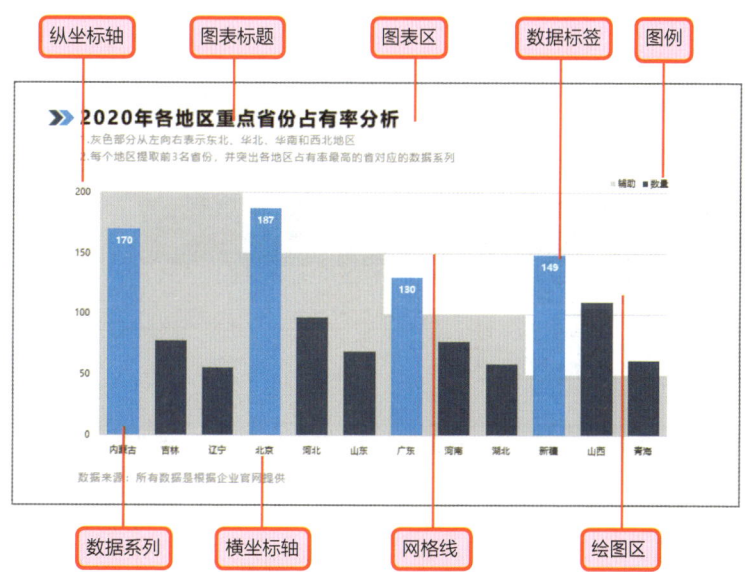

这也很重要!

图表中其他元素

默认的图表只包含部分元素，我们可以选择"图表工具—设计"选项卡，单击"图表布局"选项组中"添加图表元素"下三角按钮，在列表中选择要添加的元素选项即可。

创建图表的方法

在Word中插入图表的方法很简单,可以直接单击"插入"选项卡中"图表"按钮来打开"插入图表"对话框,然后选择合适的图表类型,最后再输入相关数据即可。

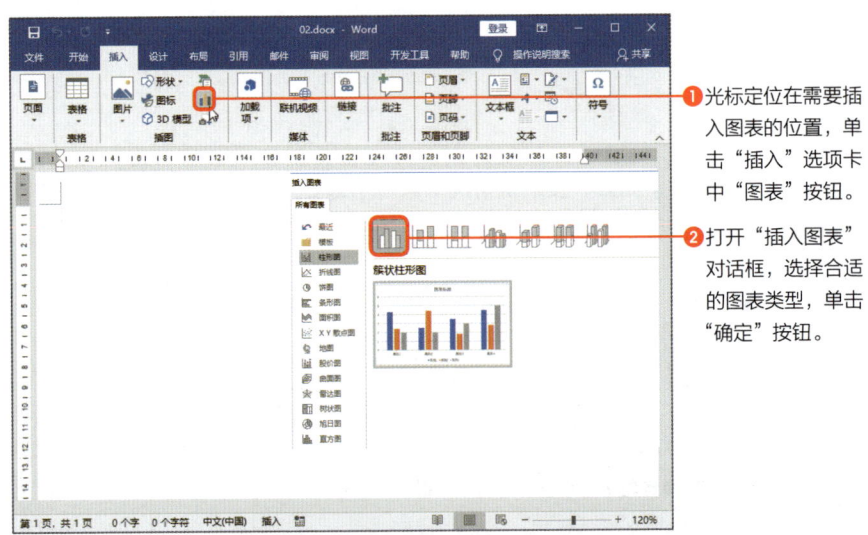

❶ 光标定位在需要插入图表的位置,单击"插入"选项卡中"图表"按钮。

❷ 打开"插入图表"对话框,选择合适的图表类型,单击"确定"按钮。

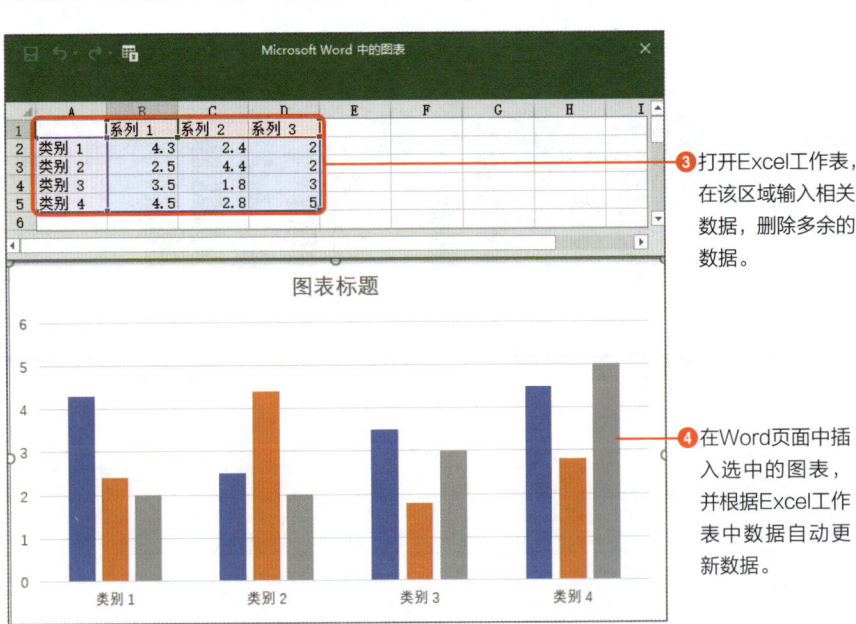

❸ 打开Excel工作表,在该区域输入相关数据,删除多余的数据。

❹ 在Word页面中插入选中的图表,并根据Excel工作表中数据自动更新数据。

用图表直观展示数据

数据结构决定图表的类型

扫码看视频

图表的类型

Word中包含16种图表类型、50多种子类型，我们工作生活中遇到的数据一般都可使用图表呈现。要想制作出专业的图表，我们必须能够根据数据的特征正确地选择图表类型。

在"插入图表"对话框的"所有图表"选项卡中显示了Excel内置的所有图表类型，如柱形图、折线图、饼图、条形图、面积图、曲面图、地图、直方图、瀑布图和漏斗图等。

柱形图

柱形图常用来<mark>显示一段时间内数据的变化或比较各项数据之间的情况</mark>。在柱形图中，通常沿水平轴组织类别，而沿垂直轴组织数值。

柱形图包括7个子类型，分别为"簇状柱形图""堆积柱形图""百分比堆积柱形图""三维簇状柱形图""三维堆积柱形图""三维百分比堆积柱形图"和"三维柱形图"。

折线图

折线图常用来<mark>分析数据随时间变化的趋势，也可用来分析多组数据随时间变化的相互作用和相互影响</mark>。与柱形图相比，折线图更加强调数据起伏变化的波动趋势。

折线图也包括7个子类型，分别为"折线图""堆积折线图""百分比堆积折线图""带数据标记的折线图""带数据标记的堆积折线图""带数据标记的百分比堆积折线图"和"三维折线图"。

饼图

饼图主要用于显示每个值占总值的比例,各个值可以相加,当仅有一个数据系列且所有值均为正值时,可使用饼图,饼图中的各数据点显示为占整个饼的百分比。

饼图包括5个子类型，分别为"饼图""三维饼图""复合饼图""复合条饼图"和"圆环图"。

条形图

条形图是用于比较多个值的最佳图表类型之一，显示各项之间的比较情况。条形图类似水平的柱形图。

条形图包括6个子类型，分别为"族状条形图""堆积条形图""百分比堆积条形图""三维簇状条形图""三维堆积条形图"和"三维百分比堆积条形图"。

面积图

面积图是将折线图中折线数据部分连成填充颜色的图表，主要用于<mark>表示时序数据的大小与推移变化</mark>。

面积图包括6个子类型，分别为"面积图""堆积面积图""百分比堆积面积图""三维面积图""三维堆积面积图"和"三维百分比堆积面积图"。

XY散点图

XY散点图显示<mark>若干数据系列中各数值之间的关系</mark>。散点图有水平数值轴和垂直数值轴两个数值轴，散点图将X值和Y值合并到单一的数据点，按不均匀的间隔显示数据点。

XY散点图包括7个子类型，分别为"散点图""带平滑线和数据标记的散点图""带平滑线的散点图""带直线和数据标记的散点图"和"带直线的散点图"等。

股价图

股价图用于描述股票波动趋势等数据。创建股价图必须按照正确的顺序。

股价图包括4个子类型，分别为"盘高-盘低-收盘图""开盘-盘高-盘低-收盘图""成交量-盘高-盘低-收盘图"和"成交量-开盘-盘高-盘低-收盘图"。

雷达图

雷达图是用来<mark>比较每个数据相对于中心的数值变化，将多个数据的特点以网状的形式呈现成图表样式</mark>，多用于倾向分析与重点把握。

雷达图包括3个子类型，分别为"雷达图""带数据标记的雷达图"和"填充雷达"。

修改图表中的数据

扫码看视频

编辑图表中的数据

如何修改图表中的数据

在Word中**图表和数据区域是链接的关系**，当数据区域中的数值发生变化时，图表会随之改变。数值变化会影响图表中数据系列的变化，类别名称的变化会影响图例的变化。

但是，图表的数据区域是在与其对应的Excel工作表中，默认情况下是不显示的，那么我们该如何修改图表中的数据呢？

下面以将4月份的销量192修改为172为例介绍具体操作方法。

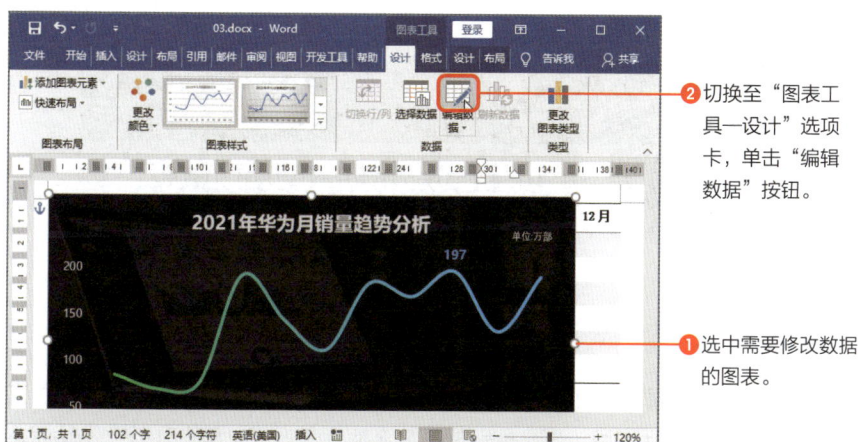

❷ 切换至"图表工具—设计"选项卡，单击"编辑数据"按钮。

❶ 选中需要修改数据的图表。

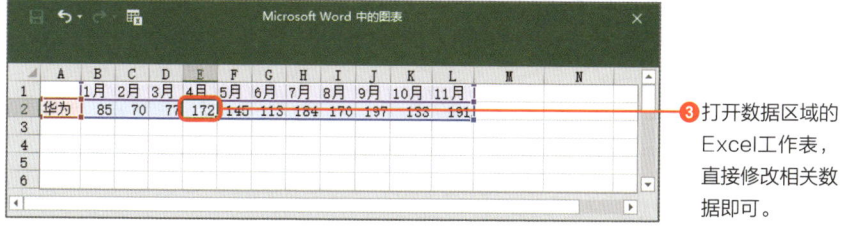

❸ 打开数据区域的Excel工作表，直接修改相关数据即可。

添加图表中数据行或列

扫码看视频

向图表中添加数据

  要向图表中添加数据，则首先要打开数据区域的Excel工作表，然后再输入数据。但是添加数据和修改数据是有区别的，修改数据是在Excel的数据区域内修改，而添加数据是在数据区域外进行。默认情况下，在图表对应的Excel工作表中，在与数据区域相邻的单元格中输入数据，添加的数据会自动同步到数据区域中；如果没有添加到数据区域，图表中是不能体现出添加的数据的。

  当打开数据区域的Excel工作表时，发现数据区域使用了3种不同的颜色线框括住了3部分数据。其中红色区域为系列名称，紫色区域为类型名称，蓝色区域为数值。

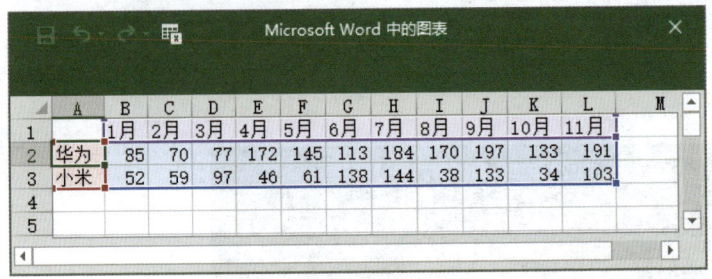

  如果**添加的数据没有自动更新到数据区域内，我们可以通过拖拽各区域的填充柄**完成。在拖拽时要注意，当光标定位在填充柄上变为双向箭头时，按住鼠标左键拖拽；如果光标变为四向箭头时，拖拽鼠标会移到数据区域。

  下面以添加数据行为例，介绍在图表中添加数据的方法。

第 5 章 图表让数据华丽变身

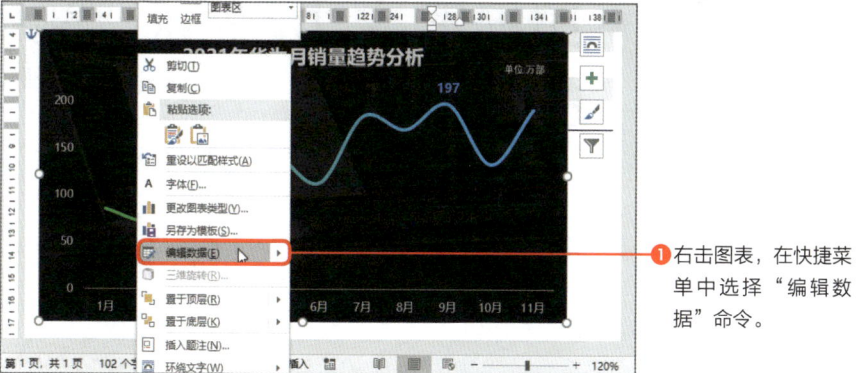

❶ 右击图表,在快捷菜单中选择"编辑数据"命令。

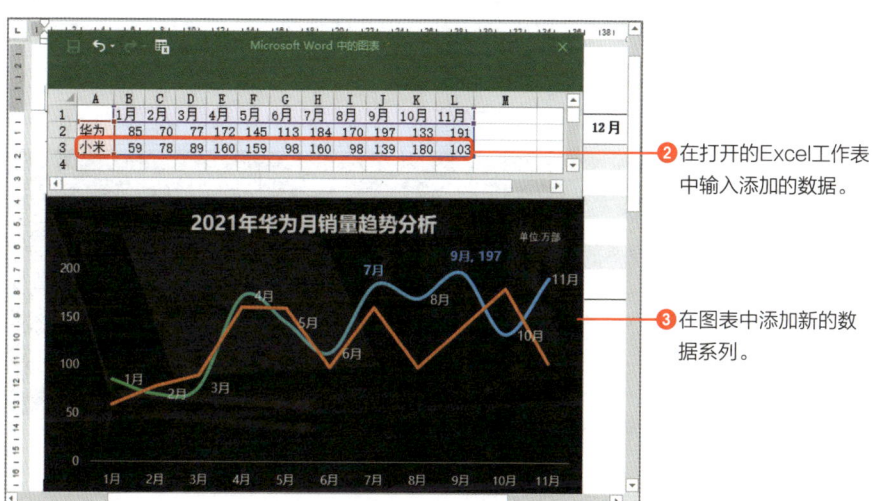

❷ 在打开的Excel工作表中输入添加的数据。

❸ 在图表中添加新的数据系列。

> **这也很重要!**
>
> ### 通过"选择数据源"为图表添加数据
>
> 我们也可以通过"选择数据源"对话框添加或修改数据。选中图表,单击"图表工具—设计"选项卡中"选择数据"按钮,打开"选择数据源"对话框,设置"图表数据区域"的引用位置。

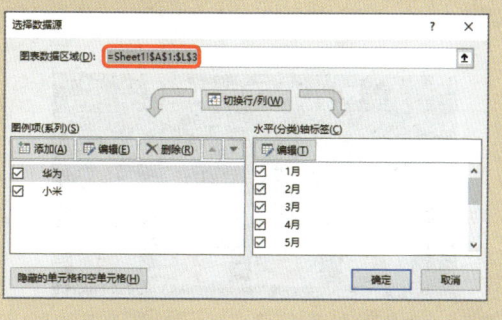

切换图表中行/列的数据

第 5 章 编辑图表中的数据

扫码看视频

使用"切换行/列"功能切换

数据表是由行和列组成的,创建图表时,默认是**第1列作为图表的横坐标轴,第1行为数据系列**。我们可以切换行/列的数据,即将图表的横坐标轴和数据系列进行互换,从不同角度去分析数据。

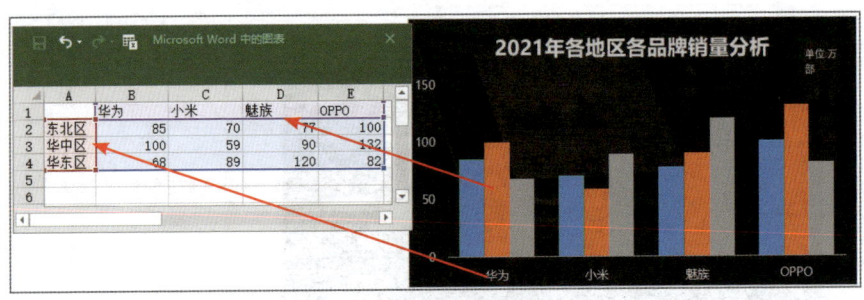

下面介绍切换图表的行/列的方法。

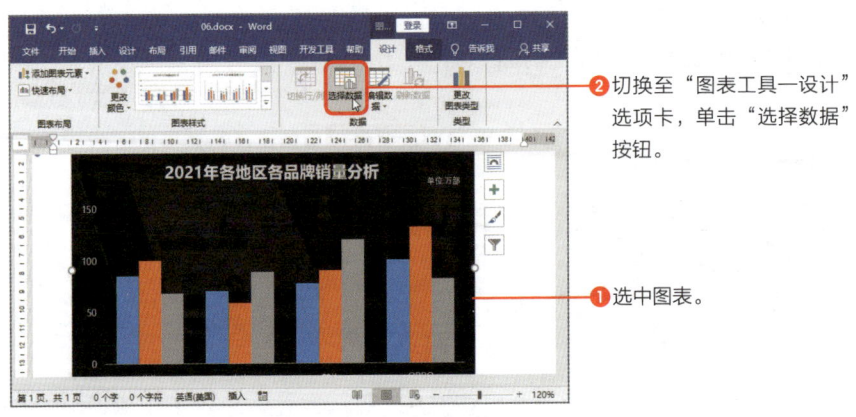

❶ 选中图表。

❷ 切换至"图表工具—设计"选项卡,单击"选择数据"按钮。

第 5 章　图表让数据华丽变身

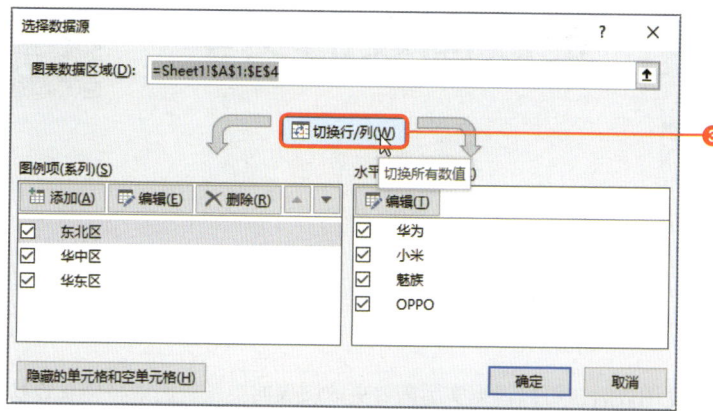

❸ 打开"选择数据源"对话框，单击"切换行/列"按钮。

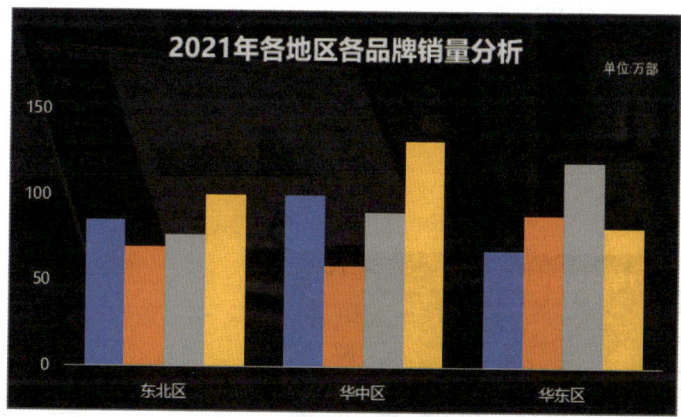

❹ 操作完成后关闭对话框，返回文档中，可见图表的横坐标轴和数据系列互换了。

> **这也很重要！**
>
> **一键行/列切换**
>
> 　　打开图表对应的 Excel 工作表，切换至"图表工具—设计"选项卡，在"数据"选项组中单击"切换行/列"按钮即可。当我们切换图表的行/列时，Excel 工作表中数据并没有改变。

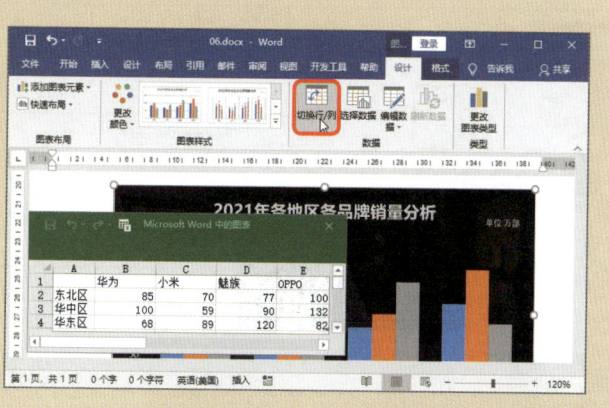

扫码看视频

进一步设置
满意的图表

将柱形图更改为折线图

在Word中创建图表后，可以根据实际需要更改图表的类型，例如将体现各数据之间大小的柱形图更改为能体现数据变化趋势的折线图。

下面介绍更改图表类型的方法。

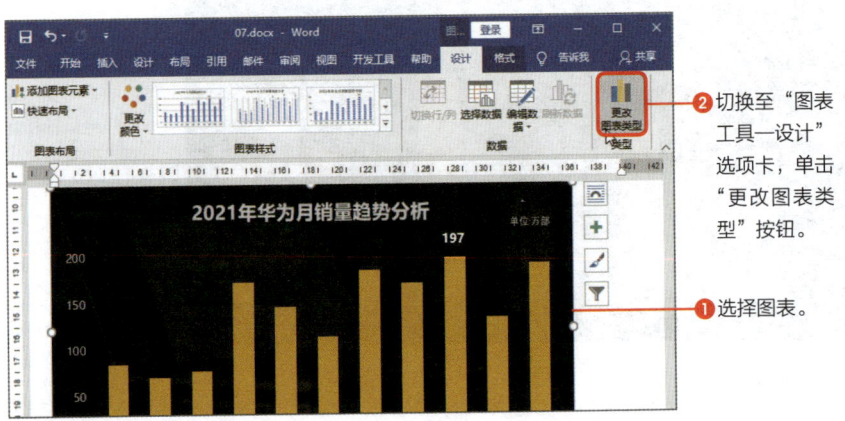

❷切换至"图表工具—设计"选项卡，单击"更改图表类型"按钮。

❶选择图表。

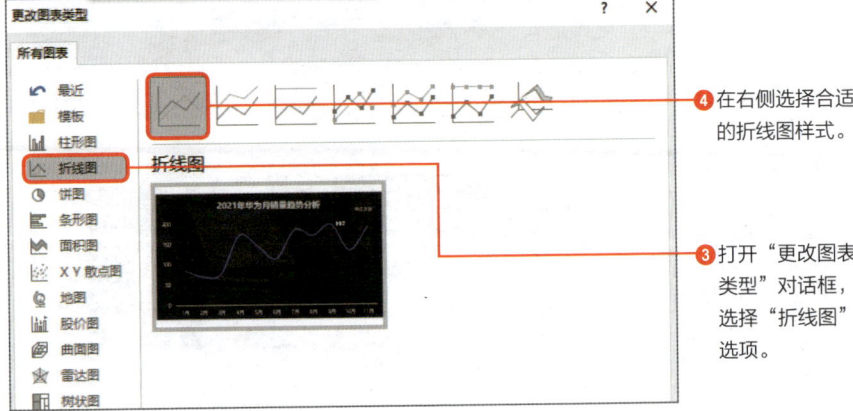

❹在右侧选择合适的折线图样式。

❸打开"更改图表类型"对话框，选择"折线图"选项。

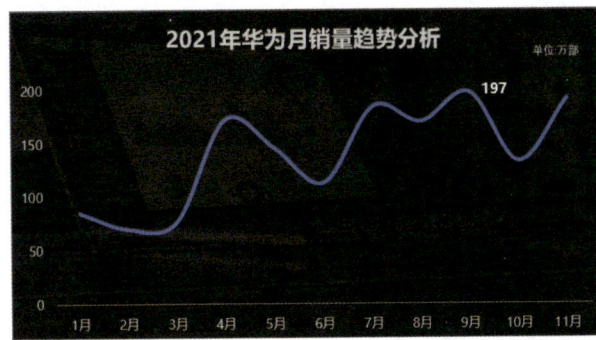

❺ 返回文档中,可见柱形图更改为折线图。

> **这也很重要!**
>
> **快捷菜单更改图表类型**
>
> 除了在功能区单击"更改图表类型"按钮外,用户也可以通过快捷菜单更改。选中图表并右击,在快捷菜单中选择"更改图表类型"命令,如右图所示。即可打开"更改图表类型"对话框,然后选择需要的图表类型。

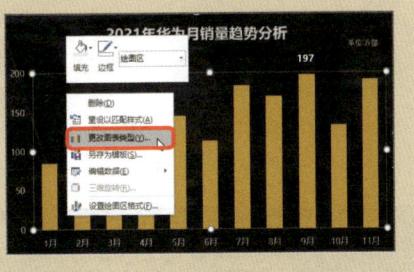

更改某数据系列的类型

上述介绍了更改整个图表类型的方法,当图表中包含多个数据系列时,还可以只更改部分数据系列,制作成复合的图表。

下面介绍更改某数据系列的类型的方法。

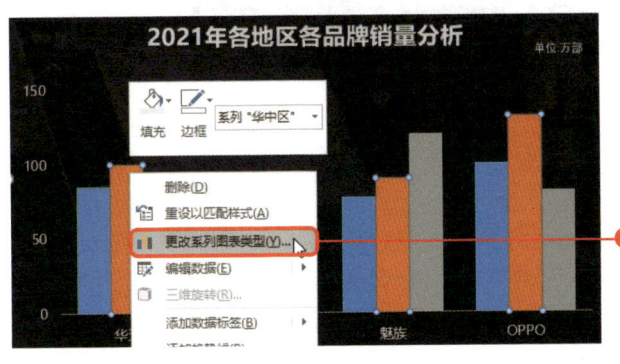

❶ 选择图表中需要更改类型的数据系列并右击,在快捷菜单中选择"更改系列图表类型"命令。

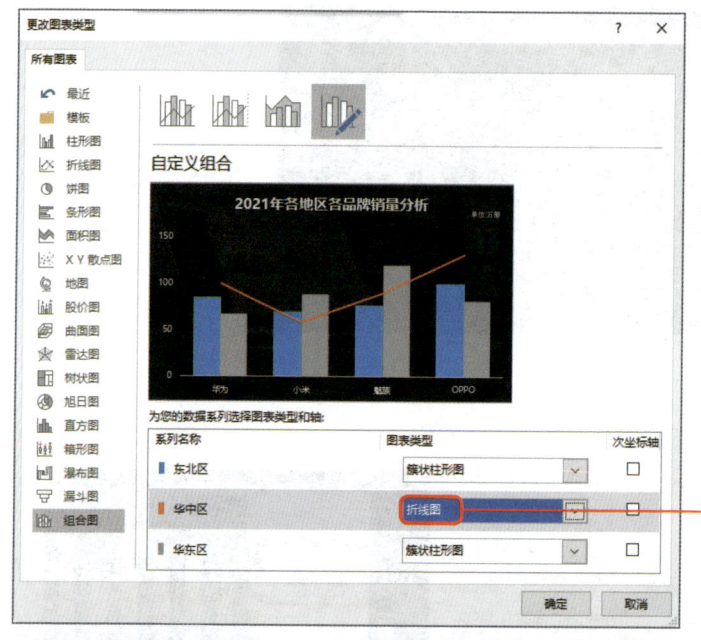

❷ 设置"华中区"的图表类型为"折线图",在中间区域可预览图表的效果。

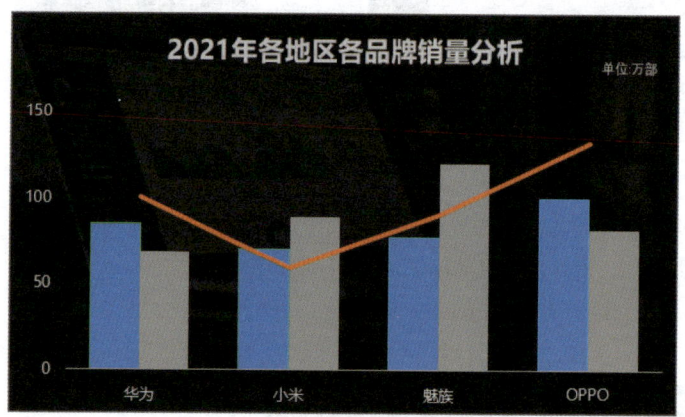

❸ 单击"确定"按钮,返回文档中,可见"华中区"数据系列变为折线图,其他为柱形图。

> **这也很重要!**
>
> ### 通过"更改图表类型"设置组合图
>
> 我们可以通过"更改图表类型"的方法打开"更改图表类型"对话框,在右侧选择"组合图"选项,然后在右侧设置数据系列的类型。更改数据系列类型的前提是图表中包含两组或多组数据系列。在以后章节中介绍的设置次坐标轴也可以在"更改图表类型"对话框中进行。

巧妙设置次坐标轴

扫码看视频

进一步设置
满意的图表

比较两组数据的大小

比较图表中两组数据的大小时，在同一个坐标轴上体现的效果不是很明显，此时，次坐标轴就显得尤为重要，因为它可以更加清晰直观地比较数据。

以柱形图为例，在Word中创建图表时默认的纵坐标轴在左侧，这是主要坐标轴。顾名思义，次坐标轴就是非主要坐标轴，默认位置在图表的右侧。

以条形图为例，主要坐标轴位于图表的下方，次坐标轴位于图表的上方。

我们通过设置次坐标轴比较两组数据大小时，一定要注意**主次坐标轴的最大值、最小值以及单位要统一**。特别是坐标轴的最大值和最小值要统一，否则直观的比较效果是不准确的。这一点在下面的操作过程中会体现。

下面介绍通过设置次坐标轴比较两组数据大小的操作方法。

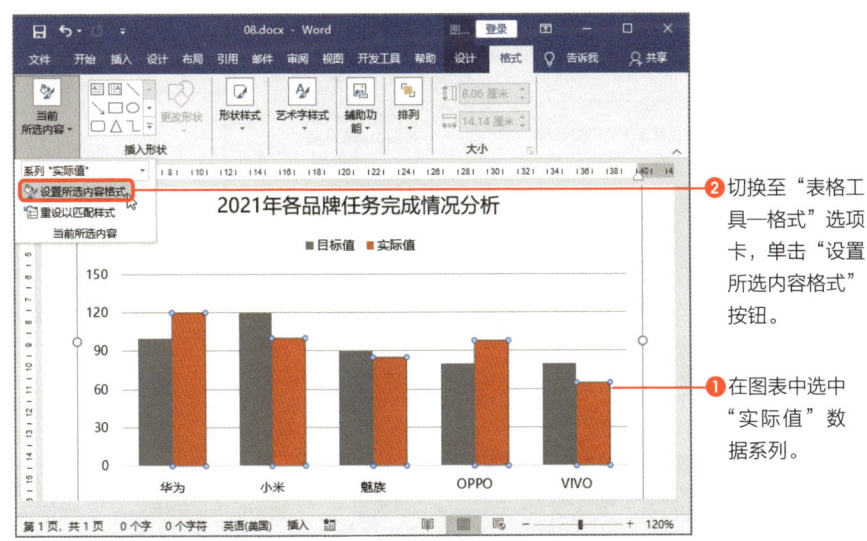

❶ 在图表中选中"实际值"数据系列。

❷ 切换至"表格工具—格式"选项卡，单击"设置所选内容格式"按钮。

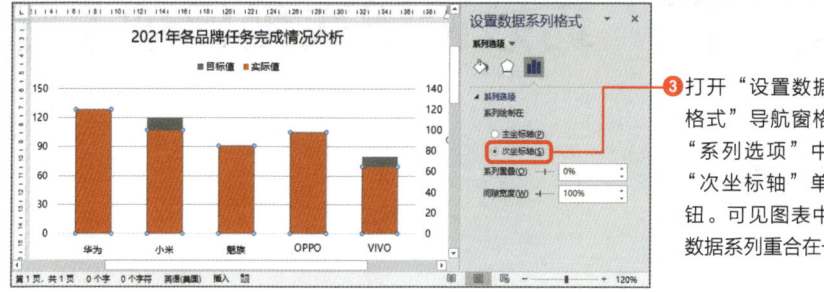

❸ 打开"设置数据系列格式"导航窗格,在"系列选项"中选择"次坐标轴"单选按钮。可见图表中两个数据系列重合在一起。

由上图可见"魅族"手机的实际值要比目标值大,说明完成任务了。但是,打开数据区域的Excel工作表,"魅族"手机的目标值是90,而实际值是85,并没有完成任务。

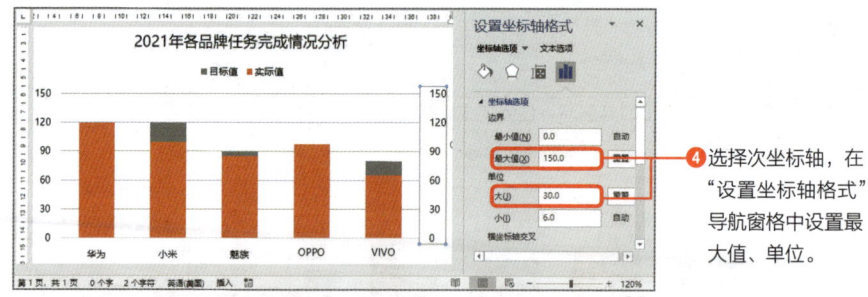

接下来继续介绍通过设置次坐标轴让图表显示真实的数据。

❹ 选择次坐标轴,在"设置坐标轴格式"导航窗格中设置最大值、单位。

> **这也很重要!**
>
> **为什么要设置次坐标轴的最大值和单位**
>
> 设置次坐标轴的最大值是为了和主坐标轴的最大值一致,也就是说衡量的标准是一样的。设置次坐标轴的单位是为了让次坐标轴的数据和主坐标轴的数据对应,在同一水平线上,方便比较数据。

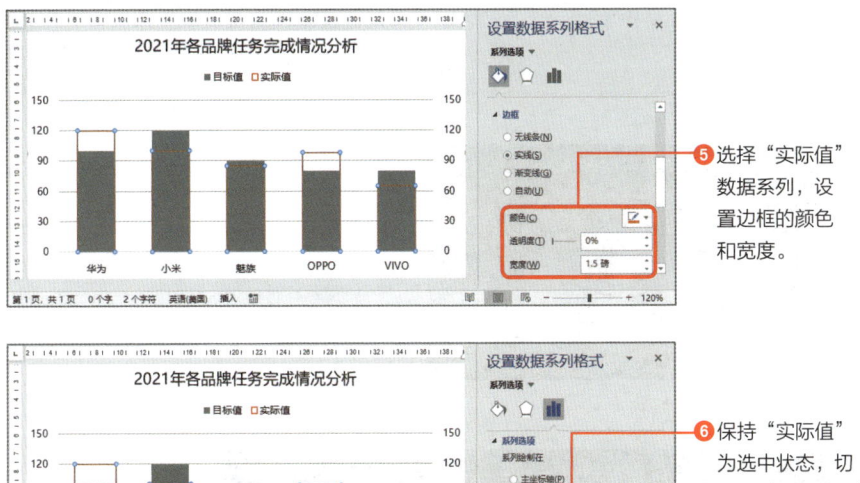

❺ 选择"实际值"数据系列，设置边框的颜色和宽度。

❻ 保持"实际值"为选中状态，切换至"系列选项"，设置"间隙宽度"为80%。图表中两组数据更容易比较了。

解决两组数据差距太大的问题

当比较的两组数据差距太大时，通过图表已经无法显示较小的数据。例如对统计出的各品牌手机的实际销量和任务的完成率的相关数值进行比较时，因为完成率数值太小在图表中无法正常显示。

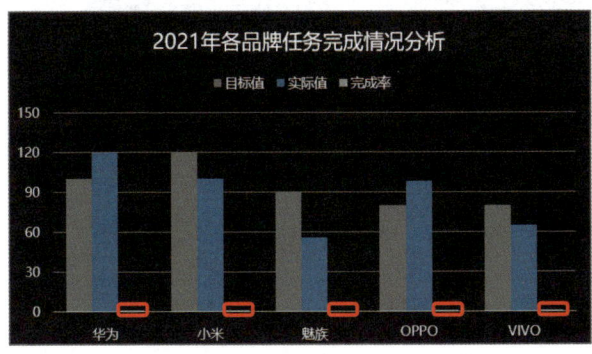

以上这种情况可以通过设置次坐标轴解决，主要思路是让数据小的数据系列使用单独的坐标轴，为了区分数据的类型还可以更改该数据系列的图表类型。

下面介绍具体操作方法。

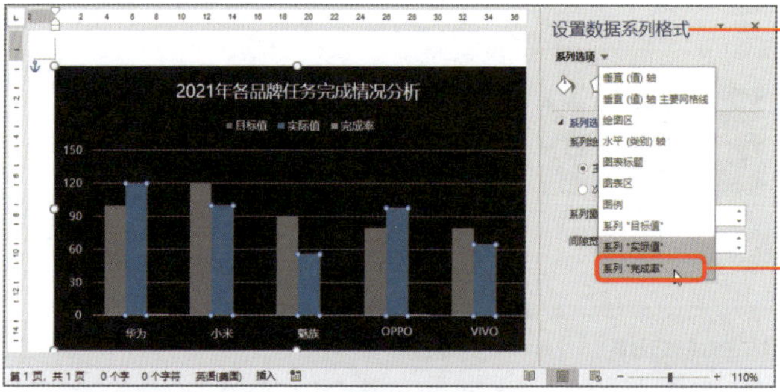

❶ 选中任意数据系列,打开"设置数据系列格式"导航窗格。

❷ 单击"系列选项"下三角按钮,在列表中选择"系列'完成率'"选项。

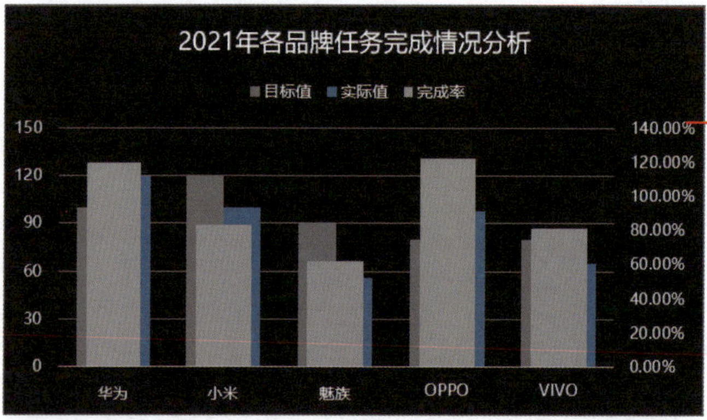

❸ 在"设置数据系列格式"导航窗格中选中"次坐标轴"单选按钮,可见"完成率"数据系列单独显示。

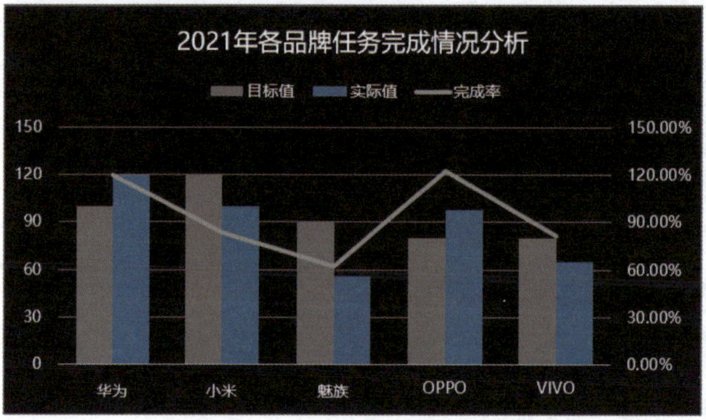

❹ 根据之前学的内容设置次坐标轴的最大值和单位,然后再设置"完成率"的图表类型为折线图。

我们也可以将次坐标轴隐藏:选中次坐标轴,在"设置坐标轴格式"导航窗格的"标签"区域中设置"标签位置"为"无"即可。

根据展示要求添加图表元素

通过"添加图表元素"下三角按钮添加

选择需要添加图表元素的图表,切换至"图表工具—设计"选项卡,单击"图表布局"选项组中"添加图表元素"下三角按钮,在列表中选择需要添加的元素名称,在子列表中选择添加的位置。例如选择"完成率"的折线,在"添加图表元素"子列表中选择"数据标签>上方"选项,即可在选中的数据系列上添加数据标签。

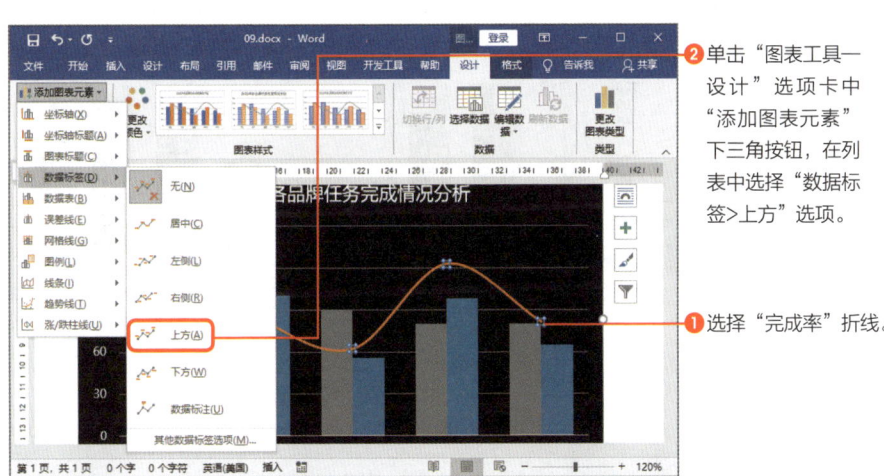

在子列表中选择"更多xx选项"选项时,会打开对应的导航窗格,可以进一步设置添加的图表元素。例如在"图例"子列表中选择"更多图例选项"选项,打开"设置图例格式"导航窗格,同时展开"图例选项"列表,可以设置图例的位置,或设置图例是否与图表重叠。

第5章 Word 图表设计的常见问题

连续日期的问题

扫码看视频

在横坐标轴中显示连续日期

当图表的**横坐标轴为日期时，Word会默认显示连续的日期**，即使在数据区域中不显示该日期，图表中也会显示。例如，某公司统计了最近6个工作日的手机销售数量，因为2021年2月27日和2021年2月28日是周日，在数据区域中没有记录这两天的数据，但是创建图表后是默认显示周末这两天的，而且默认显示数据为零。

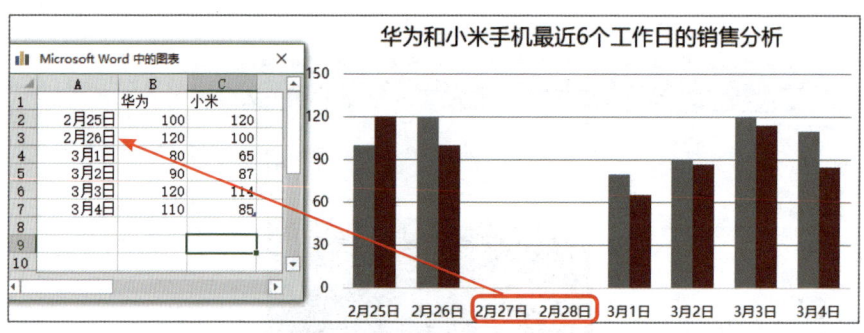

要解决上述问题，只需在"设置坐标轴格式"导航窗格中设置坐标轴的类型为"文本坐标轴"即可。

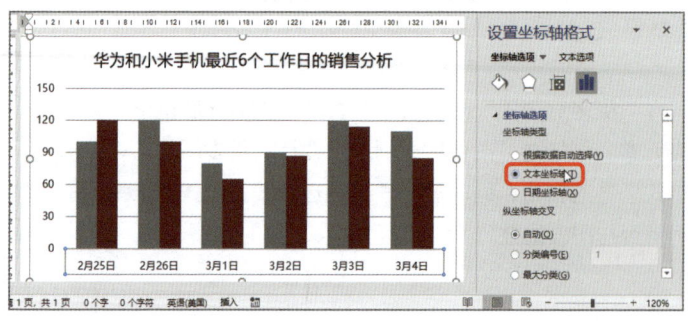

折线图中空数值问题

图表设计的常见问题

通过零值连接折线

在制作折线图时，如果**数据表中数据为空值，则图表中的折线会出现断裂的现象**，影响展示效果。这是因为图表在处理空单元格时，默认通过空距的方法处理该问题。例如，企业统计最近6天手机的销量，由于2021年2月27日数据有错误，总体数值暂时还没有统计出来，所以使用折线图时显示为断裂状态。

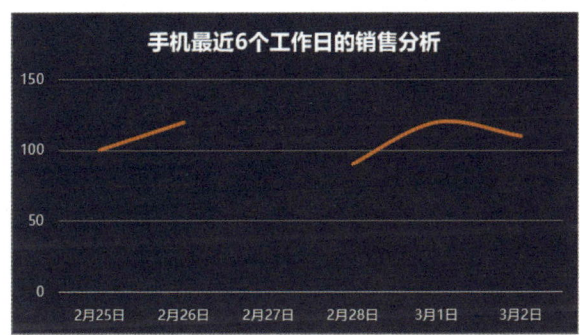

为了能够更完美地展示图表，我们可以通过设置零值或使用直线连接，而不是使用直线形状直接连接。

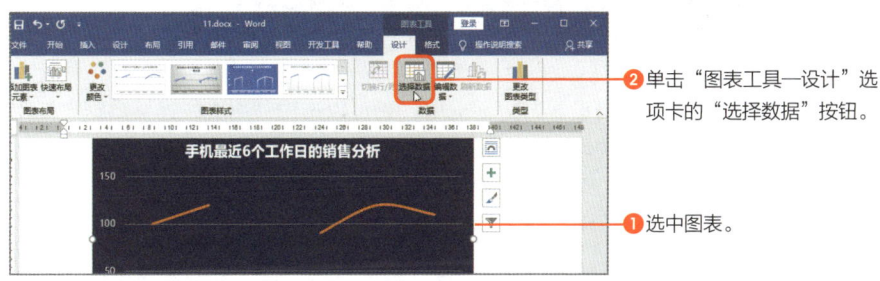

❶ 选中图表。

❷ 单击"图表工具—设计"选项卡的"选择数据"按钮。

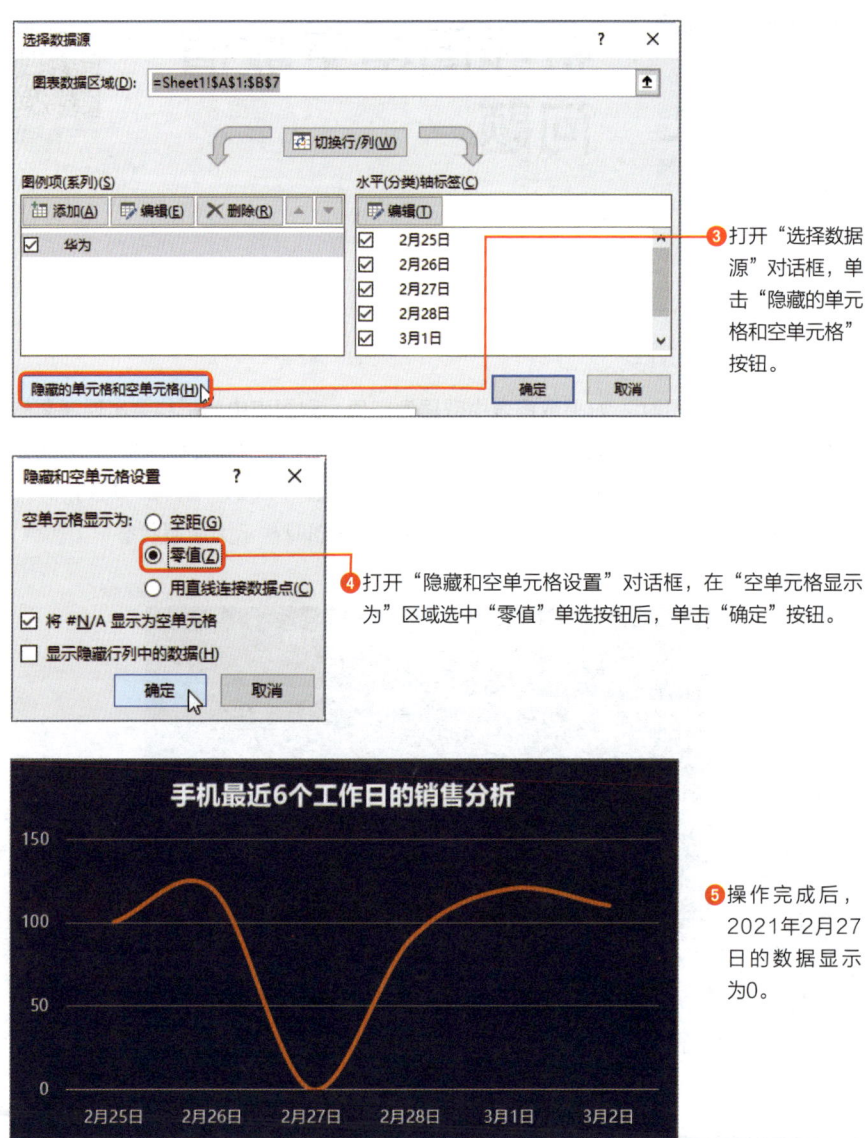

❸ 打开"选择数据源"对话框，单击"隐藏的单元格和空单元格"按钮。

❹ 打开"隐藏和空单元格设置"对话框，在"空单元格显示为"区域选中"零值"单选按钮后，单击"确定"按钮。

❺ 操作完成后，2021年2月27日的数据显示为0。

在"隐藏和空单元格设置"对话框中，还可以选中"用直线连接数据点"单选按钮，那么在断裂的折线图中会通过直线连接起来。

图表中不显示隐藏数据问题

图表设计的常见问题

在图表中显示数据区域隐藏的内容

在制作图表时，经常添加辅助数据，如果我们隐藏了辅助的数据，图表中则不显示相关内容。

下面是图表和对应的数据区域。

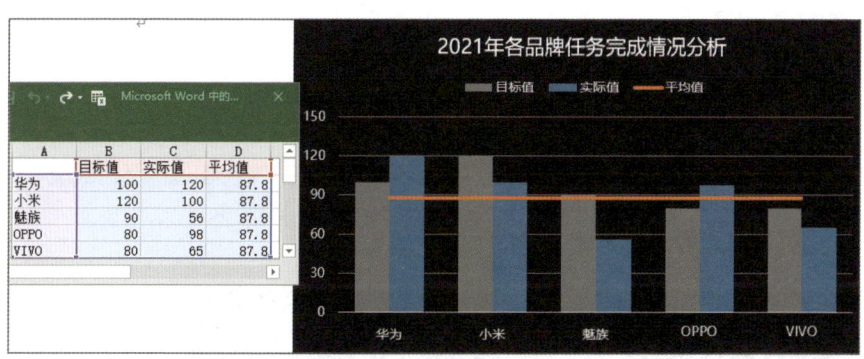

下图隐藏了数据区域的"平均值"，则图表中对应的内容会被隐藏。

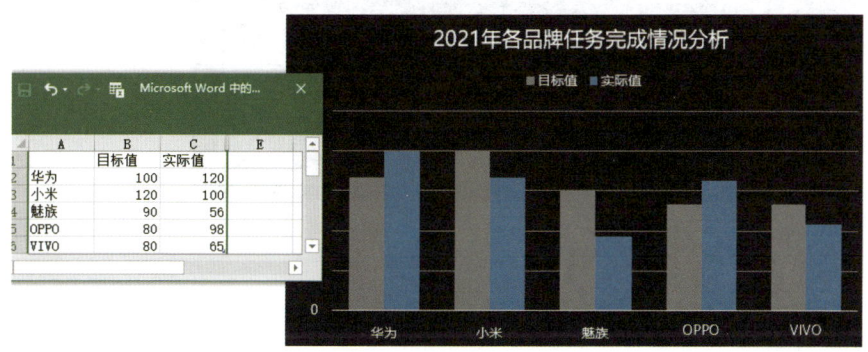

下面介绍在图表中显示隐藏数据的操作方法。

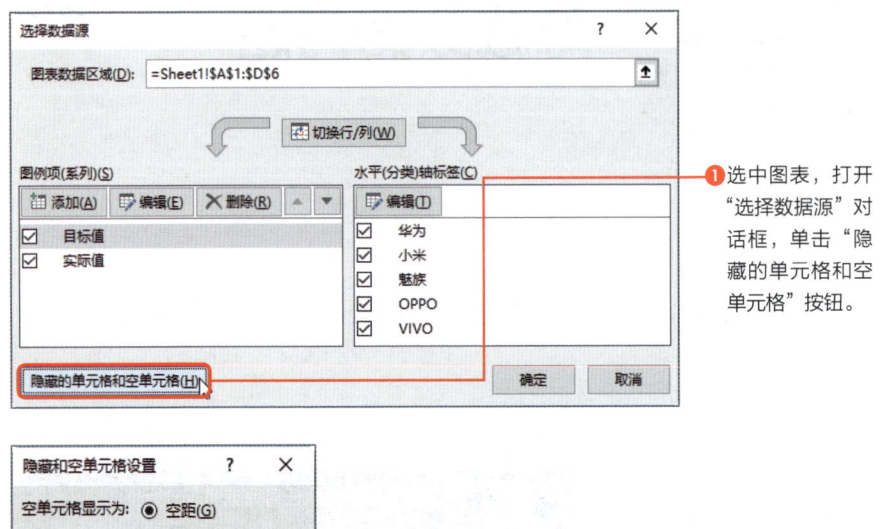

❶ 选中图表，打开"选择数据源"对话框，单击"隐藏的单元格和空单元格"按钮。

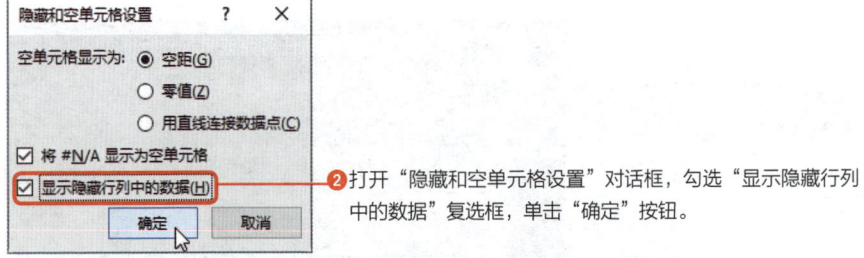

❷ 打开"隐藏和空单元格设置"对话框，勾选"显示隐藏行列中的数据"复选框，单击"确定"按钮。

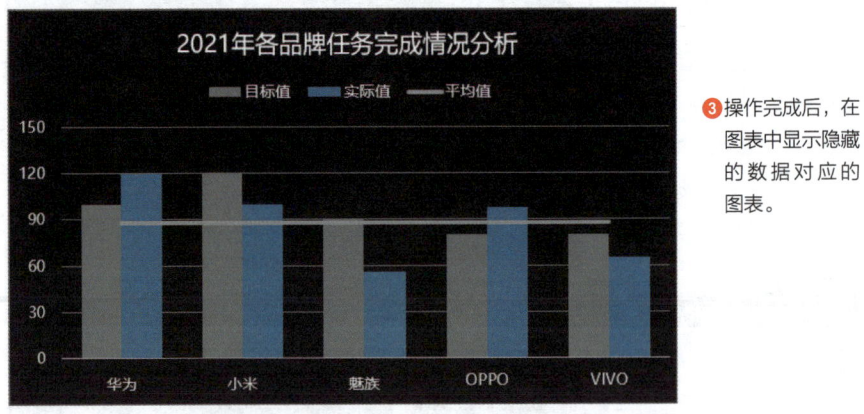

❸ 操作完成后，在图表中显示隐藏的数据对应的图表。

第6章

图文混排使文档更生动形象

在Word文档中插入图片

通过图片增强文档的表现力

扫码看视频

在文档中使用图片的好处

图文并茂，给人的印象比较深刻，避免纯文字的枯燥或者纯图片的不知所云。 在Word中插入图片，会使文档的版面更生动活泼，给人一种美感，图文结合更能体现文档要表达的含义。

下面以为年终报告添加标题背景图片为例，感受文字和图片结合的效果。

● 标题为纯文字的效果

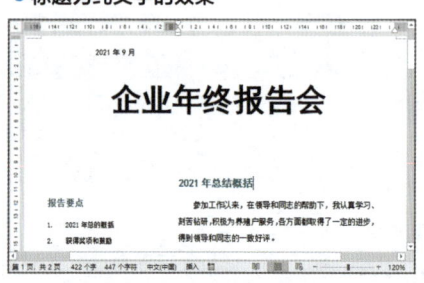

● 标题添加背景图片的效果

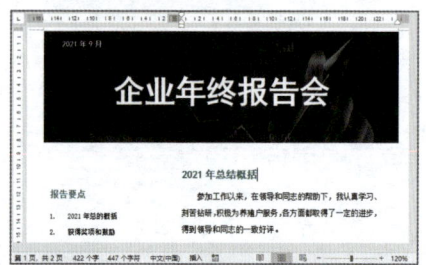

我们在为文档配图时，需要注意以下几个问题。
- 使用与文档的主题相关联的图片。
- 使用高清图片，不使用模糊图片。
- 不使用变形的图片。
- 图片的颜色与主题相关。
- 对图片进行弱化处理。

插入计算机中的图片

在Word 2019中可以插入计算机中存储的图片或者网络上的图片，而且支持很多格式的图片，例如".jpg"、".jpeg"、".jfif"和".dib"等。

下面以为年终报告会文档添加标题背景图片为例,介绍在Word中插入计算机中图片的方法。

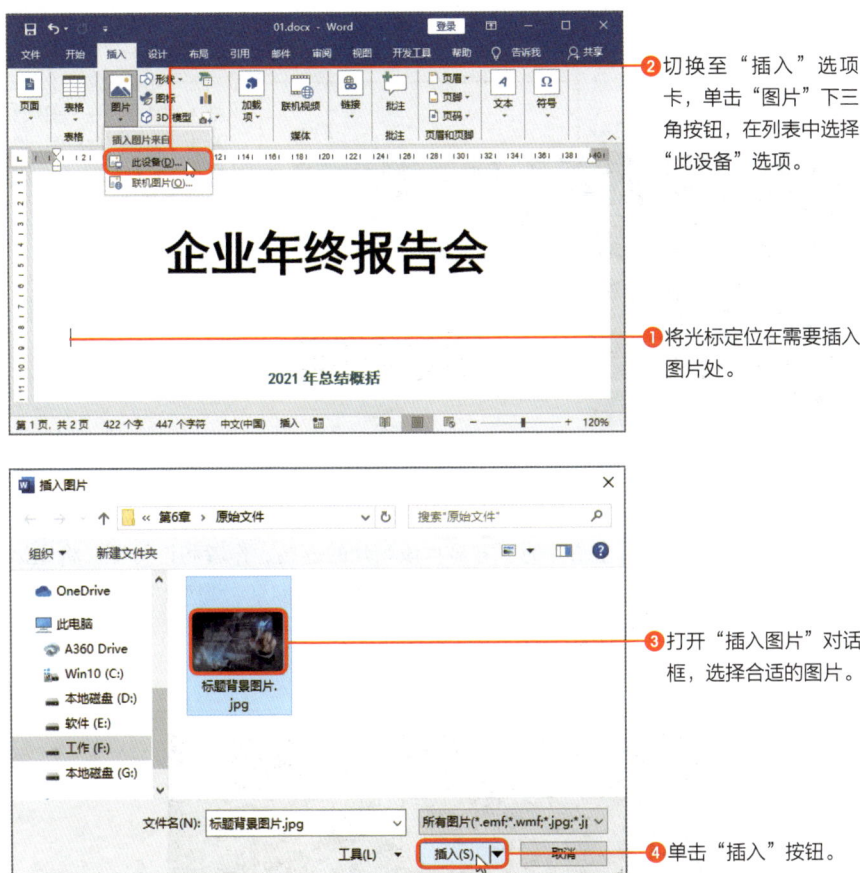

操作完成后选中的图片会以"嵌入型"的方式插入到指定的文档中,此时是不符合标题背景要求的,还需要进一步对图片进行编辑。编辑图片的相关操作将在以后章节中详细介绍。

插入联机图片

如果计算机中没有合适的图片,我们可以在网上搜索相关图片并进行插入。Word提供了"联机图片"功能,可以不打开浏览器联网搜索图片。

下面介绍联机搜索并插入图片的方法。

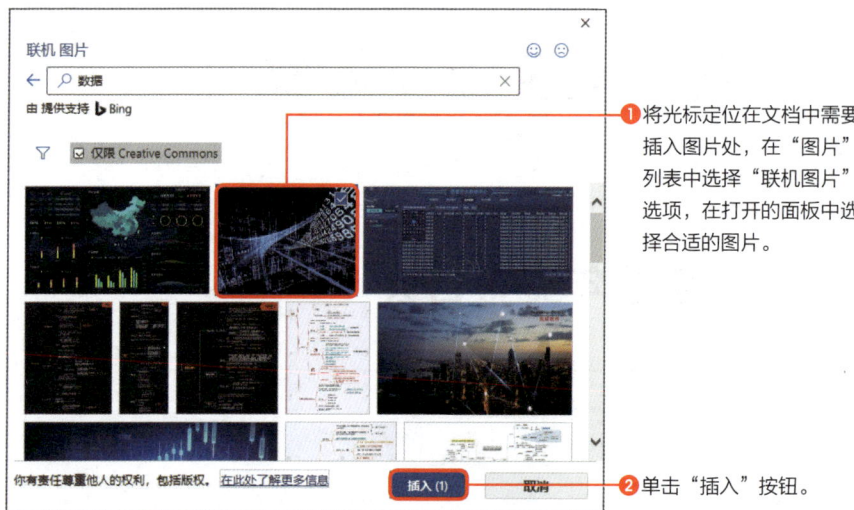

❶ 将光标定位在文档中需要插入图片处,在"图片"列表中选择"联机图片"选项,在打开的面板中选择合适的图片。

❷ 单击"插入"按钮。

插入联机图片后,在图片的下方显示该照片的链接、作者和许可证。将光标移到链接文字或许可证上方时,计算机会显示对应的网址,当按Ctrl键单击时会打开相关内容,可以查看照片的链接网站或许可证。

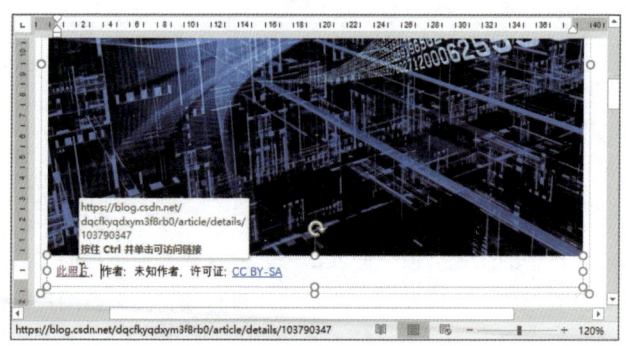

> **这也很重要!**
>
> **图片的版权**
>
> 通常图片的著作权为图片的作者或者机构所有。如果使用有版权的图片,一定要咨询所有者或者通过相关网站、机构向其支付相应的费用,否则就会侵权。

裁剪图片的多种方法

扫码看视频

通过图片增强文档的表现力

裁剪图片

我们费尽心思找到心仪的图片，一般情况下，其大小都需要调整，此时就要使用图片的裁剪工具。**使用裁剪功能可以保留需要的内容，去除图片中的多余部分。**

在Word中选中图片，在功能区会显示"图片工具—格式"选项卡，我们可以通过"大小"选项组中"裁剪"功能裁剪图片。

下面介绍裁剪图片的方法。

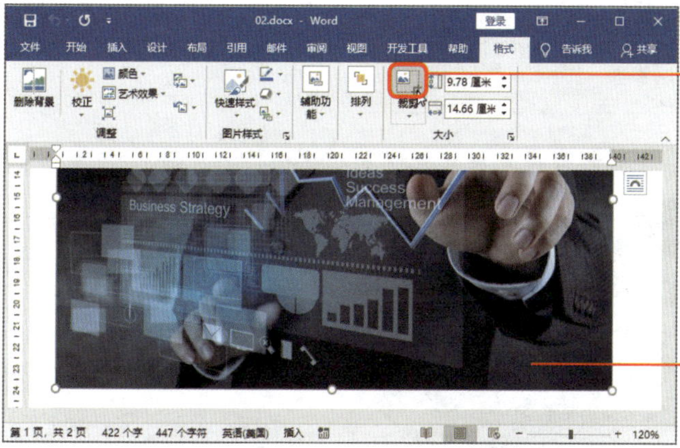

❷ 单击"图片工具—格式"选项卡中"裁剪"按钮。

❶ 选中图片。

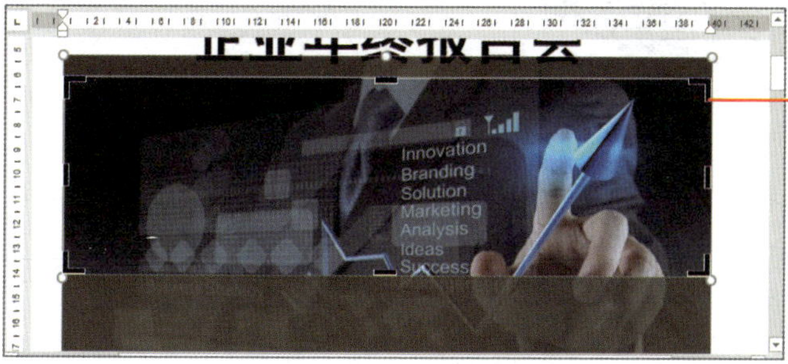

❸ 图片的四周出现裁剪的控制点，拖拽上下两边上的控制点，裁剪图片。

将图片裁剪为需要的形状

我们在裁剪图片时可以**将图片裁剪成Word中内置的形状样式**，制作出不同的风格。

下面介绍将图片裁剪为形状的方法。

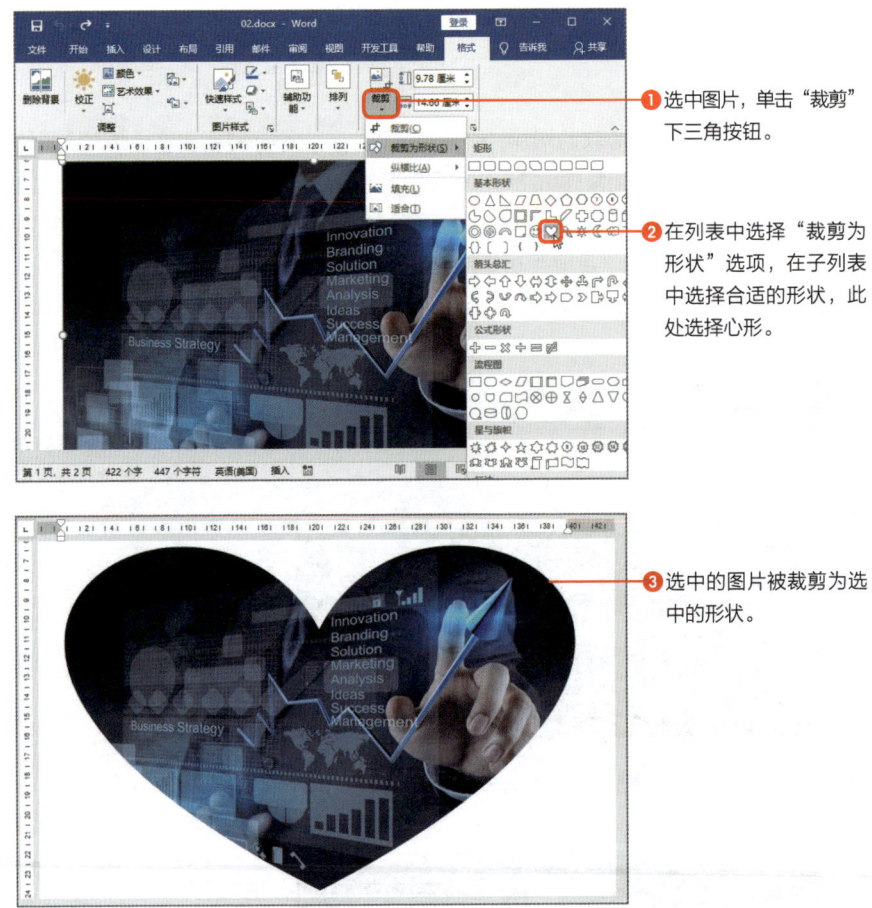

❶ 选中图片，单击"裁剪"下三角按钮。

❷ 在列表中选择"裁剪为形状"选项，在子列表中选择合适的形状，此处选择心形。

❸ 选中的图片被裁剪为选中的形状。

将图片裁剪为形状后，可以通过调整控制点调整图片的大小，但是需要注意，当拖拽边控制点时图片容易变形，所以要拖拽4个角控制点来调整。

将图片裁剪为形状后，再次单击"裁剪"按钮，可以通过调整图片的大小、位置使需要的内容在形状之内。

❹裁剪为形状后单击"裁剪"按钮,再拖拽控制点,可以调整在形状中图片的位置。

按纵横比裁剪图片

在"裁剪"功能中还有一个按"纵横比"选项,在该选项中**只能按照默认的纵横比裁剪图片,无法自定义纵横比**。纵横比分为方形、纵向和横向3种。

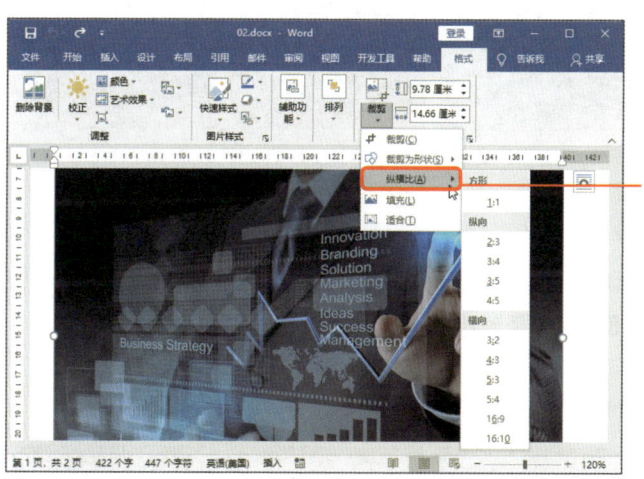

选中图片后单击"裁剪"下三角按钮,在列表中选择"纵横比"选项,在子列表中选择合适的选项即可。

> **这也很重要!**
>
> **3种裁剪方式可以叠加使用**
>
> 我们对图片进行裁剪时,可以将3种裁剪方式叠加使用,即按纵横比裁剪图片时,可以裁剪为形状,也可以普通裁剪。例如在将图片按4:5裁剪后,还可以裁剪为形状。

调整图片的亮度

通过图片增强
文档的表现力

扫码看视频

调整图片的亮度

在Word中，我们可以**调整图片的亮度，产生明暗的差别**。设置的亮度越小，图片就越暗；反之亮度越大，图片就越明亮。

● **图片的亮度从左向右越来越强**

调整图片的对比度

图片的对比度是对图片中明暗区域中最亮的白和最暗的黑之间不同亮度层级的测量。**对比度越高，图片色彩反差越大。**

● **图片的对比度从左向右越来越高**

调整图片的柔化和锐化

设置图片柔化越高时，图片越模糊；设置图片锐化越高时，图片越清晰。

● 图片从左向右越来越清晰

调整图片参数的方法

以上介绍了不同的亮度、对比度、柔化和锐化对图片的影响，那么我们如何设置相关参数呢？

选中图片，切换至"图片工具—格式"选项卡，单击"调整"选项组中"校正"下三角按钮，在列表中选择合适的选项即可。

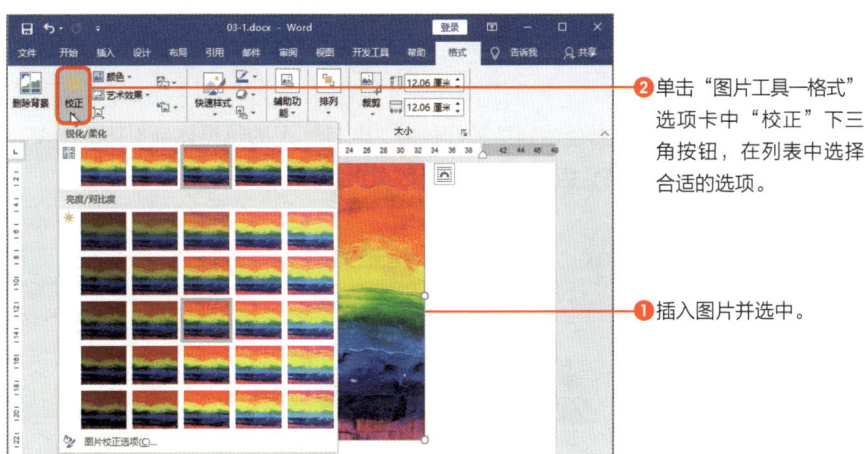

❶ 插入图片并选中。

❷ 单击"图片工具—格式"选项卡中"校正"下三角按钮，在列表中选择合适的选项。

在"校正"列表中选择"图片校正选项"选项，打开"设置图片格式"导航窗格，在"图片校正"选项区域中设置"锐化/柔化"和"亮度/对比度"的参数。

调整图片的颜色

扫码看视频

通过图片增强
文档的表现力

调整颜色饱和度

颜色的饱和度是指色彩的纯度。**色彩纯度越高，图片表现就越鲜明；纯度越低，图片表现就越暗淡**。

● 从左向右颜色饱和度越来越高

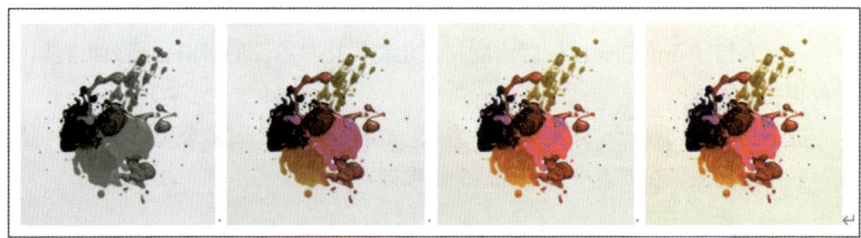

调整颜色的色温

颜色的色温是光源光色达到某种颜色时，与其匹配的热黑体辐射体的温度。**色温越高，图片越显蓝色；色温越低，图片越显橙红色**。

● 从左向右颜色色温越来越高

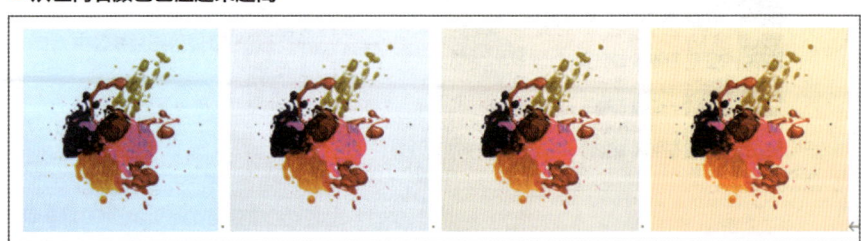

为图片重新着色

重新着色是修改图片的色彩模式，把图片的颜色倾向变成某种特定的颜色。

● 从左向右分别为灰度、冲蚀、金色和绿色

设置图片颜色的方法

在Word中插入图片后，切换至"图片工具—格式"选项卡，在"调整"选项组中单击"颜色"下三角按钮，在列表中可选择调整颜色的饱和度、色调和重新着色。

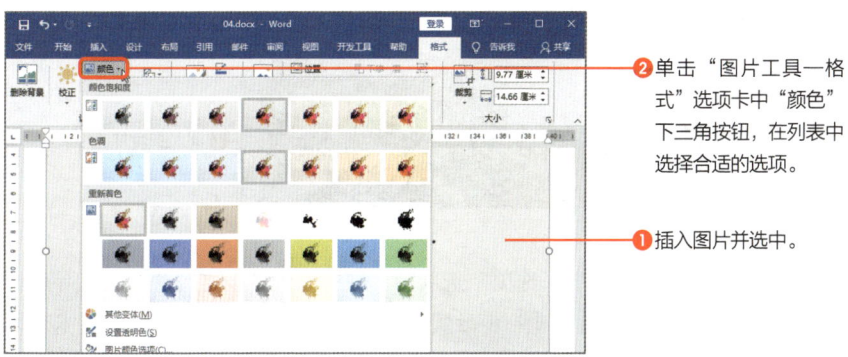

❷ 单击"图片工具—格式"选项卡中"颜色"下三角按钮，在列表中选择合适的选项。

❶ 插入图片并选中。

在"颜色"列表中选择"其他变体"选项时，在子列表中选择变化的颜色。选择"其他颜色"选项时，打开"设置图片格式"导航窗格，在"图片颜色"区域中设置相关参数。

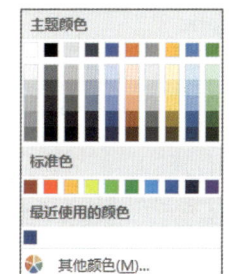
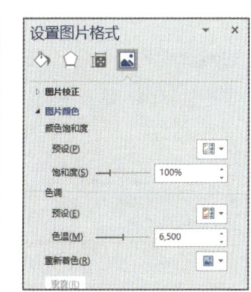

为图片添加艺术效果

扫码看视频

通过图片增强
文档的表现力

使图片艺术化

Word提供了快速为图片添加艺术效果的功能，其中包含20多种内置的艺术效果选项。

❷ 单击"图片工具—格式"选项卡中"艺术效果"下三角按钮，在列表中选择合适的选项。

❶ 插入图片并选中。

在列表中选择"艺术效果选项"选项后，在打开的"设置图片格式"导航窗格"艺术效果"选项区域中进一步设置具体参数。为图片应用不同的艺术效果时，其设置的参数也不同。

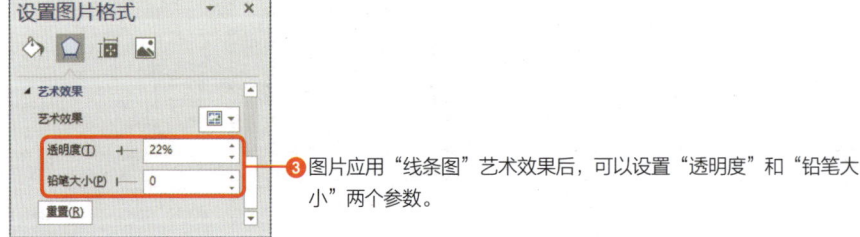

❸ 图片应用"线条图"艺术效果后，可以设置"透明度"和"铅笔大小"两个参数。

设置图片和文字的关系

通过图片增强文档的表现力

扫码看视频

设置图片"环绕文字"的方式

在Word中插入图片时,默认使用"嵌入型"的方法。**以"嵌入型"方法插入的图片,将占据一行,且左右两侧可以有文本,还可以拖动图片调整位置。**

图片的环绕方式还包括四周型、紧密型环绕、穿越型环绕、上下型环绕、衬于文字下方和浮于文字上方。

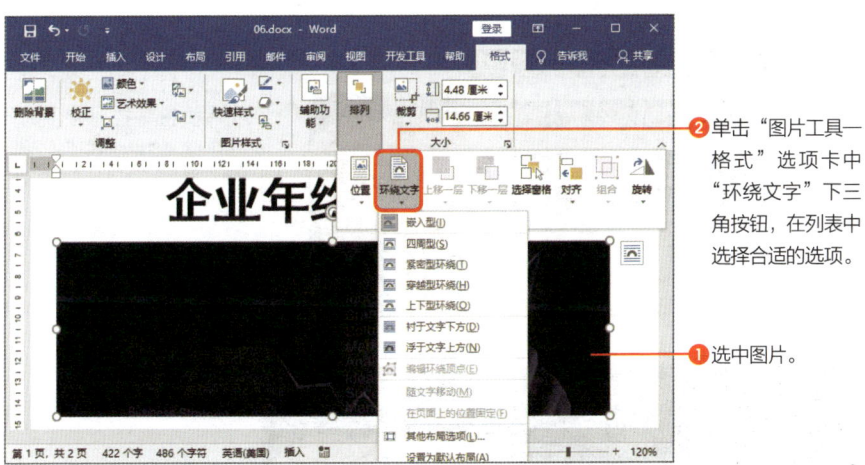

❶ 选中图片。

❷ 单击"图片工具—格式"选项卡中"环绕文字"下三角按钮,在列表中选择合适的选项。

❸ 选择"浮于文字上方"选项,调整图片的位置并调整标题文本的颜色为白色。

通过图片增强文档的表现力

两种抠除图片背景的方法

扫码看视频

设置透明色

当**图片的背景为单一颜色，而且和主体的颜色差距较为明显时，使用"设置透明色"**功能可以快速删除背景。

下面介绍通过"设置透明色"功能删除图片背景的方法。

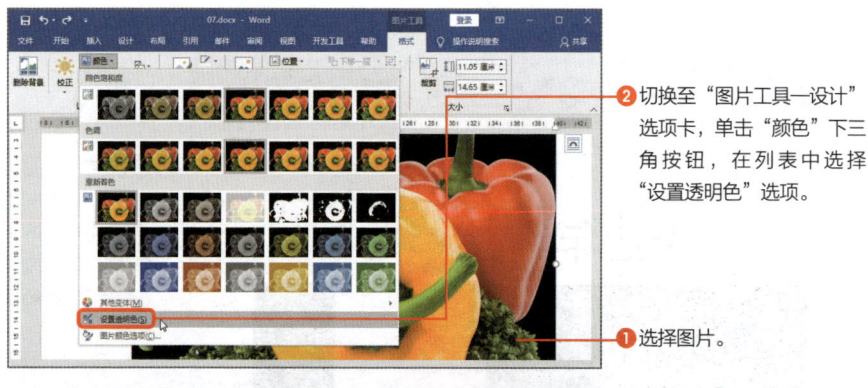

❷ 切换至"图片工具—设计"选项卡，单击"颜色"下三角按钮，在列表中选择"设置透明色"选项。

❶ 选择图片。

❸ 此时光标变为刻刀的形状，在图片的背景部分单击，去除背景只保留主体部分。

❹ 因为背景色是纯黑色，使用"设置透明色"功能，可以将背景色删除。

删除背景

对于背景比较复杂的图片，可以通过"删除背景"功能快速删除。下面介绍使用"删除背景"功能删除图片背景的具体方法。

❷ 切换至"图片工具—设计"选项卡，单击"删除背景"按钮。

❶ 选中图片。

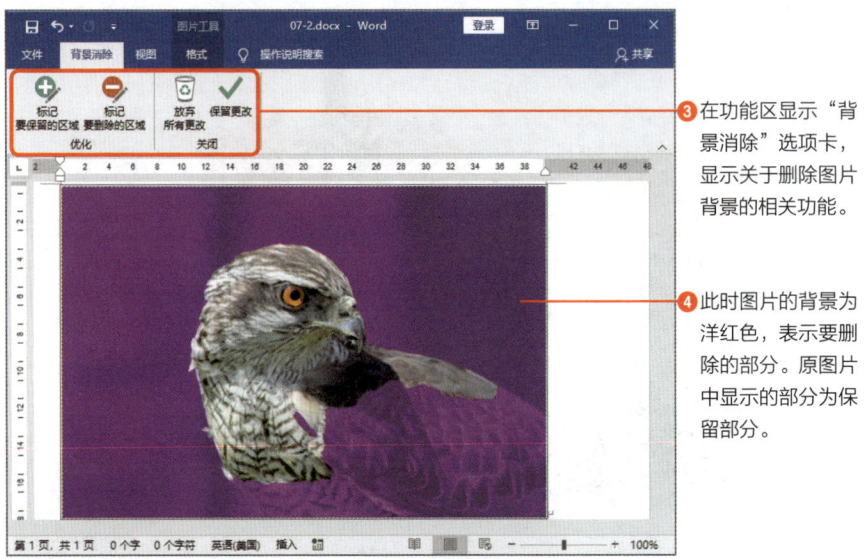

❸ 在功能区显示"背景消除"选项卡，显示关于删除图片背景的相关功能。

❹ 此时图片的背景为洋红色，表示要删除的部分。原图片中显示的部分为保留部分。

❺ 单击"保留更改"按钮，即可完成对图片背景的删除。

❻ 通过相关按钮，使主体部分显示出来。

> 这也很重要！
>
> ### 删除背景前裁剪图片
>
> 在删除背景前，我们可以先裁剪图片，保留主体部分，再删除背景时可以减少干扰。

制作画中画的效果

扫码看视频

通过图片增强
文档的表现力

制作温馨的画中画

如果我们要记录美好的瞬间，只是一张美丽的照片还是不够的。如果能够制作画中画的效果，更能突出照片中的主要部分。

制作画中画效果主要通过使用图片的环绕文字、裁剪、调整颜色以及图片边框等功能来实现，通过这些简单的操作可以让画面达到突出主题的效果。

下面介绍制作画中画的方法。

❶ 在Word中插入图片并调整大小。

❷ 单击"布局选项"按钮，选择"浮于文字上方"选项。

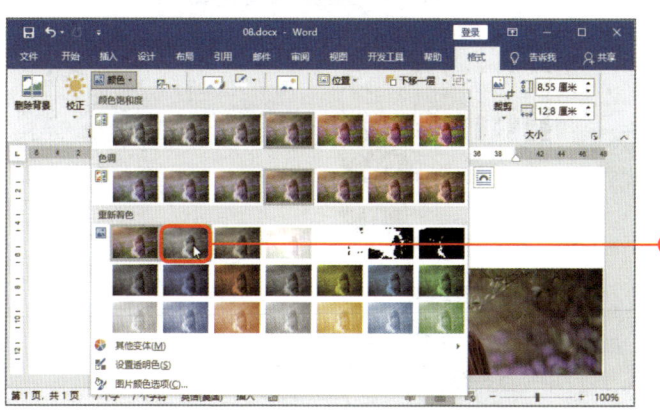

❸ 复制一份图片，选择底层的图片，单击"图片工具—格式"选项卡中"颜色"下三角按钮，在列表中选择"灰度"选项。

④ 将另一张图片移到灰色的上方并设置对齐。

⑤ 切换至"图片工具-格式"选项卡,单击"裁剪"下三角按钮,在列表中选择"裁剪为形状>心形"选项。

⑥ 将另一张图片移到灰色的上方并设置对齐。然后再单击"裁剪"按钮,按住Shift键调整角控制点,使心形位于图片中心位置。

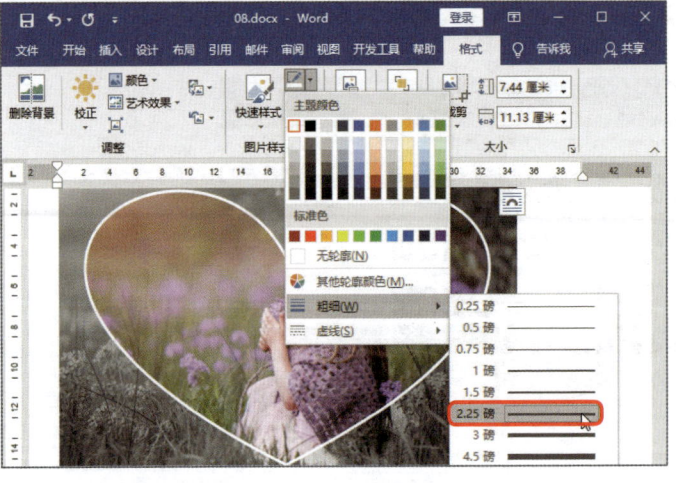

⑦ 选中裁剪后的图片,在"图片工具-格式"选项卡单击"图片边框"下三角按钮,在列表中设置边框的颜色和粗细,完成画中画的制作。

156

使用形状修饰文本

扫码看视频

使用形状修饰文档

插入形状

Word中包含了6大类、大约137种形状，基本涵盖了多数绘图软件常用的形状。数量多，且绘制方便，选择后直接在页面中按住鼠标左键绘制即可。

切换至"插入"选项卡，单击"插图"选项组中"形状"下三角按钮，列表中包含了所有形状选项。

"最近使用的形状"显示最近使用的形状类型，会累积显示。

"线条"主要用于绘制各种线条，包括直线、带箭头直线、曲线或任意线。

"基本形状"包含了Word文档制作常用的一些形状。

"箭头总汇"中的形状常用于绘制各种箭头。

"流程图"和其他形状不同，绘制流程图形状后只能调整形状大小，不能改变外观。

"标注"用来标注相关信息。

"星与旗帜"通常用来强调文字。

绘制形状

在"形状"列表中选择合适的形状后,例如选择"椭圆"形状,当光标变为黑色十字形状时,在页面中按住鼠标左键拖拽,变为所需的外观样式时,释放鼠标左键即可。

如果需要绘制规则的形状,例如正方形,即选择"矩形"形状后,按住Shift键同时在页面中拖拽,即可绘制正方形。

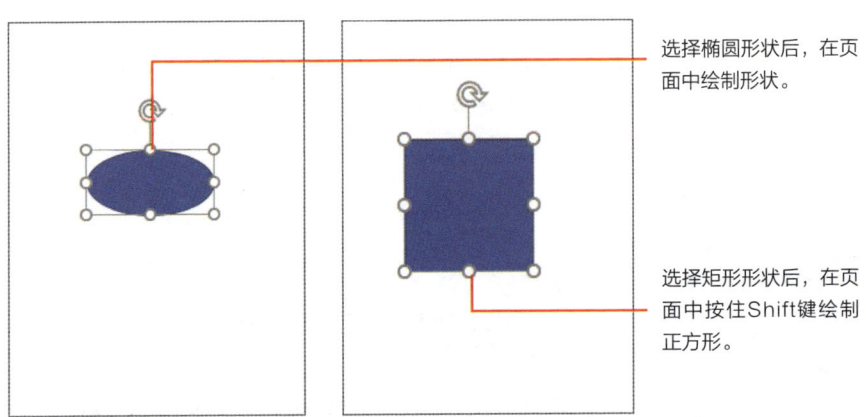

选择椭圆形状后,在页面中绘制形状。

选择矩形形状后,在页面中按住Shift键绘制正方形。

在绘制直线形状时,如果按住Shift键,则可以绘制沿单击点呈45度角倍数方向的直线。一般我们会**按住Shift键绘制水平或垂直的直线**。

如果按住Ctrl键,则会以单击点为中心绘制形状;如果按住Ctrl+Shift组合键,则以单击点为中心绘制规则的形状。

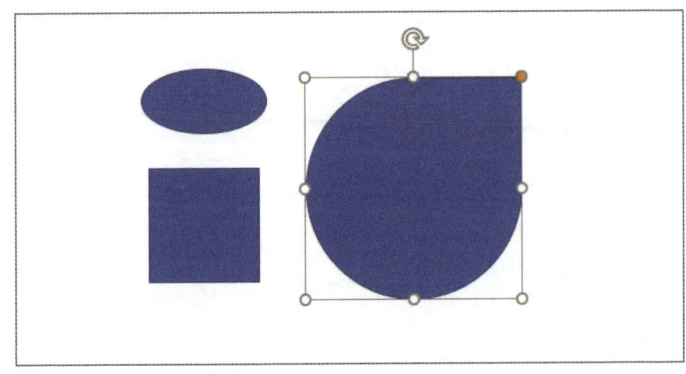

设置形状环绕文字的方式

在Word中设置形状环绕文字的方式和图片的方法一样。使用形状修饰文字时经常设置为"浮于文字下方",让文字在形状的上方显示并根据形状的颜色适当设置文本的颜色。

下面介绍设置形状环绕文字的方法。

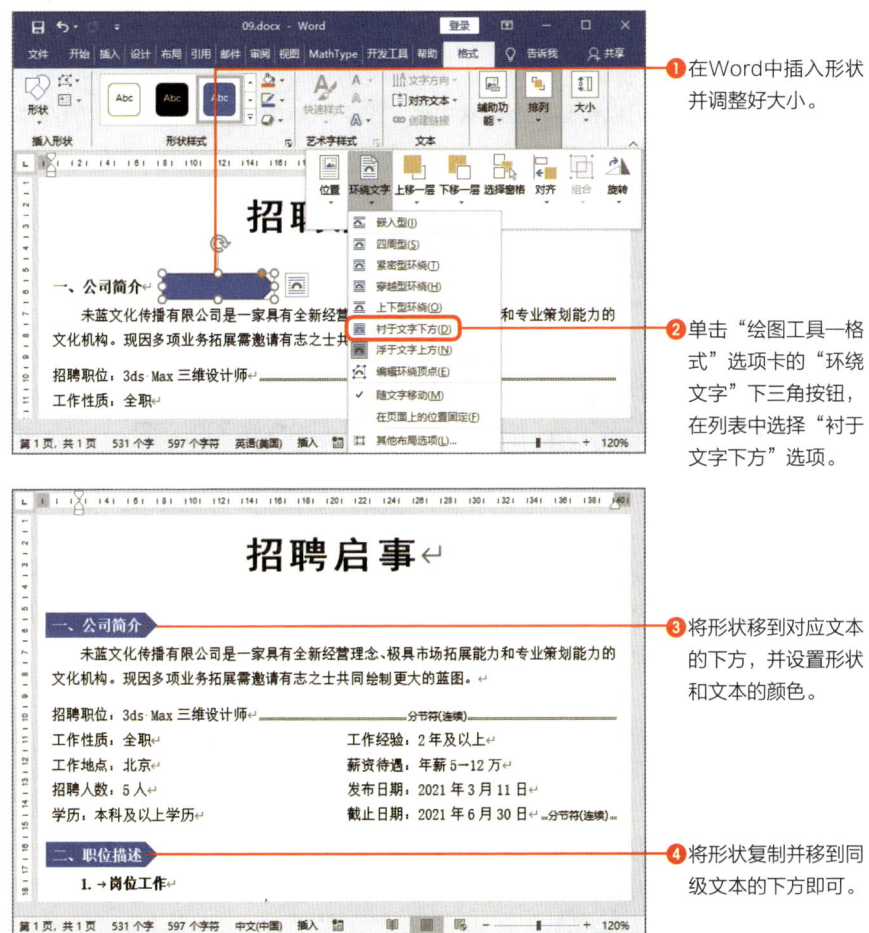

❶ 在Word中插入形状并调整好大小。

❷ 单击"绘图工具—格式"选项卡的"环绕文字"下三角按钮,在列表中选择"衬于文字下方"选项。

❸ 将形状移到对应文本的下方,并设置形状和文本的颜色。

❹ 将形状复制并移到同级文本的下方即可。

设置形状颜色的相关内容将在以后详细介绍。当我们复制形状时为了使两个形状统一对齐,可以按住Ctrl+Shift组合键进行拖拽。

扫码看视频

调整形状大小的几种方法

通过控制点调整大小

通过**拖拽控制点可以粗略调整形状大小**。选中绘制的形状时,在形状的四周会出现8个控制点,将光标移到控制点上,待变为双向箭头时,按住鼠标左键并拖拽即可。

● 拖拽边控制点调整形状大小

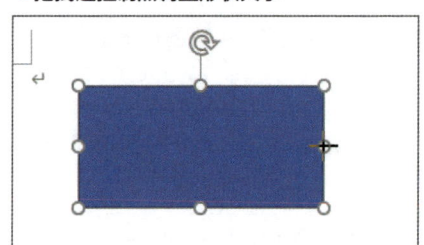

● 拖拽角控制点调整形状大小

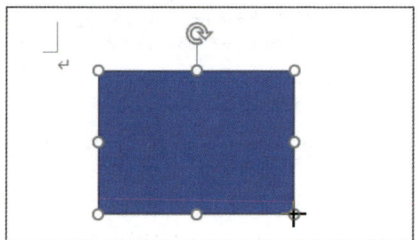

在**拖拽角控制点时,有时并不能按原纵横比调整形状大小**。如果需要按纵横比调整形状大小,可以通过以下两种方法进行调整。

● 拖拽角控制点调整形状大小

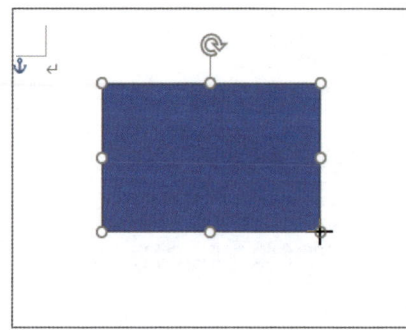

● 在对话框中调整形状大小

第1种方法是拖拽角控制点的同时按住Shift键进行调整。第2种方法是选中形状，单击"绘图工具—格式"选项卡下"大小"选项组中对话框启动器按钮，打开"布局"对话框，在"大小"选项卡中勾选"锁定纵横比"复选框。

我们拖曳形状的控制点时，若按住Ctrl键会以形状的中心点为基点调整形状的大小；若按住Shift+Ctrl组合键会以形状的中心为基点等比例调整形状的大小。

精确调整形状的大小

如果我们需要精确调整形状的大小，则首先绘制所需要的形状，然后在"绘图工具—格式"选项卡下"大小"选项组中设置形状的高度和宽度。

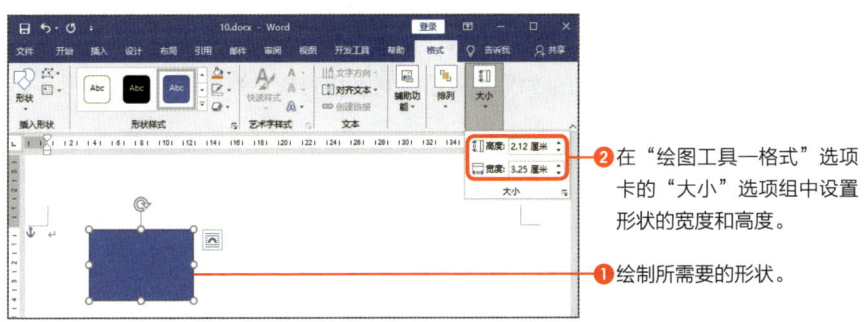

❷ 在"绘图工具—格式"选项卡的"大小"选项组中设置形状的宽度和高度。

❶ 绘制所需要的形状。

如果想按原纵横比精确调整形状的大小，只需要在"布局"对话框中勾选"锁定纵横比"复选框即可。

按缩放比例调整形状大小

我们除了可以按实际的高度和宽度调整形状大小外，还可以按高度和宽度的缩放比例进行调整。

选择形状，单击"大小"选项组中对话框启动器按钮，打开"布局"对话框，在"大小"选项下除了调整形状的宽和高外，还可以按比例调整"高度"和"宽度"。

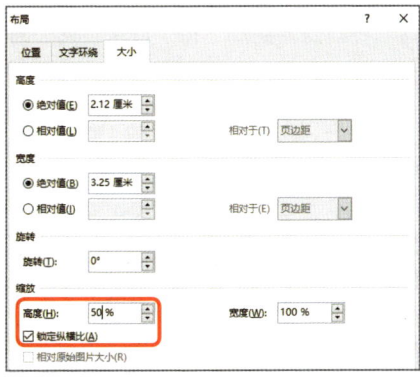

使用形状修饰文档

随意调整形状的外观

扫码看视频

调整控制点改变形状的外观

在"形状"列表中大部分带有倾斜或弧度的形状都可以通过调整黄色的控制点而改变。

例如,在页面中绘制出圆角矩形后,在其左上角显示黄色控制点,而该控制点只能在顶边进行左右移动。如果将黄色控制点移到最左侧,则会变为方形;如果将黄色控制点移至最右侧,则会变为圆形。

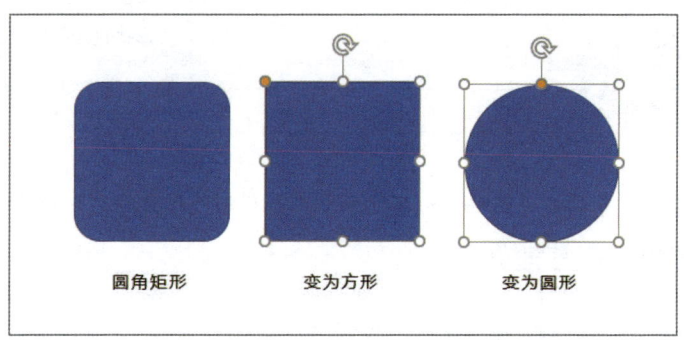

我们需要注意,在"形状"列表的"流程图"选项区域中所有形状都没有黄色的控制点。

编辑形状的顶点

除了通过调整控制点方法外,我们还可以通过"编辑顶点"功能调整形状的外观,"流程图"中的形状也不例外,但是"线条"中的形状是无法编辑顶点的。

通过"编辑顶点"功能可以在形状的边上添加顶点,再移动顶点的位置来更改形状的外观。

下面介绍编辑顶点的操作方法。

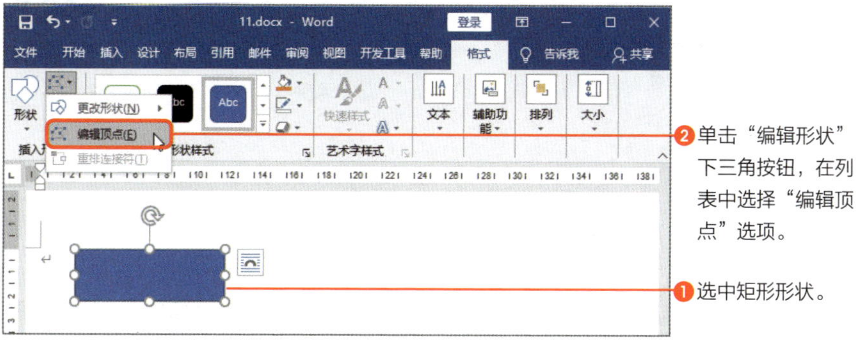

❷ 单击"编辑形状"下三角按钮，在列表中选择"编辑顶点"选项。

❶ 选中矩形形状。

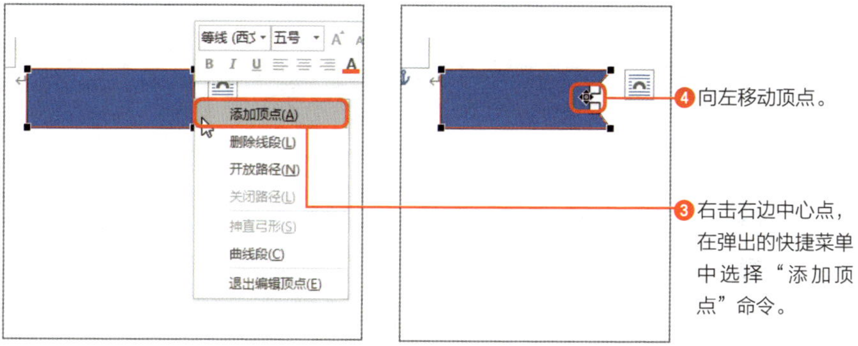

❹ 向左移动顶点。

❸ 右击右边中心点，在弹出的快捷菜单中选择"添加顶点"命令。

通过"编辑顶点"功能可以调整各角控制点的控制线，制作出有弧度的形状。下面以三角形为例介绍具体操作方法。

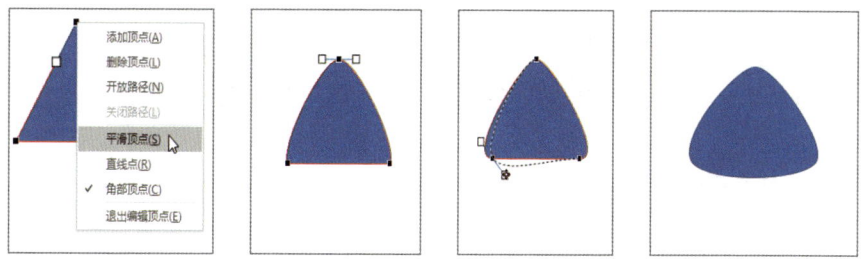

选中三角形形状并右击，在快捷菜单中选择"编辑顶点"命令。在顶点上右击，在快捷菜单中选择"平滑顶点"命令，该顶点变为平滑的顶点。根据相同的方法设置其他顶点为平滑顶点，然后拖拽控制点的控制线端点调整角的弧度即可。

为形状设置格式

扫码看视频

使用形状修饰文档

应用形状样式

Word中内置了大约77种形状样式,每种样式可以是颜色的填充、边框以及形状效果的集合。我们直接为形状应用样式可以起到美化的作用。

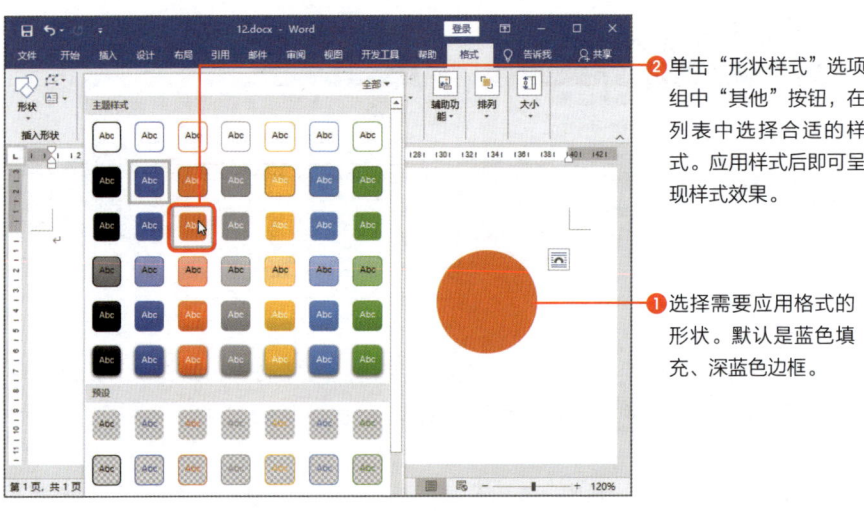

❷ 单击"形状样式"选项组中"其他"按钮,在列表中选择合适的样式。应用样式后即可呈现样式效果。

❶ 选择需要应用格式的形状。默认是蓝色填充、深蓝色边框。

样式库中预设的样式颜色是随着Word应用的主题不同而改变的。

设置形状的格式

我们可以根据需要自行设置形状的格式,即在"形状样式"选项组中单击"形状填充"下三角按钮,在列表中选择合适的填充颜色。也可以通过"其他填充颜色"功能,打开"颜色"对话框,自定义形状的填充颜色。

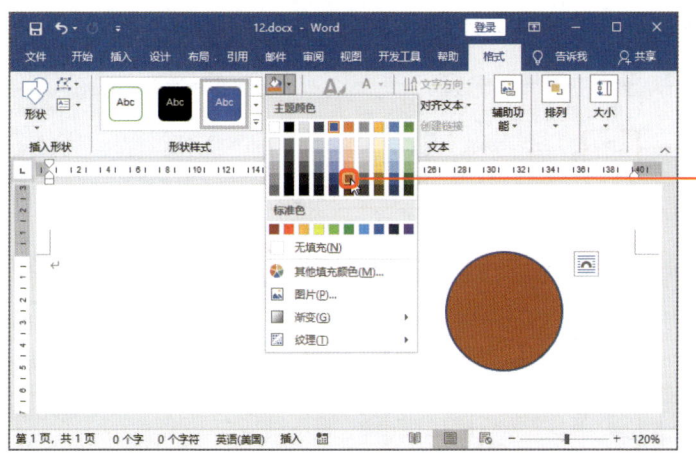

选择形状后,单击"形状样式"选项组中"形状填充"下三角按钮,在列表中选择合适的颜色,即可为形状填充该颜色。

单击"形状样式"选项组中"形状轮廓"下三角按钮,在列表中**设置形状边框的颜色、宽度和线型**等。

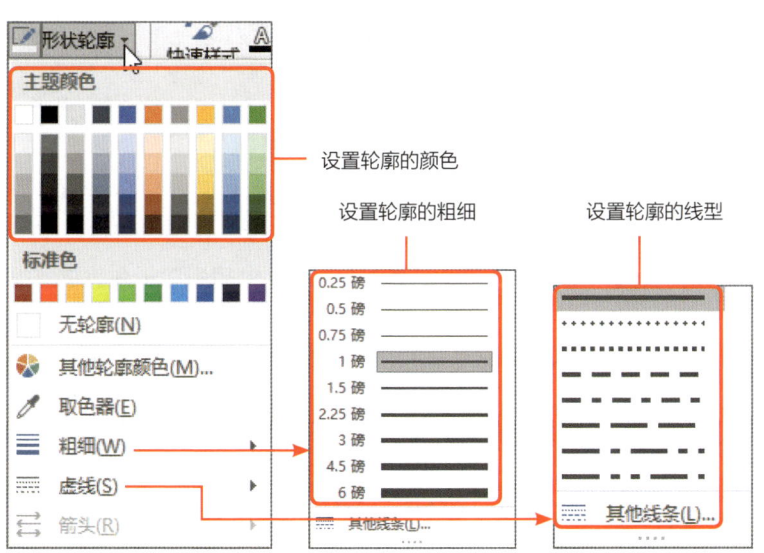

在"粗细"或"虚线"的子列表中选择"其他线条"选项时,会打开"设置形状格式"导航窗格,在"线条"选项区域中设置线条的样式。

在"形状样式"选项组中单击"形状效果"下三角按钮,在列表中可以为形状设置阴影、映像、发光、柔化边缘、棱台和三维旋转的效果。

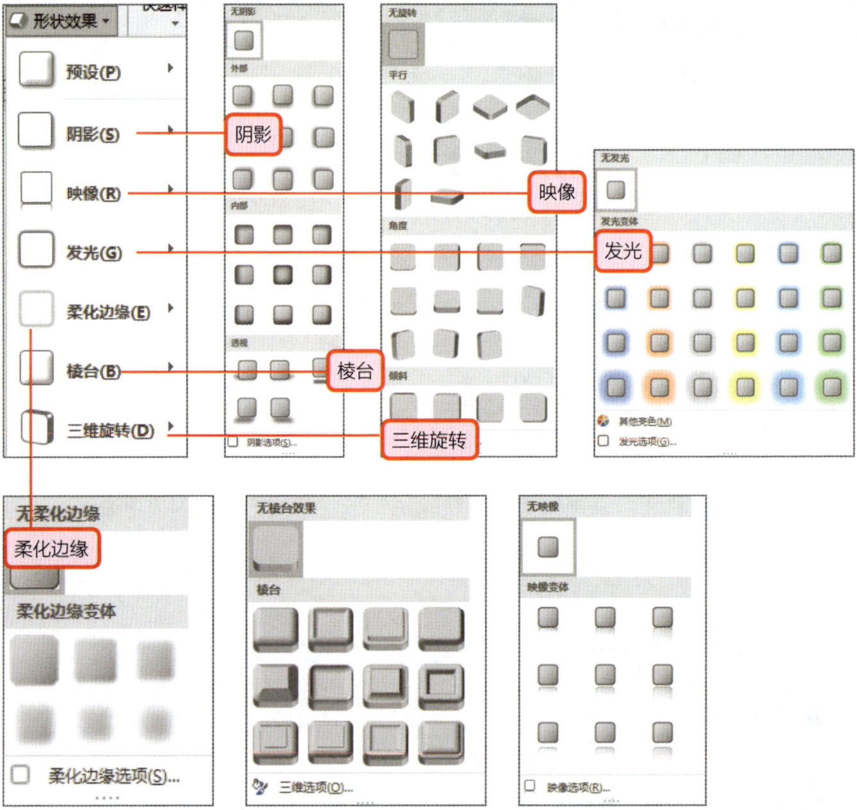

在每个效果的子选项中选择最后一个选项，例如在"阴影"子列表中选择"阴影选项"选项，会打开"设置形状格式"导航窗格，同时展开对应的效果区域，可以进一步设置相关参数。下面展示阴影、映像和三维旋转的相关参数。

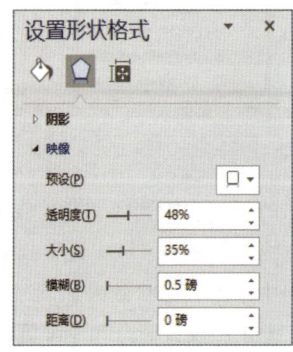

下图通过正圆形形状，展示应用各种效果的样式。

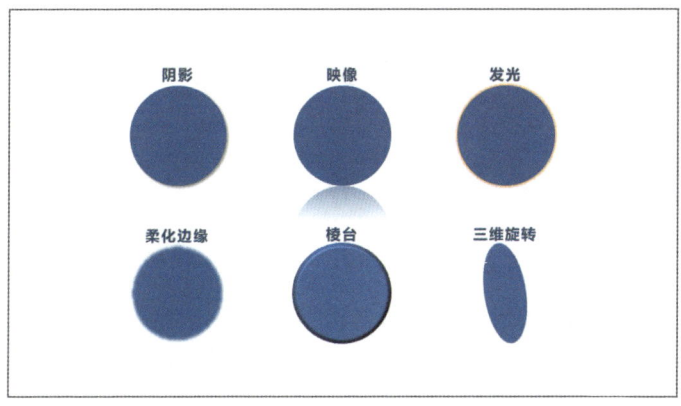

设置为默认形状

在Word中默认的形状样式是蓝色填充、深蓝色轮廓，我们可以根据需要设置默认的形状样式。设置为默认的形状后，再次绘制其他形状时就自动应用对应的填充、轮廓和效果。

例如，绘制圆角矩形，设置从浅灰色到白色的渐变填充、无轮廓和应用阴影效果并设置为默认的形状。再绘制其他任意形状时，会自动应用圆角矩形格式，不需要重复设置。

❶ 绘制并设置形状的格式，在快捷菜单中选择"设置为默认形状"命令。

❷ 绘制其他形状时自动应用默认的形状格式。

形状作为蒙版使用

使用形状修饰文档

扫码看视频

蒙版的应用

蒙版是指介于文本和背景之间的半透明形状。在制作需要添加背景图片的文档时,图片往往过于突出而影响文本的显示。此时可以添加蒙版来弱化图片,从而突出文本内容。

● 未使用蒙版的效果

● 使用蒙版的效果

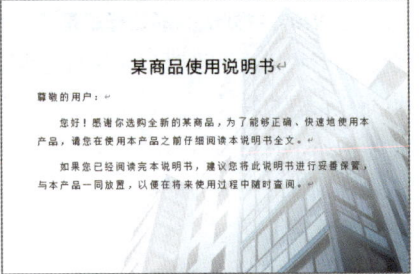

使用形状作为蒙版

在Word中的图片上方添加形状,并设置形状的填充颜色,为了使形状起到蒙版的作用再设置透明度。

根据设置形状的填充颜色不同可分为**纯色蒙版和渐变蒙版**两大类。纯色蒙版就是为形状填充纯色并设置透明度,渐变蒙版就是为形状设置渐变填充并设置渐变滑块的透明度。

添加蒙版一定要注意:**设置形状为无轮廓**。

下面介绍设置形状作为蒙版的方法。

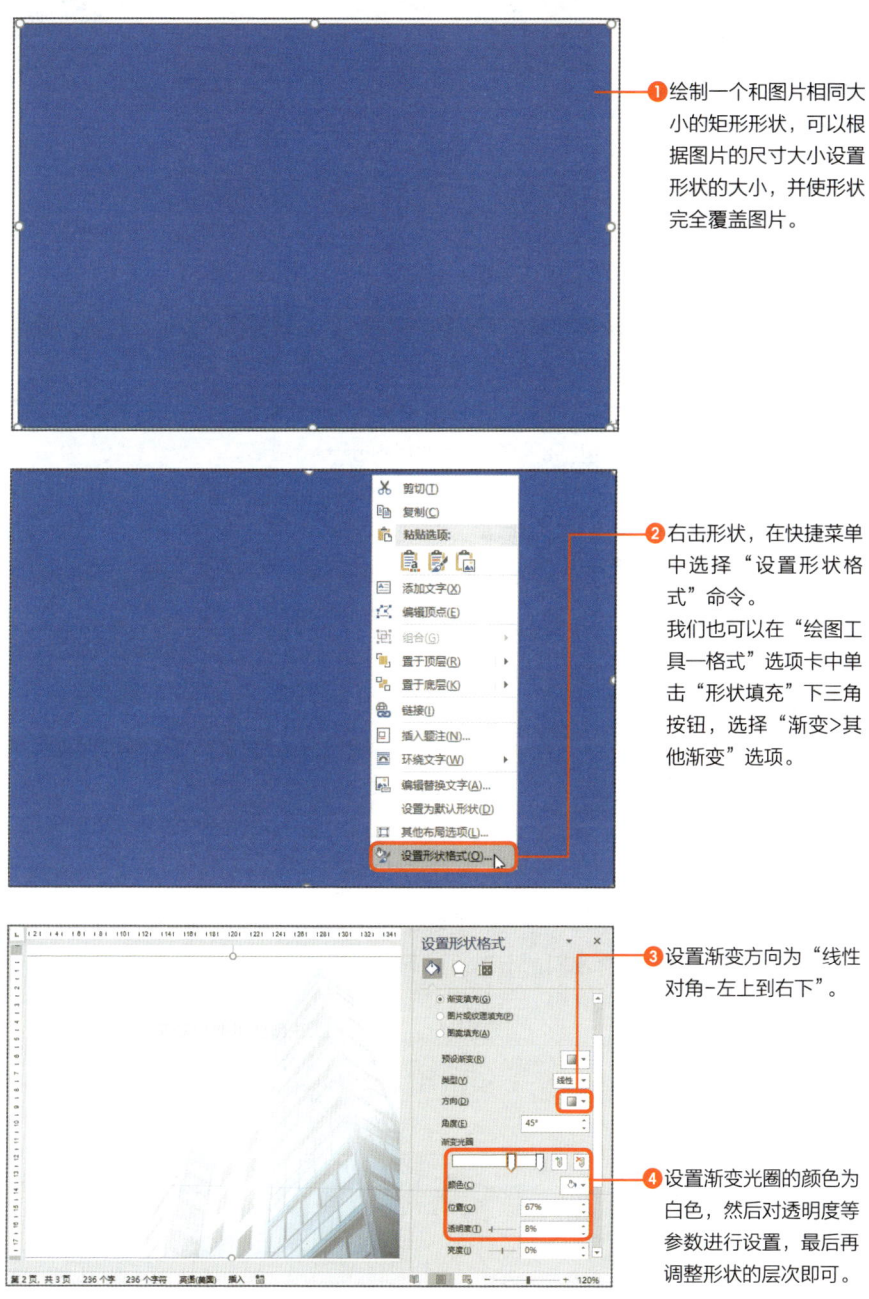

❶ 绘制一个和图片相同大小的矩形形状，可以根据图片的尺寸大小设置形状的大小，并使形状完全覆盖图片。

❷ 右击形状，在快捷菜单中选择"设置形状格式"命令。
我们也可以在"绘图工具—格式"选项卡中单击"形状填充"下三角按钮，选择"渐变>其他渐变"选项。

❸ 设置渐变方向为"线性对角-左上到右下"。

❹ 设置渐变光圈的颜色为白色，然后对透明度等参数进行设置，最后再调整形状的层次即可。

插入SmartArt图形

第 6 章

应用SmartArt图形展示内容

扫码看视频

SmartArt图形的成员

==SmartArt图形是以图形来表示各类数理关系、逻辑关系,以便让这些关系可视化、清晰化和形象化。==

在"插入"选项卡的"插图"选项组中单击SmartArt按钮,在打开的"选择SmartArt图形"对话框中包括8大类、近200种SmartArt图形。

单击该按钮,打开右侧对话框。

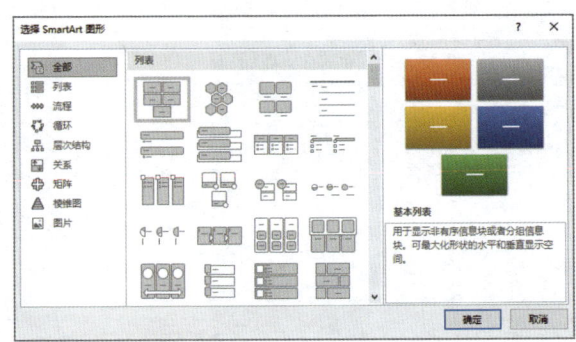

SmartArt图形包括列表、流程、循环、层次结构、关系、矩阵、棱锥图和图片几大类,每一类中包含不同的图形,如下图所示。

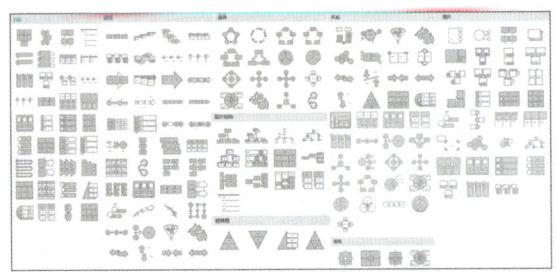

添加形状

在Word中直接插入的SmartArt图形,一般不能满足用户需求,还要根据实际需求添加形状。下面我们以制作企业组织结构图为例,介绍添加形状的方法。

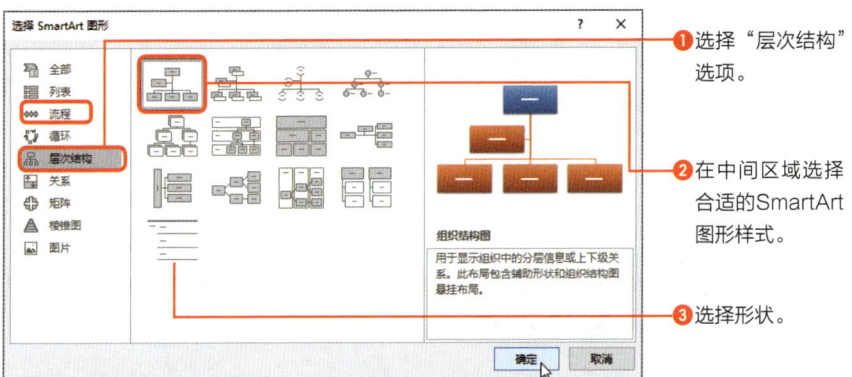

❶ 选择"层次结构"选项。

❷ 在中间区域选择合适的SmartArt图形样式。

❸ 选择形状。

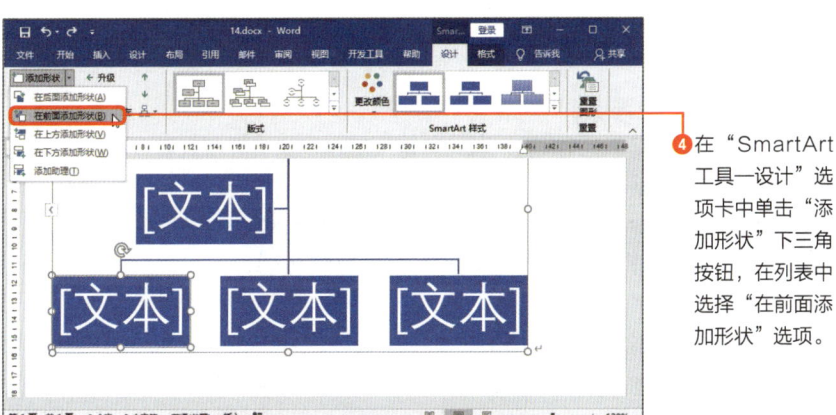

❹ 在"SmartArt工具—设计"选项卡中单击"添加形状"下三角按钮,在列表中选择"在前面添加形状"选项。

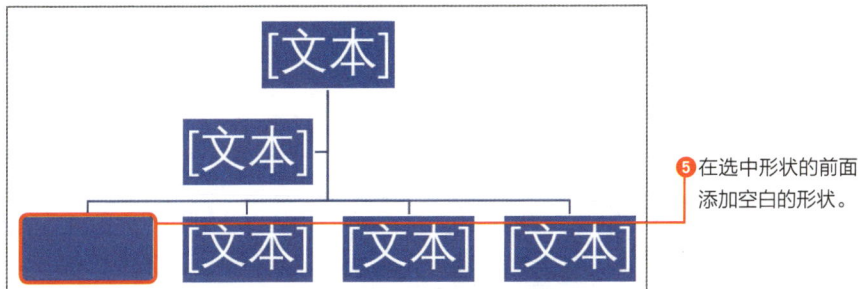

❺ 在选中形状的前面添加空白的形状。

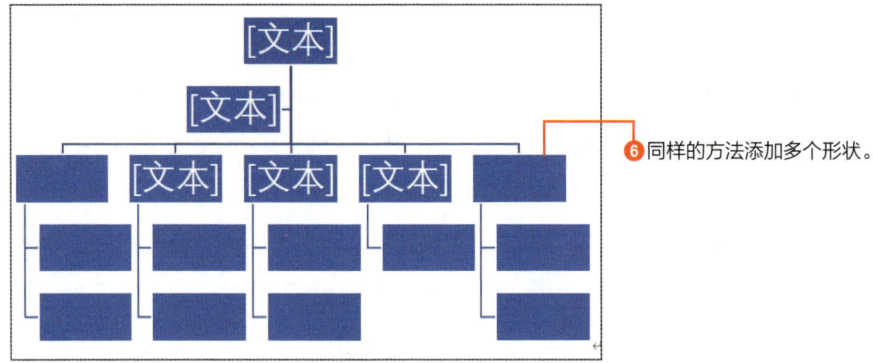

❻ 同样的方法添加多个形状。

在形状中输入文字

组织结构图的框架制作完成后,还需要在形状中添加文字来说明结构图的组成。此时单击组织结构图的形状然后输入文字。

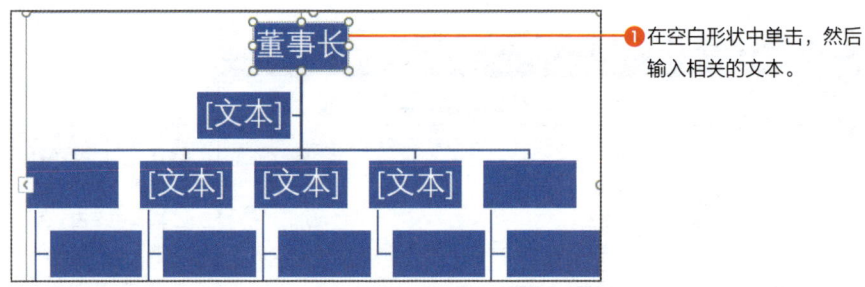

❶ 在空白形状中单击,然后输入相关的文本。

除此之外,单击SmartArt图形右侧 按钮,或者单击"SmartArt工具—设计"选项卡下"创建图形"选项组中"文本窗格"按钮,打开"在此处键入文字"窗格,然后输入相关的文本。

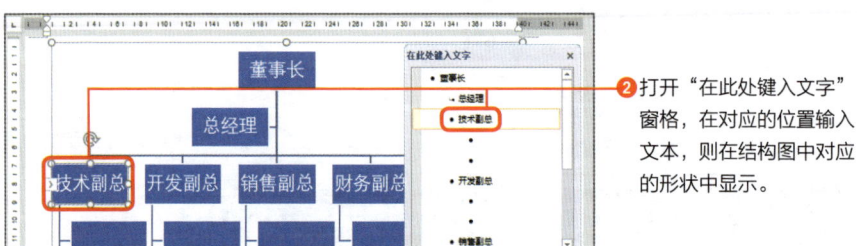

❷ 打开"在此处键入文字"窗格,在对应的位置输入文本,则在结构图中对应的形状中显示。

调整SmartArt图形的版式

应用SmartArt图形展示内容

扫码看视频

更改SmartArt图形的版式

在Word中插入SmartArt图形后,如果不符合要求可以通过"版式"更改,而所有的文本内容会被保留。

选中插入的SmartArt图形,切换至"SmartArt工具—设计"选项卡,单击"版式"选项组中"其他"按钮,在列表中选择合适的版式。在"版式"的列表中计算机会根据选中的SmartArt图形推荐合适的版式。

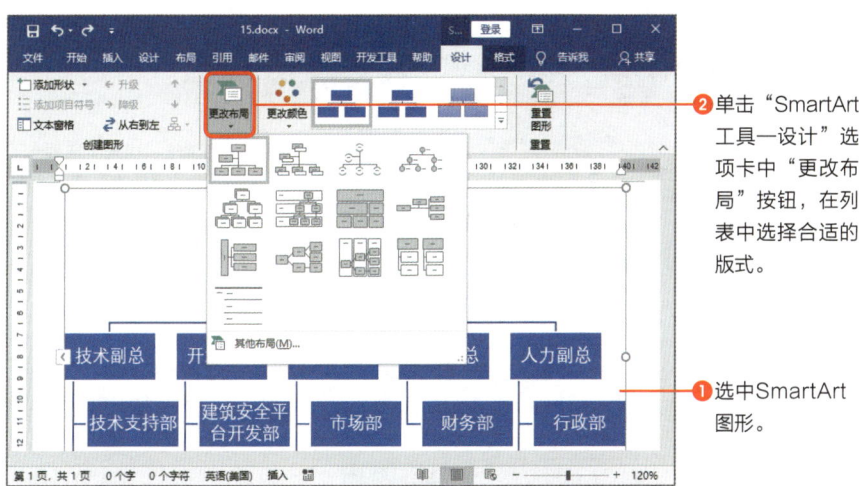

❶ 选中SmartArt图形。

❷ 单击"SmartArt工具—设计"选项卡中"更改布局"按钮,在列表中选择合适的版式。

如果列表中没有合适的版式,则选择"其他布局"选项,打开"选择SmartArt图形"对话框,在列表中选择"水平组织结构图"选项,则组织结构图的版式被更改。

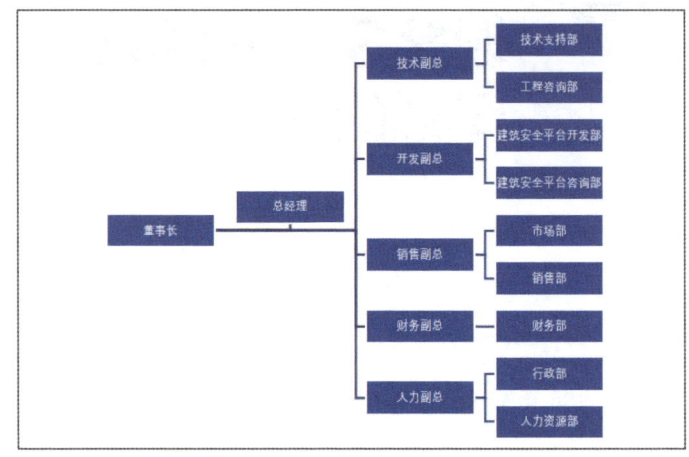

我们也可以手动调整SmartArt图形的结构。例如，在上述结构图中"董事长"下一级别是"总经理"和各副总，而实际上"总经理"下是各副总，所以需要调整"总经理"的位置。

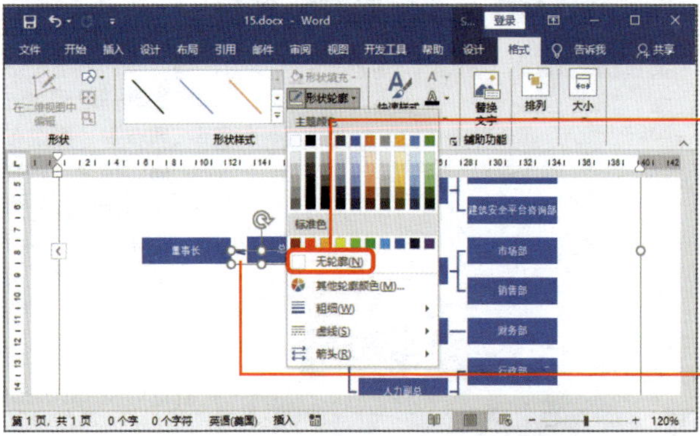

❷ 单击"格式"选项卡下"形状轮廓"下三角按钮，在列表中选择"无轮廓"选项。

❶ 将"总经理"图形向下移动，然后选择连接线。

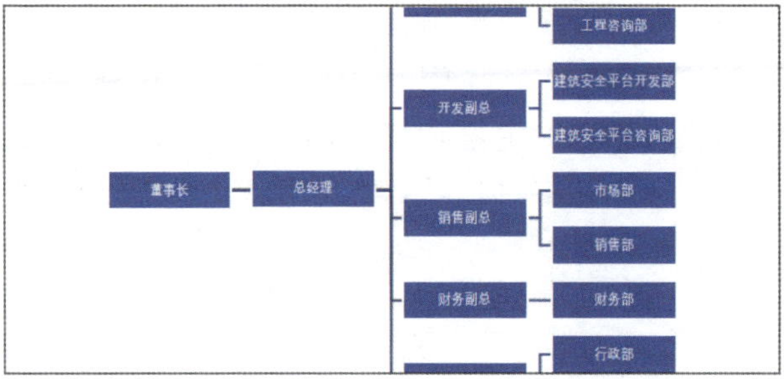

❸ 调整好"总经理"图形后，组织结构图的层次就很清晰了。

修改SmartArt图形中的形状

扫码看视频

更改形状

在默认的SmartArt图形中各个形状的大小和外观都一样,而且文本的格式也相同。为了直观地体现各层次结构,可以将级别高的图形更改为不同的形状并调整大小,还可以调整文本的格式。

下面介绍修改SmartArt图形中形状的方法。

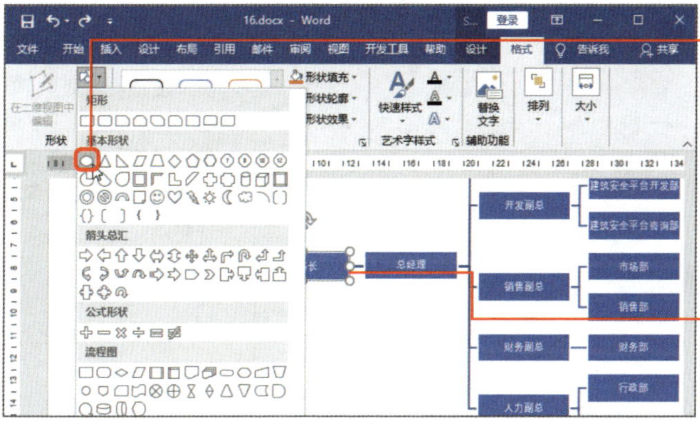

❷ 切换至"SmartArt工具—格式"选项卡,单击"更改形状"下三角按钮,在列表中选择椭圆形状。

❶ 选中"董事长"的形状。

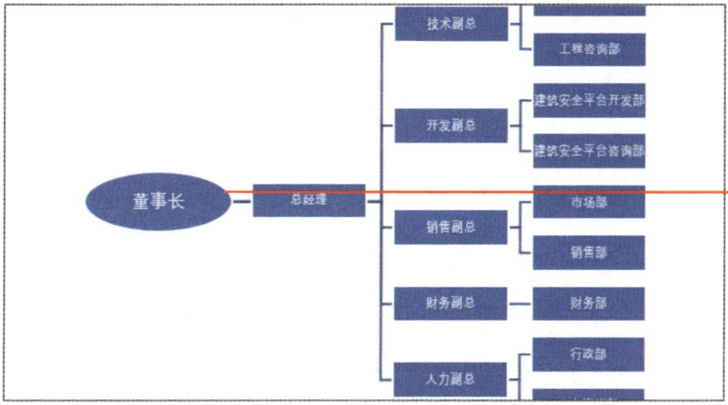

❸ "董事长"的形状更改为椭圆形,然后调整形状的大小并增大文本字号。

设置SmartArt图形的样式

扫码看视频

更改SmartArt图形的颜色

Word中默认的SmartArt图形的颜色为蓝色，我们可以根据需要修改形状的颜色。在更改SmartArt颜色时可以针对部分图形修改颜色，也可以应用SmartArt样式修改整体颜色。

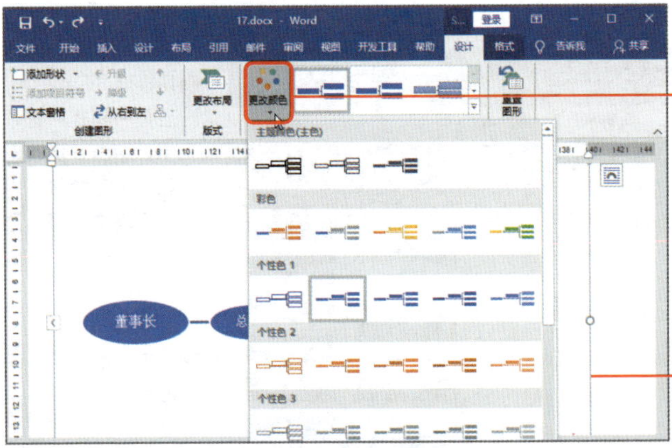

❷ 切换至"SmartArt工具—设计"选项卡，单击"更改颜色"下三角按钮，在列表中选择合适的颜色，即可修改整体颜色。

❶ 选中SmartArt图形。

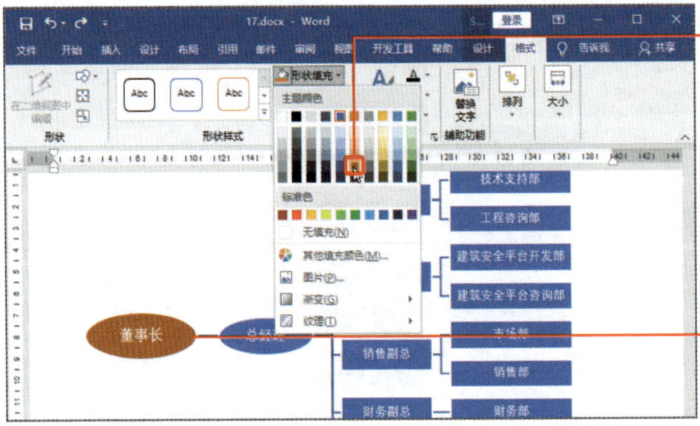

❷ 切换至"SmartArt工具—格式"选项卡，单击"形状填充"下三角按钮，在列表中选择合适的颜色，即可修改选中形状的颜色。

❶ 选中SmartArt图形中的某个形状。

应用SmartArt样式

Word中内置了10多种SmartArt样式，其中包括文档的最佳匹配对象和三维两大类。

下面介绍应用SmartArt样式的方法。

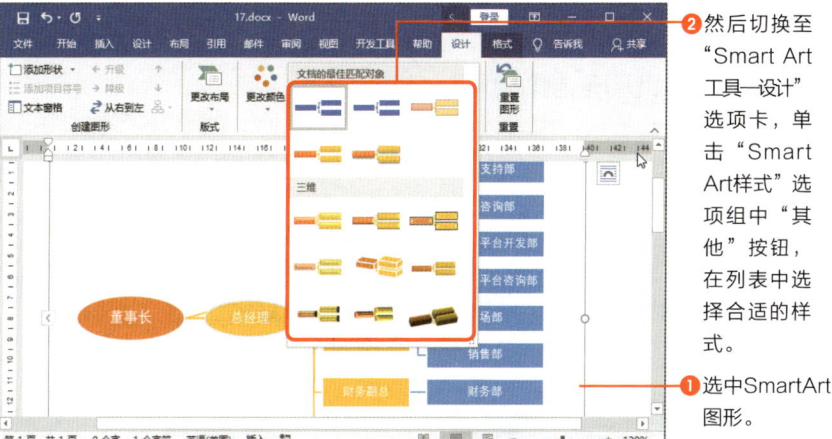

❶ 选中SmartArt图形。

❷ 然后切换至"Smart Art 工具—设计"选项卡，单击"Smart Art样式"选项组中"其他"按钮，在列表中选择合适的样式。

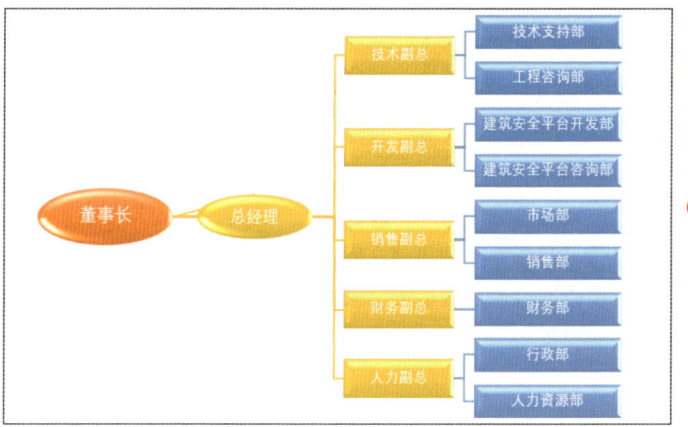

❸ 在列表中选择"优雅"样式，则选中的SmartArt图形应用了该样式。

制作跨级的 SmartArt图形

扫码看视频

应用SmartArt
图形展示内容

跨级SmartArt图形制作要点

首先看一下跨级SmartArt图形的效果。

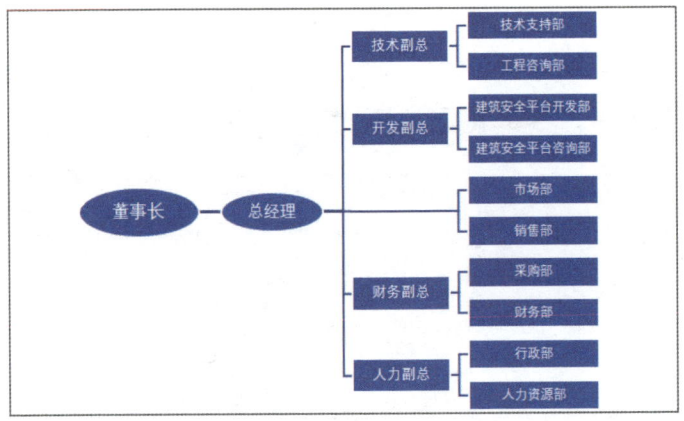

由上面组织结构图可知,总经理的下一级包括技术副总、开发副总、财务副总和人力副总,还直接管理市场部和销售部。但是市场部和销售部与各部门副总的下一级别相同。此时可以通过添加辅助形状来修改,然后设置辅助形状为无填充和无轮廓,最后再添加线条。

> **这也很重要!**
>
> **通过形状绘制结构图**
>
> 当需要绘制复杂的结构图,例如各种流程图时,可以直接使用"形状"列表中的形状进行绘制。

第7章

提高长文档的排版技巧

纸张大小、页边距和分栏

规范页面的设置

扫码看视频

纸张大小和页边距

纸张大小和页边距直接影响文档在页面的容量。我们制作文档时，首先要设置好页面，再对文档的内容进行编辑，否则会改变文档内容的布局。

Word中默认纸张大小是A4，这也是我们使用最多的尺寸，用户也可以根据具体使用的要求进行设置。

下面以制作招聘启事文档为例，介绍设置纸张大小和页边距的方法。

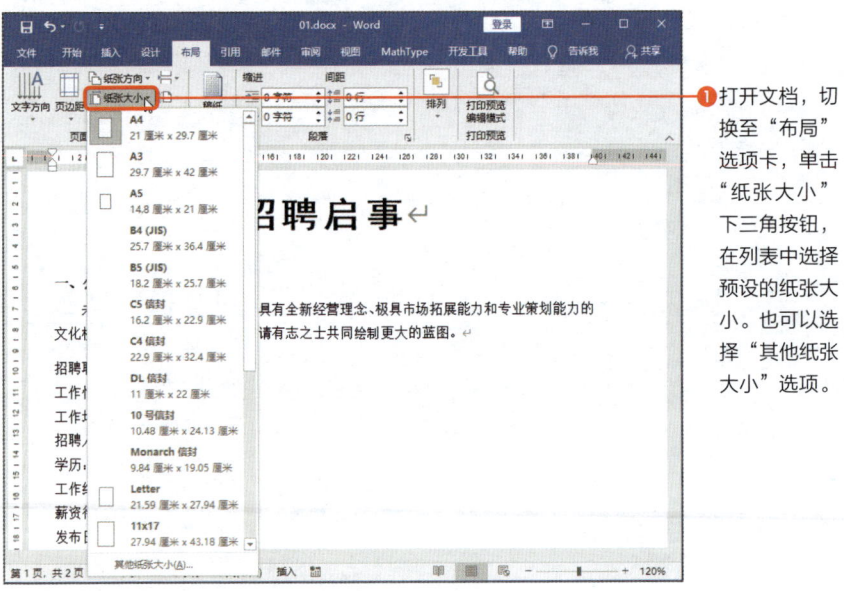

❶ 打开文档，切换至"布局"选项卡，单击"纸张大小"下三角按钮，在列表中选择预设的纸张大小。也可以选择"其他纸张大小"选项。

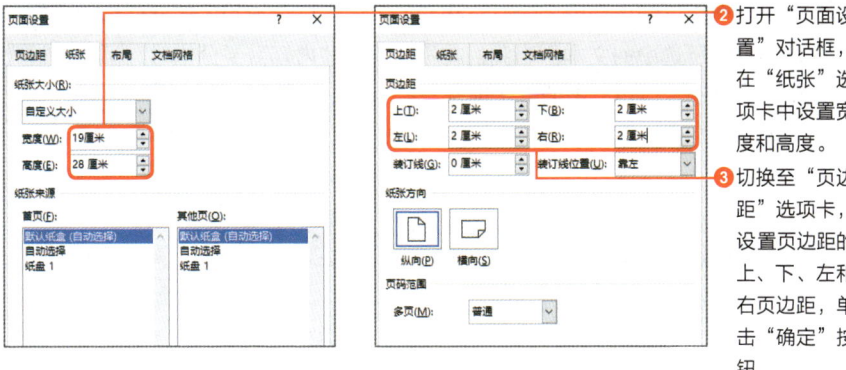

分栏

我们在阅读报纸或杂志时,经常看到分栏的现象,有的分两栏,有的分多栏,有时各栏的宽度也不一样。那么在Word中可以实现这些效果吗?当然可以。

在Word中通过"**布局**"选项卡下"**栏**"功能进行分栏,可以设置分的**栏数、宽度、分隔线以及分栏的范围**。

下面以招聘启事文档为例介绍分栏的方法。

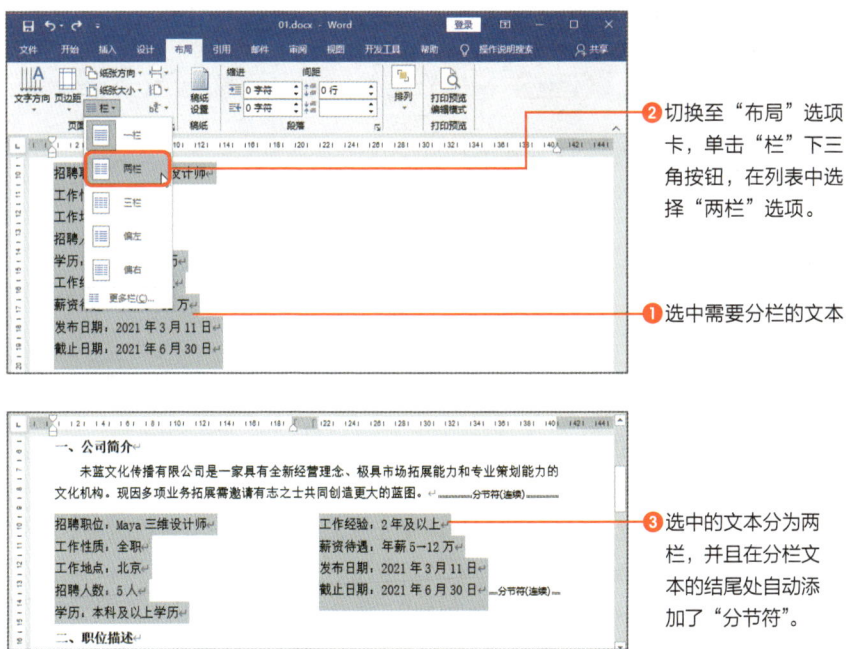

由以上操作可知，选中文本后，在"栏"列表中选择相应的分栏选项，则分栏的范围仅为所选中的文本。当我们在不确定哪些内容需要分栏时，可以通过光标定位并通过设置应用范围的方法进行分栏。

下面介绍具体操作方法。

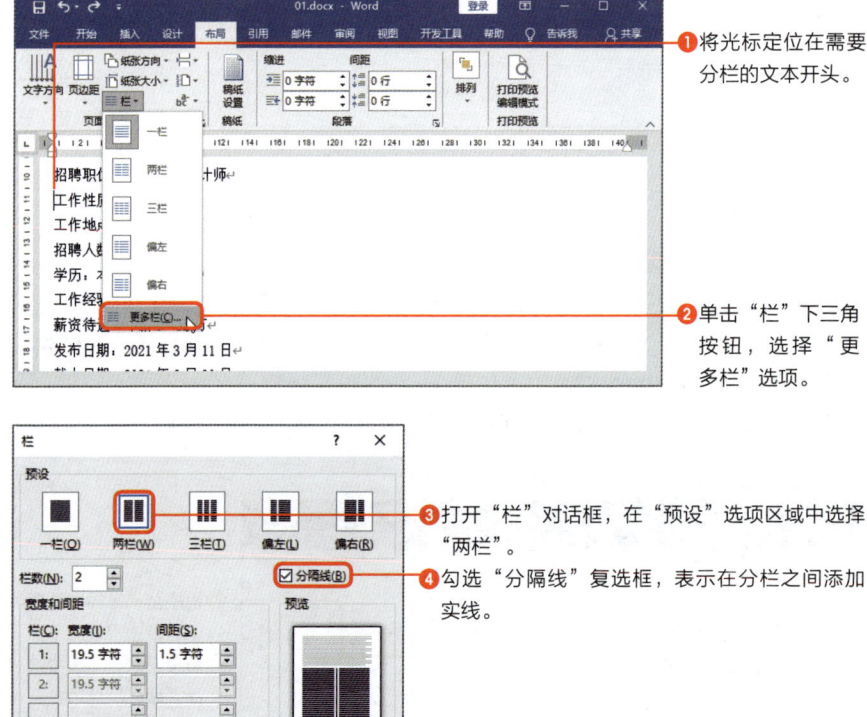

在"栏"对话框中设置"应用于"时，在列表中一般包含"本节""插入点之后"和"整篇文档"3个选项。

- 本节：表示设置的分栏参数将应用于光标定位的当前分节符内的文本。
- 插入点之后：表示设置的分栏参数将应用于光标之后的文本。
- 整篇文档：表示设置的分栏参数应用于整篇文档。

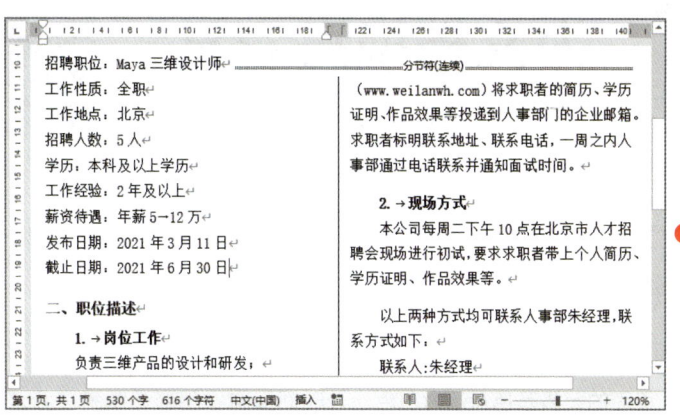

❻ 插入点之后所有文档均分为两栏并且添加分隔线。

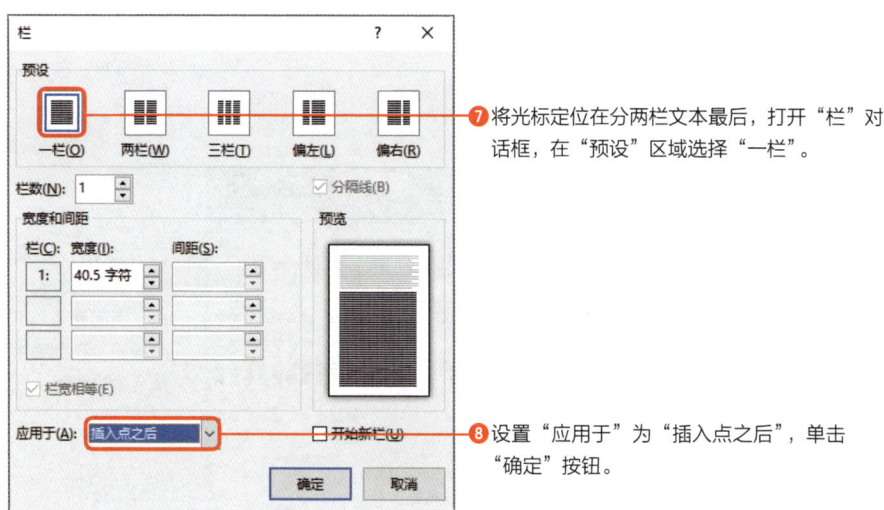

❼ 将光标定位在分两栏文本最后,打开"栏"对话框,在"预设"区域选择"一栏"。

❽ 设置"应用于"为"插入点之后",单击"确定"按钮。

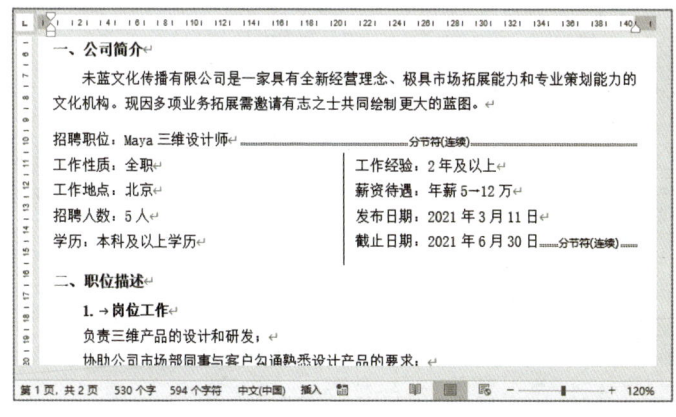

❾ 操作完成后,在两次光标定位之间的文本被分为两栏显示。

 # 为文档换身衣裳

扫码看视频

规范页面的设置

设置页面背景颜色

打开Word后，**页面的背景颜色默认为白色**，长时间编辑文档会让眼睛疲劳，感觉不舒服。我们可以设置页面的背景颜色，减少对眼睛的刺激，还可以美化文档。

下面介绍设置页面背景颜色的方法。

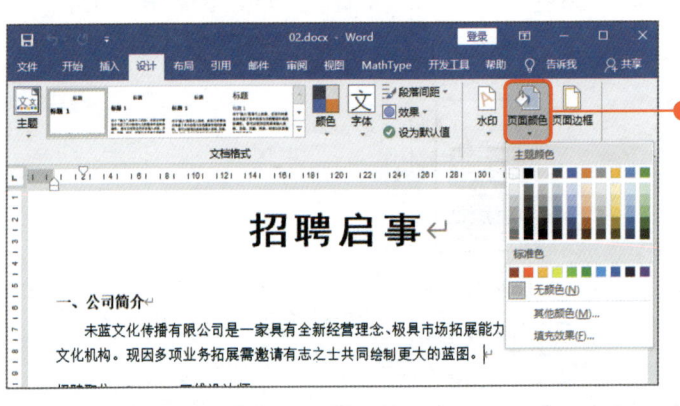

❶ 打开文档，切换至"设计"选项卡，单击"页面颜色"下三角按钮，在列表中选择合适的颜色。

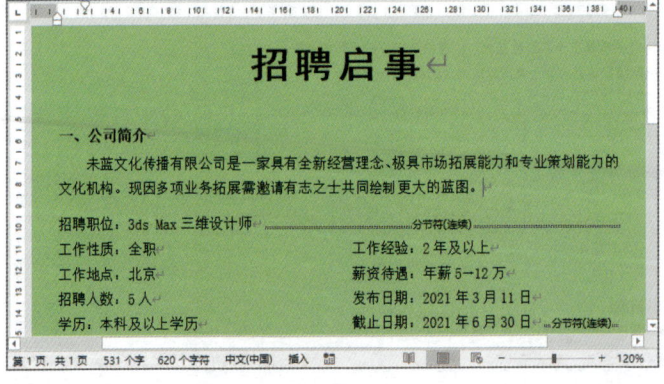

❷ 例如在列表中选择浅绿色，此时页面颜色变为浅绿色。设置完成后黑色的文字在浅绿色的页面中显得不是很刺眼。

当在"页面颜色"列表中选择"其他颜色"选项时,打开"颜色"对话框,在"标准"或"自定义"选项卡中可以自定义颜色。

设置填充效果

除了为文档添加背景颜色外,还可以设置填充效果,例如设置**渐变颜色**、**纹理**、**图案**以及**图片**。

首先介绍设置渐变填充效果的方法。

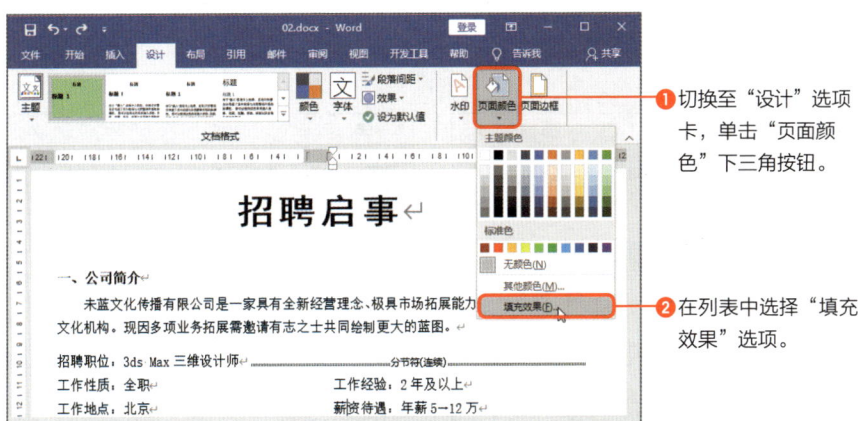

❶ 切换至"设计"选项卡,单击"页面颜色"下三角按钮。

❷ 在列表中选择"填充效果"选项。

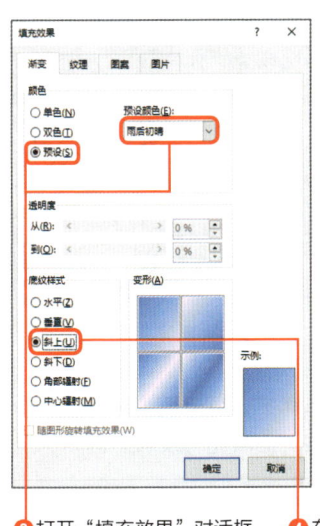

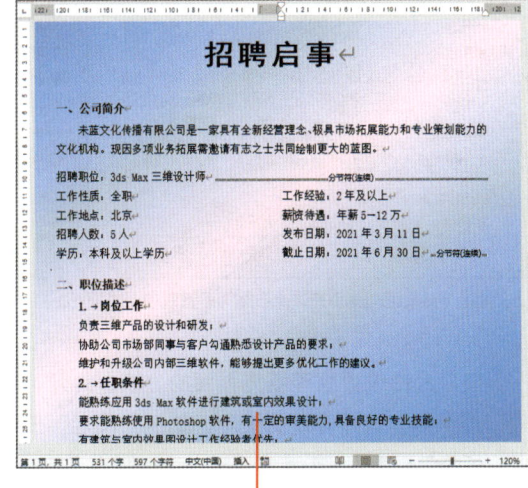

❸ 打开"填充效果"对话框,在"渐变"选项卡中设置预设效果。

❹ 在"底纹样式"区域中选择"斜上"单选按钮。

❺ 操作完成后,页面应用了Word中预设的"雨后初晴"的效果。

设置渐变填充时，除了Word预设的渐变填充效果外，我们也可以自定义渐变效果，但是，只能设置一种或两种颜色。打开"填充效果"对话框，在"渐变"选项卡下的"颜色"选项区域中选择"单色"或"双色"单选按钮，然后设置颜色。

如果选择"单色"单选按钮，首先设置"颜色1"的颜色，然后通过调整滑块设置"颜色1"的深浅作为另一个渐变色。当滑块向"深"处移动时，相当于在"颜色1"的颜色中添加黑色，逐渐变深，最深处为黑色；当向"浅"移动时，相当于添加白色，颜色逐渐变浅，最浅处为白色。

如果选择"双色"单选按钮，在右侧设置"颜色1"和"颜色2"的颜色，再设置底纹样式。

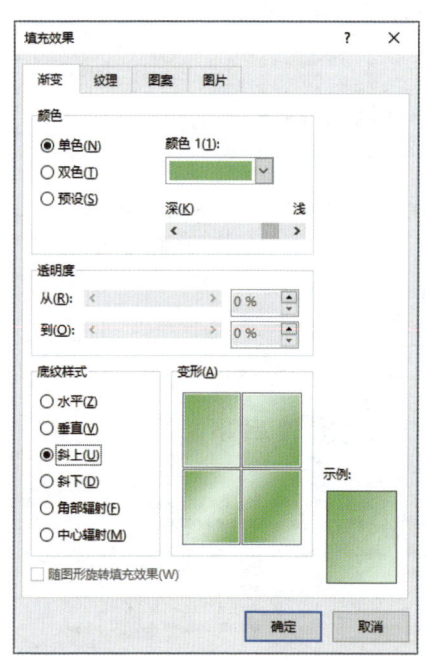 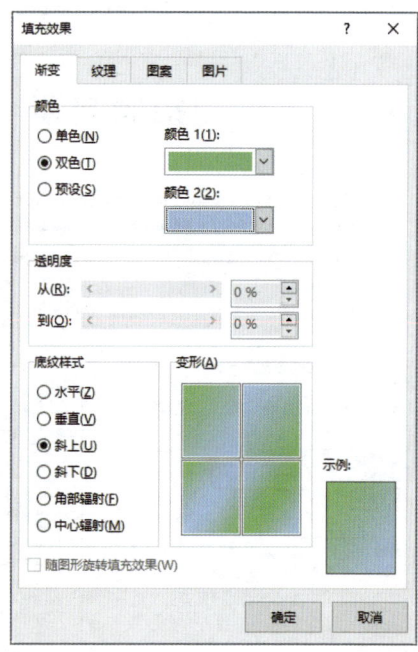

上左图是设置单色渐变填充，上右图为设置双色渐变填充。

接着介绍设置纹理填充页面的方法。打开"填充效果"对话框，切换至"纹理"选项卡，选择合适的纹理，单击"确定"按钮将页面填充为纹理。例如，选择"纸袋"纹理。

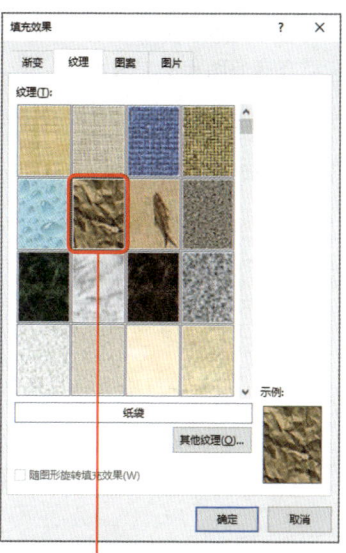
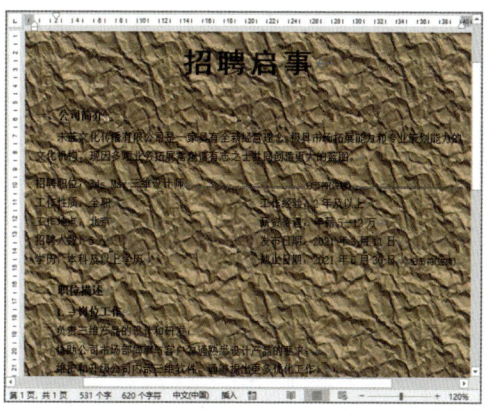

❶ 打开"填充效果"对话框，在"纹理"选项卡中选择纹理。

❷ 文档的页面填充选中的纹理。

下面介绍图案的填充方法。在"填充效果"对话框中切换至"图案"选项卡，在"图案"选项区域中选择合适的图案，然后设置"前景"和"背景"的颜色。其中"前景"颜色为图案的颜色，"背景"颜色为图案背景的颜色。

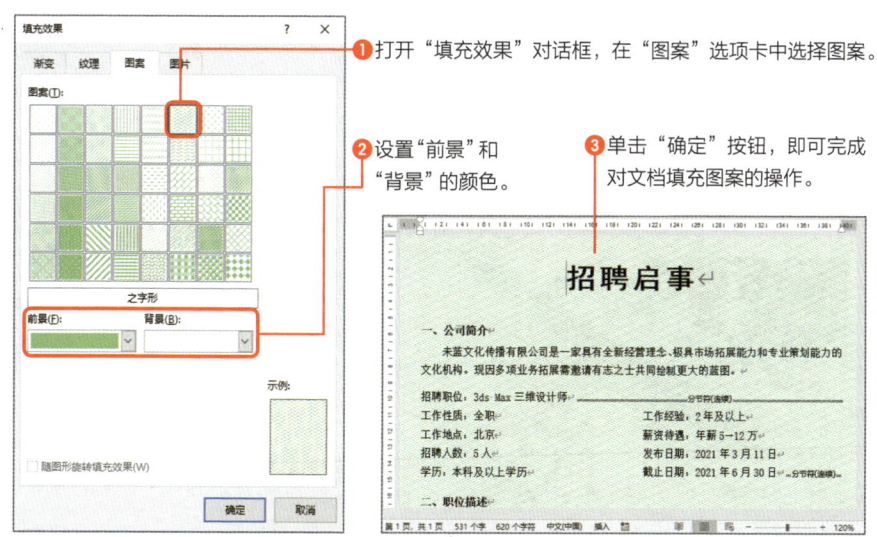

❶ 打开"填充效果"对话框，在"图案"选项卡中选择图案。

❷ 设置"前景"和"背景"的颜色。

❸ 单击"确定"按钮，即可完成对文档填充图案的操作。

最后介绍为文档填充图片的方法。首先打开"填充效果"对话框，切换至"图片"选项卡，单击"选择图片"按钮，然后选择合适的图片，完成操作。

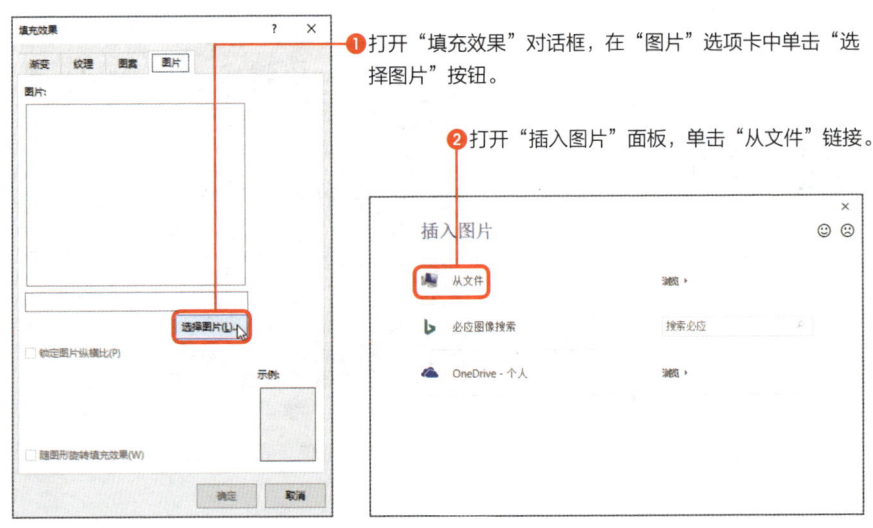

❶ 打开"填充效果"对话框，在"图片"选项卡中单击"选择图片"按钮。

❷ 打开"插入图片"面板，单击"从文件"链接。

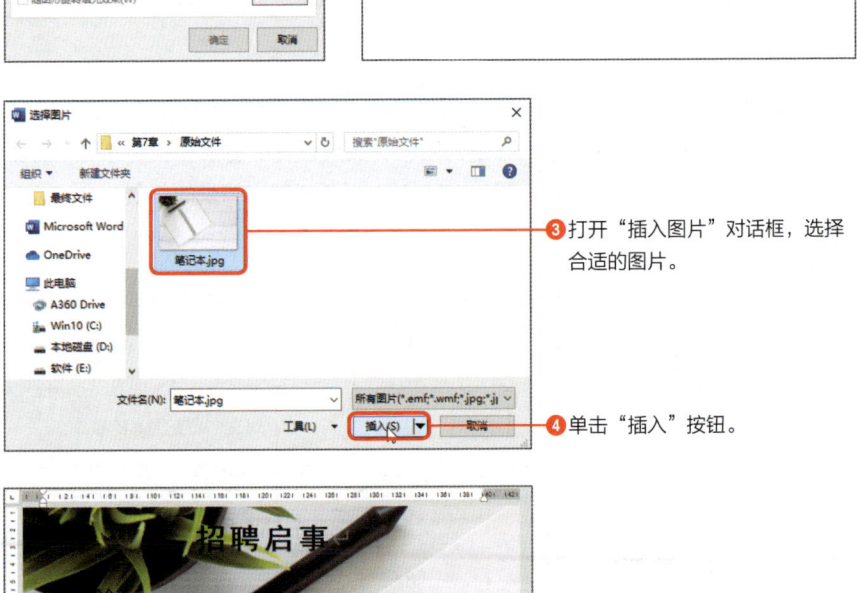

❸ 打开"插入图片"对话框，选择合适的图片。

❹ 单击"插入"按钮。

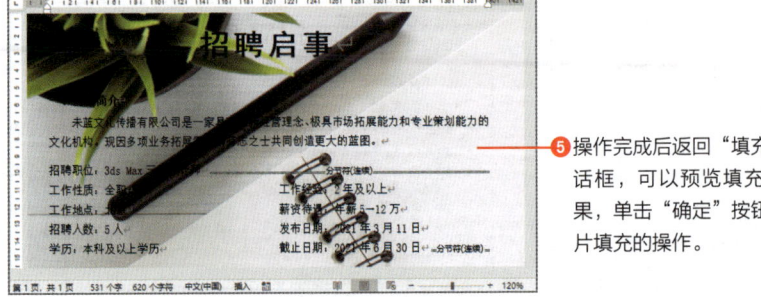

❺ 操作完成后返回"填充效果"对话框，可以预览填充图片的效果，单击"确定"按钮，完成图片填充的操作。

为文档添加水印

扫码看视频

规范页面的设置

快速添加水印

水印是一种特殊的背景，可以设置在页面中任意位置。之后我们还会学习页眉和页脚的添加操作，通过它们可以将水印设置在页面的上方或下方。

在Word中可以设置文字水印或**图片水印**。当设置文字水印时，还可以设置文字的颜色、字体和字号等内容。

下面介绍快速添加水印的方法。

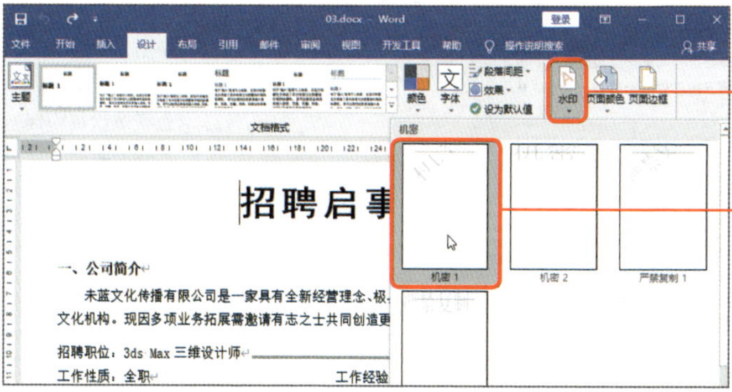

❶ 单击"设计"选项卡中"水印"下三角按钮。

❷ 在列表中选择预设好的水印效果，此处选择"机密1"。

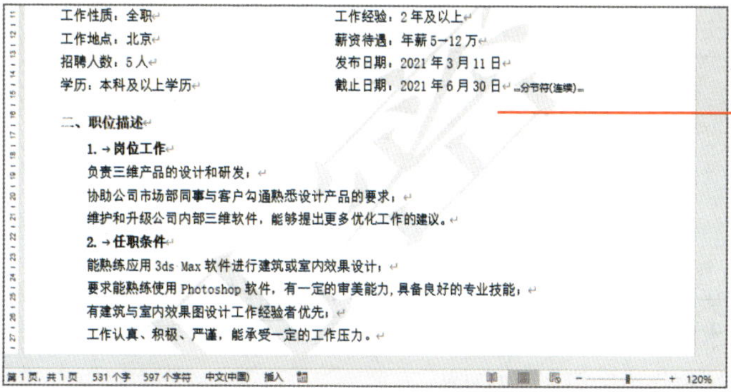

❸ 在文档中间显示"机密"文本作为水印。

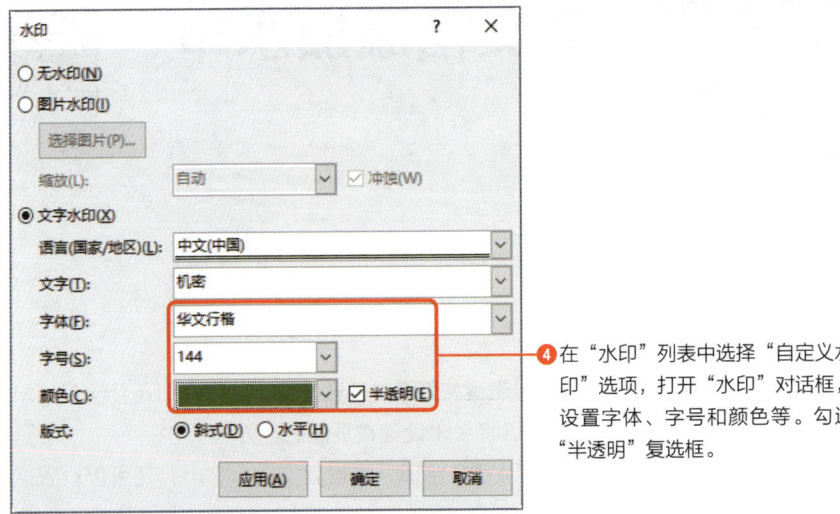

④ 在"水印"列表中选择"自定义水印"选项,打开"水印"对话框,设置字体、字号和颜色等。勾选"半透明"复选框。

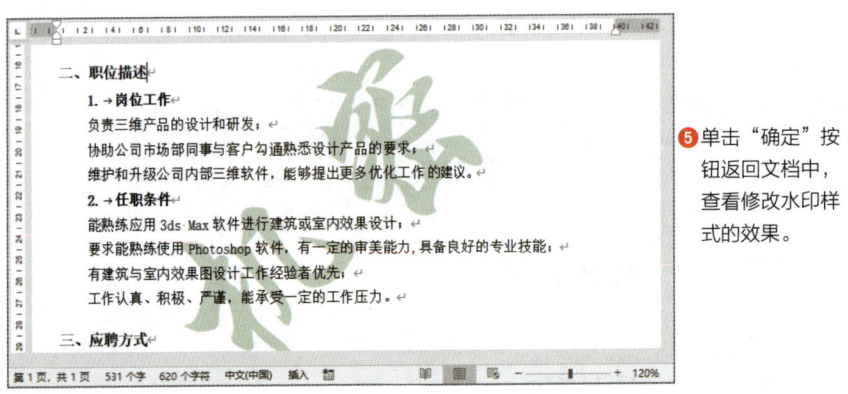

⑤ 单击"确定"按钮返回文档中,查看修改水印样式的效果。

> **这也很重要!**
>
> **删除水印**
>
> 我们为文档添加文本或图片水印后,如果不需要可以在"水印"列表中选择"删除水印"选项将其删除。

图片作为水印

除了使用文字作为水印外,我们还可以在文档中设置图片水印。例如使用企业的徽标图片作为水印。

下面介绍使用图片作为文档水印的方法。

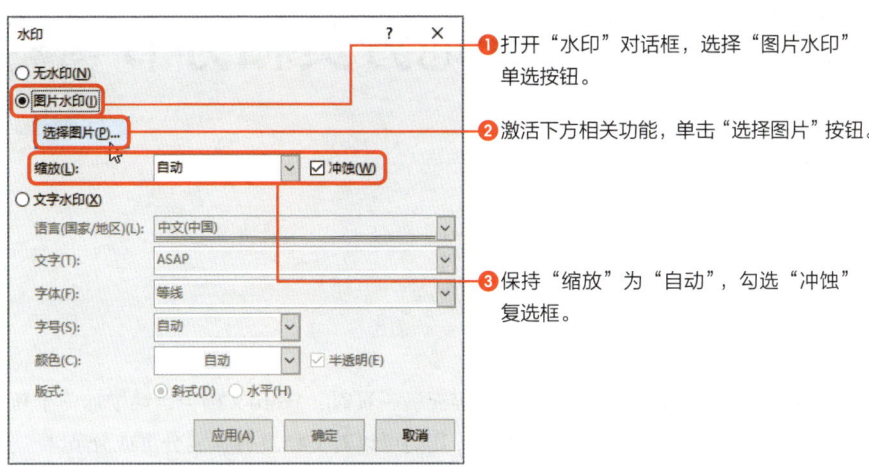

❶ 打开"水印"对话框,选择"图片水印"单选按钮。

❷ 激活下方相关功能,单击"选择图片"按钮。

❸ 保持"缩放"为"自动",勾选"冲蚀"复选框。

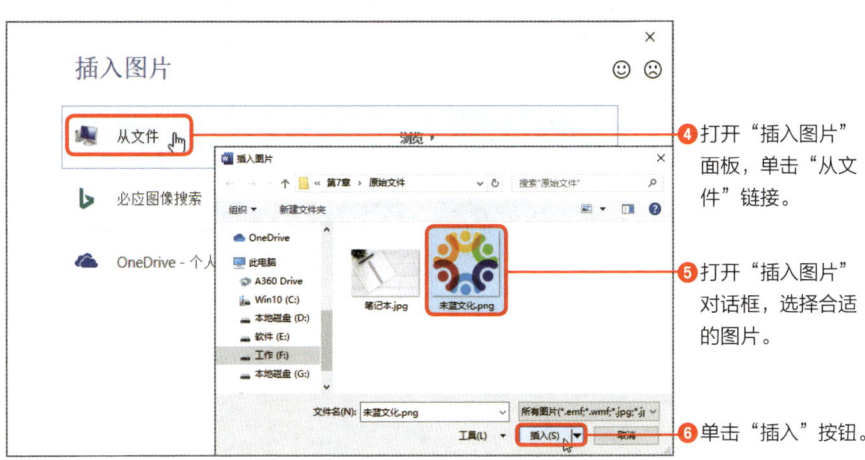

❹ 打开"插入图片"面板,单击"从文件"链接。

❺ 打开"插入图片"对话框,选择合适的图片。

❻ 单击"插入"按钮。

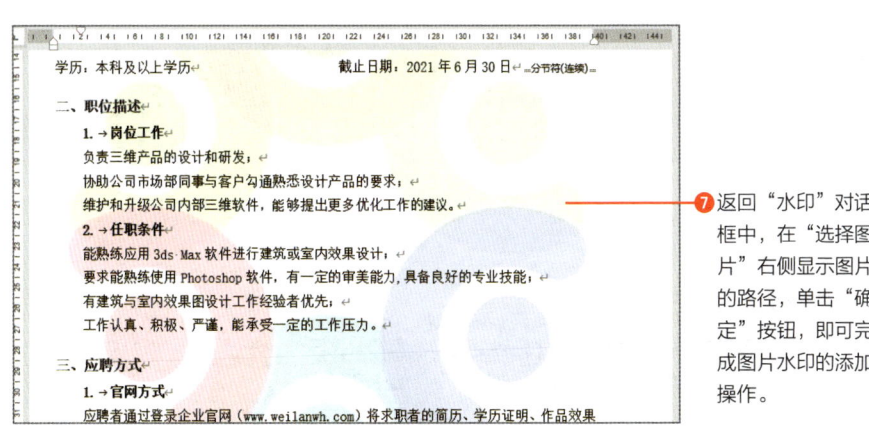

❼ 返回"水印"对话框中,在"选择图片"右侧显示图片的路径,单击"确定"按钮,即可完成图片水印的添加操作。

合理地分页和分节

规范页面的设置

扫码看视频

插入分页符

在制作长文档时,当页面中的内容充满一页时,Word文档会自动增加一个新页面。有时为了页面美观或其他需要,我们可以对文档进行强制分页或分节。

分页符是一种符号,显示在上一页结束以及下一页开始的位置。在Word中可以通过分页符将指定的内容单独放在一页。例如在长文档中经常将第1部分的内容列为单独一页。

下面介绍插入分页符的具体操作方法。

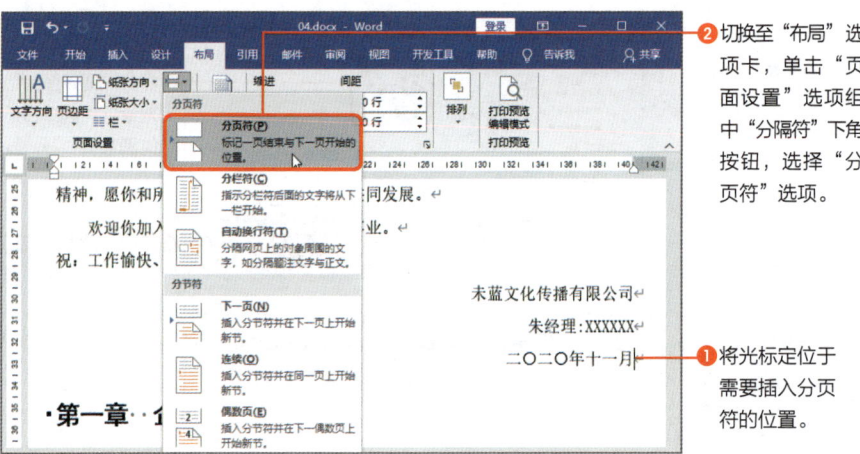

❷ 切换至"布局"选项卡,单击"页面设置"选项组中"分隔符"下角按钮,选择"分页符"选项。

❶ 将光标定位于需要插入分页符的位置。

> **这也很重要!**
>
> **使用快捷键进行分页**
>
> 对文档进行强制分页时,除了通过上述方法添加分页符外,还可以使用组合键进行分页。将光标定位在需要分页的位置,按Ctrl+Enter组合键即可。

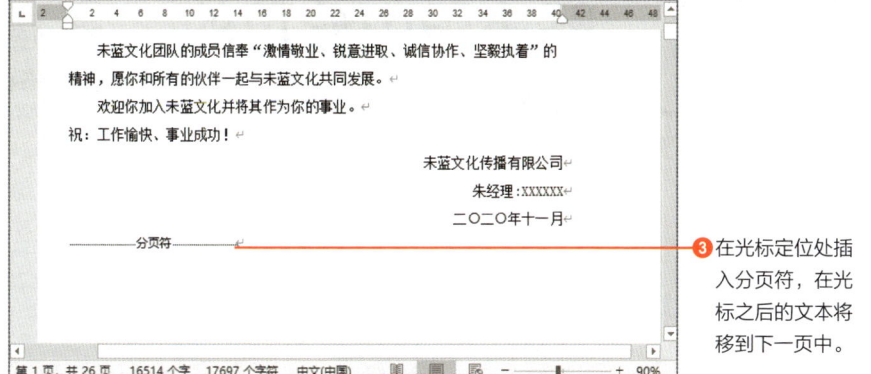

插入分节符

分节符是指为表示节的结尾插入的标记。分节符起着分隔其前面文本格式的作用,例如页边距、页面方向、页眉和页脚等。

如果**删除分节符,它前面的文字会合并到后一节中,并采用后者的格式设置**。

下面介绍插入分节符的方法。

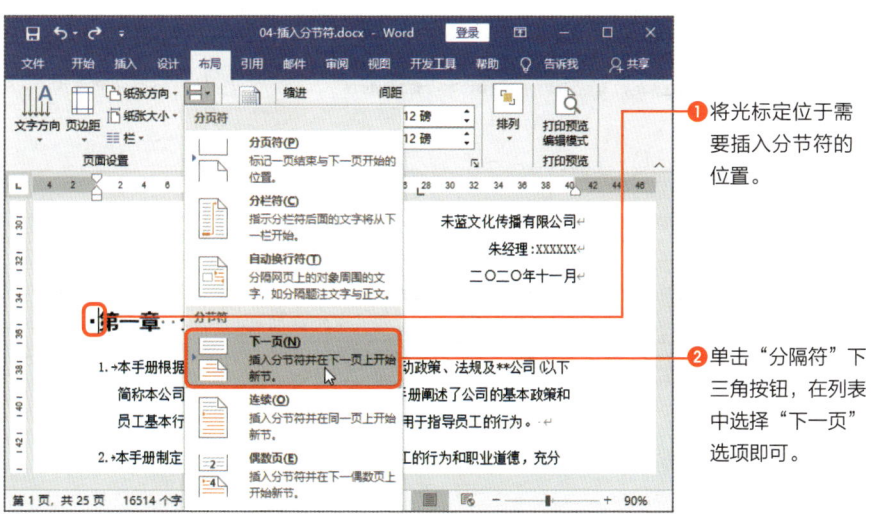

解决段中分页的问题

规范页面的设置

扫码看视频

孤行控制

孤行控制是调整单独打印在一页顶部的某段落的最后一行，或者是单独打印在一页底部的某段落的第一行，使其不单独显示在一页中。

下面介绍孤行控制的方法。

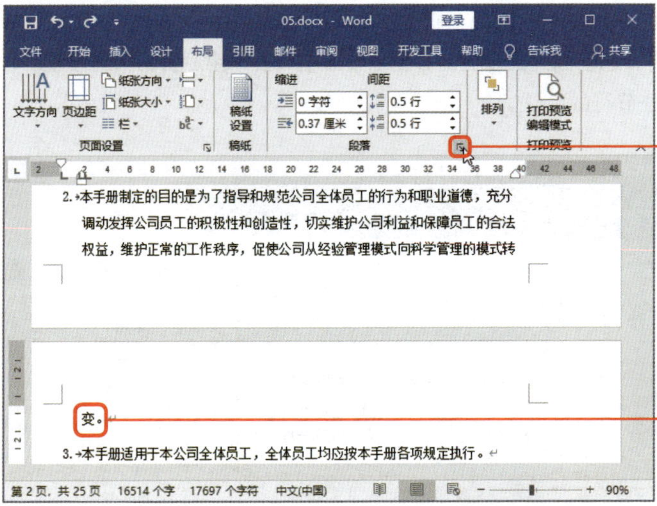

❷ 切换至"布局"选项卡，单击"段落"选项组中对话框启动器按钮。

❶ 将光标定位于需要孤行控制的位置。

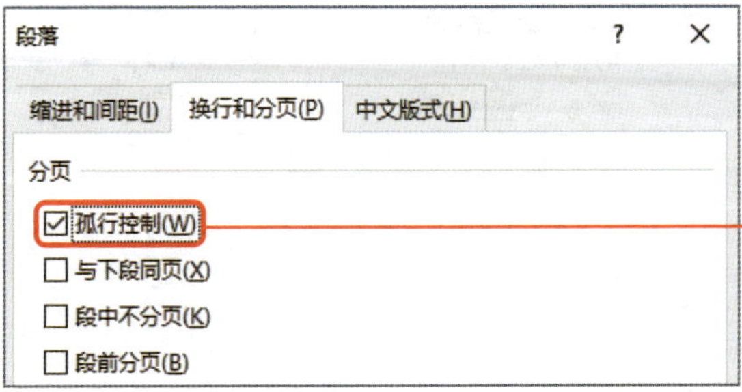

❸ 打开"段落"对话框，在"换行和分页"选项卡下勾选"孤行控制"复选框。

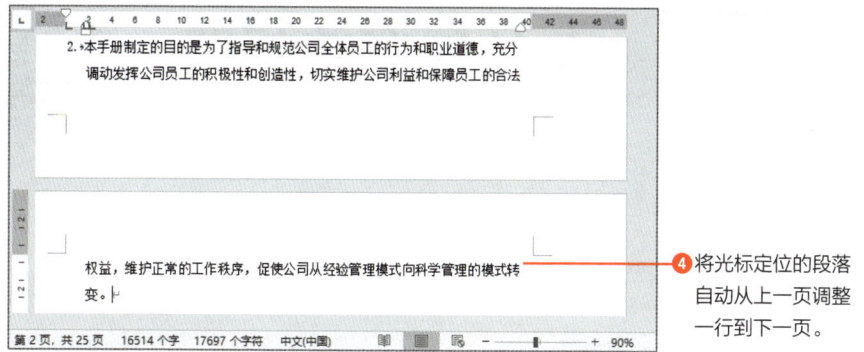

❹ 将光标定位的段落自动从上一页调整一行到下一页。

在"段落"对话框中勾选"段中不分页"或者"段前分页"复选框，则跨页的段落将全部显示在下一页。

当表格中单元格的内容出现跨页断行时，可以通过"孤行控制"进行调整，也可以设置表格不进行跨页断行。

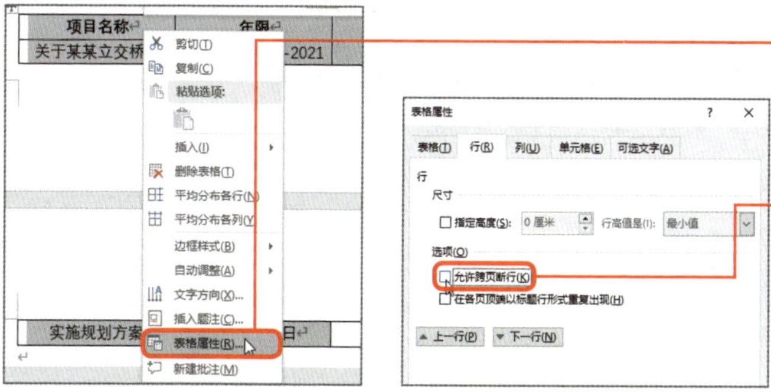

❶ 全选表格并右击，在快捷菜单中选择"表格属性"命令。

❷ 打开"表格属性"对话框，在"行"选项卡中取消勾选"允许跨页断行"复选框。

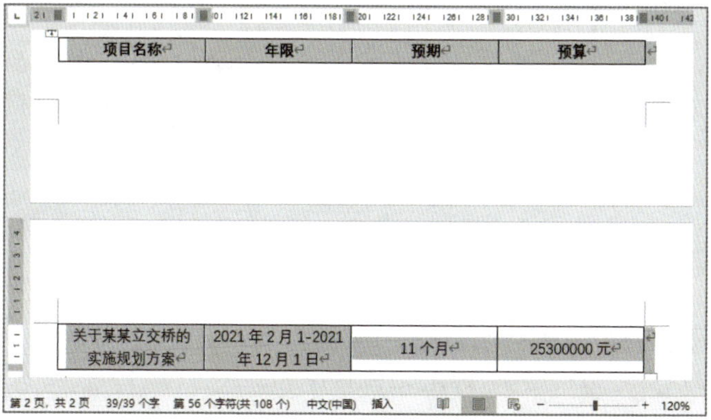

❸ 可见第2行单元格中内容全部在下一页显示，没有出现跨页断行的情形。

第 7 章 为文档设计封面

扫码看视频

规范页面的设置

使用Word内置的封面

Word提供了大约16种预设封面的效果，我们可以直接套用，然后再根据实际需要修改。在制作文档封面时，一般包括正标题、副标题、说明性文本和企业的相关标志等。

封面的内容应当简洁明了，封面中的元素要能够突出主题。

下面介绍使用Word内置封面的方法。

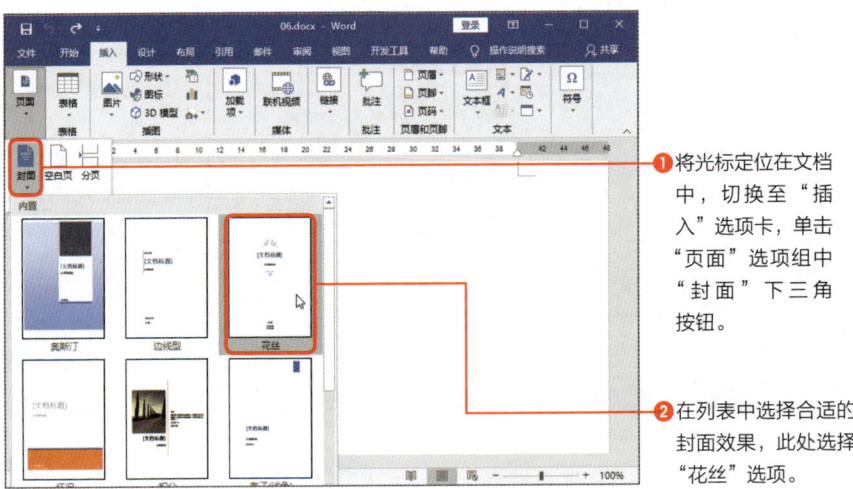

❶ 将光标定位在文档中，切换至"插入"选项卡，单击"页面"选项组中"封面"下三角按钮。

❷ 在列表中选择合适的封面效果，此处选择"花丝"选项。

这也很重要！

封面构成的元素

在Word的内置封面中包含的元素主要有文本、形状和图片。文本是封面最基本的元素之一，主要表达文档的含义，形状和图片起到修饰封面的作用。

❸在文档的第一页插入选中的封面,用户可以根据需要在不同的文本框中输入文本,也可以添加、删除或移动文本。

自定义文档的封面

除了上述介绍的使用Word内置的封面外,我们也可以自己设计封面。设计封面的元素也包括**文本、形状和图片**。可以使用纯文本制作一份简洁的封面,也可以使用图片或形状等元素制作美观的封面。

下面介绍通过文本、形状和图片制作封面的方法。

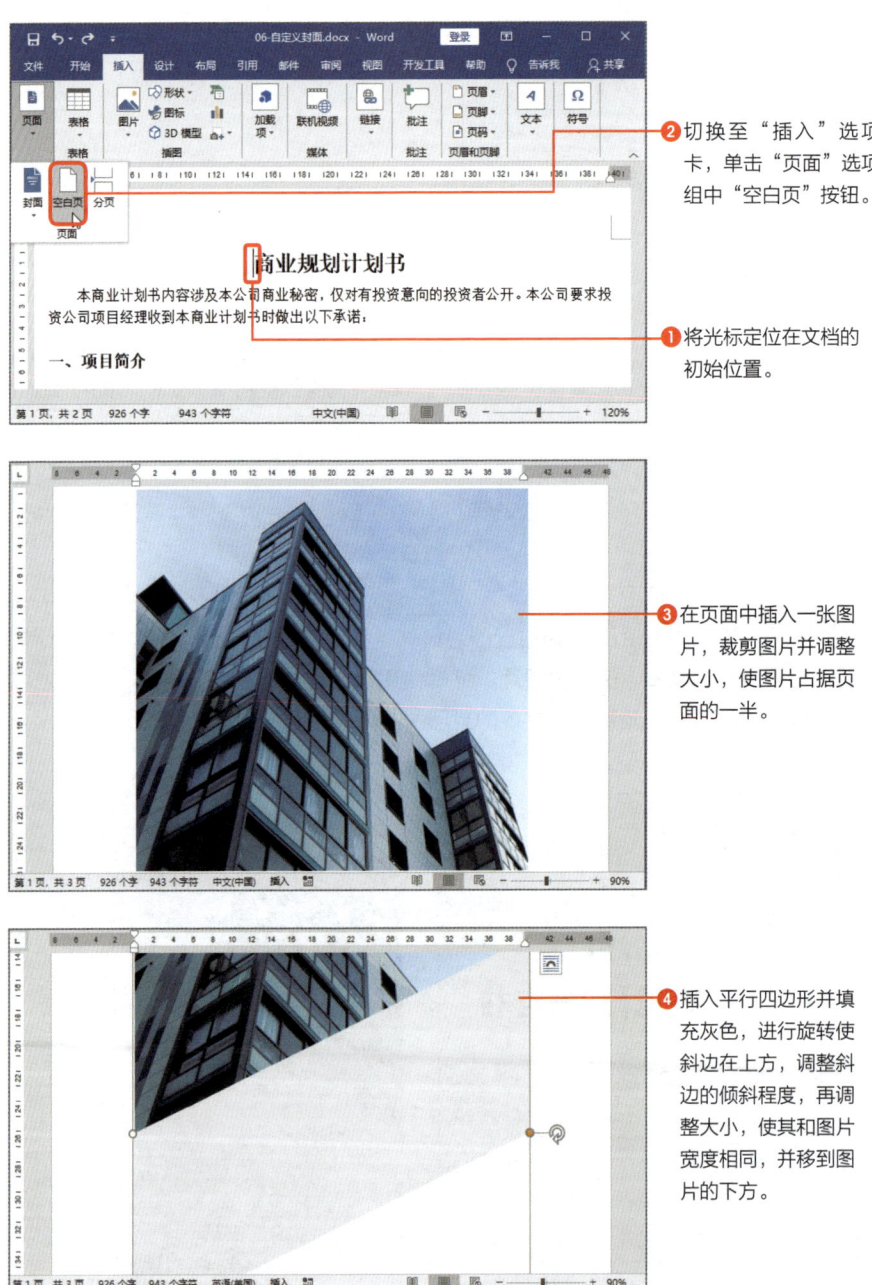

❷ 切换至"插入"选项卡,单击"页面"选项组中"空白页"按钮。

❶ 将光标定位在文档的初始位置。

❸ 在页面中插入一张图片,裁剪图片并调整大小,使图片占据页面的一半。

❹ 插入平行四边形并填充灰色,进行旋转使斜边在上方,调整斜边的倾斜程度,再调整大小,使其和图片宽度相同,并移到图片的下方。

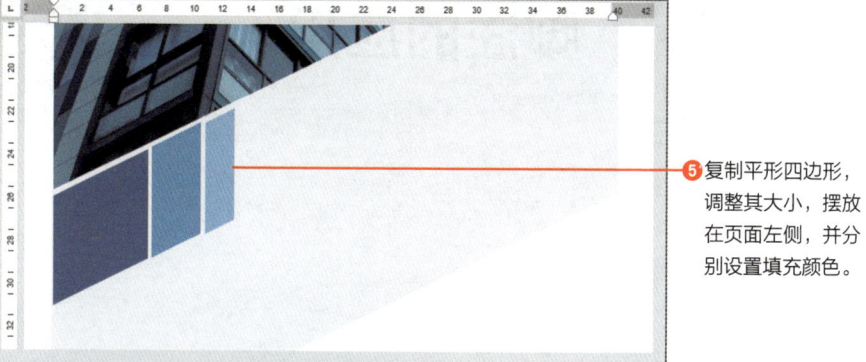

❺ 复制平形四边形，调整其大小，摆放在页面左侧，并分别设置填充颜色。

❻ 在相应的位置输入封面的标题文字。

❼ 此时封面中的内容已经很完善了。最后在空白处添加相应的修饰形状，需要注意色彩的搭配。

脚注的应用

脚注和尾注
用处大

扫码看视频

插入脚注

在Word中，如果需要对正文中某些文本进行解释说明，可以为文本添加脚注和尾注。它们有条理地进行排列，对读者理解文档内容有很大帮助。

在Word文档中**脚注位于页面的底端，用来说明每页中需要注释的内容**。下面介绍插入脚注的方法。

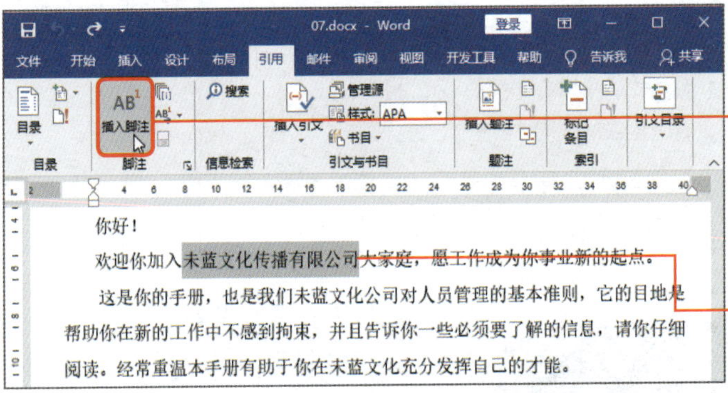

❷ 切换至"引用"选项卡，单击"脚注"选项组中"插入脚注"按钮。

❶ 选择需要添加脚注的文本。

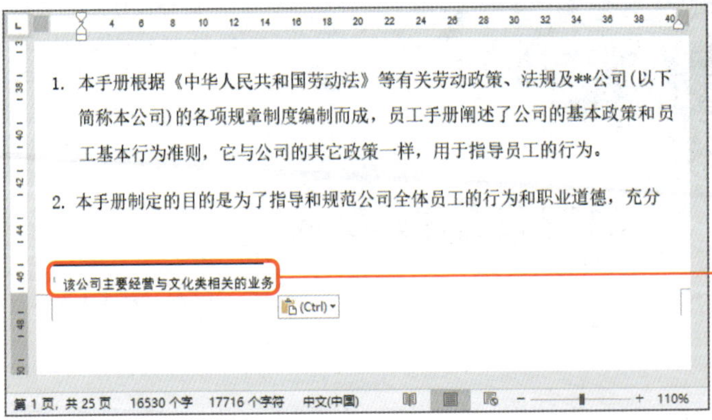

❸ 在该页的底端显示输入脚注的区域，用户将光标定位于左侧并标号，然后输入相关文本内容。

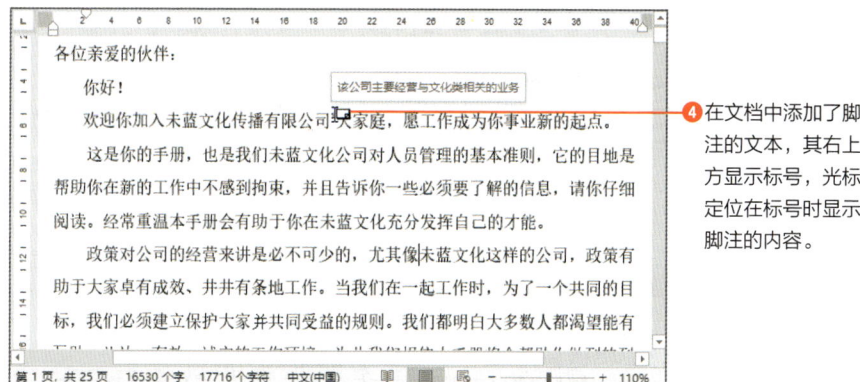

❹ 在文档中添加了脚注的文本,其右上方显示标号,光标定位在标号时显示脚注的内容。

> **这也很重要!**
>
> **脚注的编号是连续的**
>
> 　　在Word中默认整篇文档的脚注的编号是连续的,无论是否跨页或跨章节。我们可以根据需要设置脚注的编号以及格式等。

编辑脚注

在文档中添加脚注后,我们可以对其进行编辑操作,例如添加脚注样式、删除脚注和设置起始编号等。

下面介绍编辑脚注的方法。

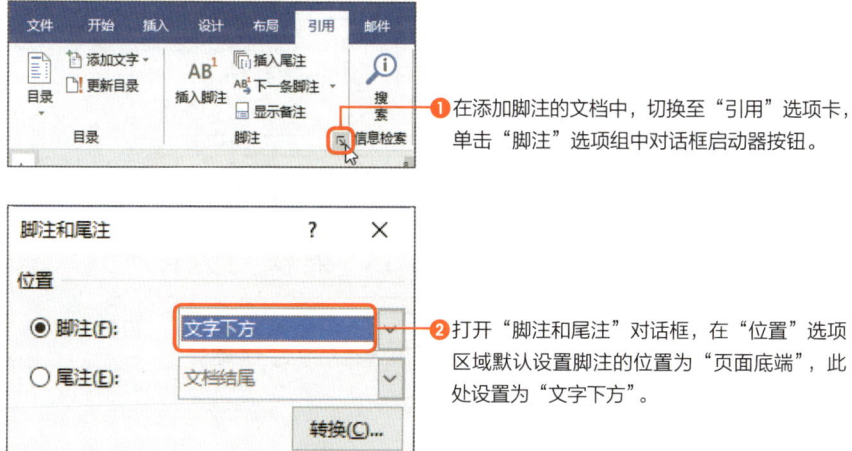

❶ 在添加脚注的文档中,切换至"引用"选项卡,单击"脚注"选项组中对话框启动器按钮。

❷ 打开"脚注和尾注"对话框,在"位置"选项区域默认设置脚注的位置为"页面底端",此处设置为"文字下方"。

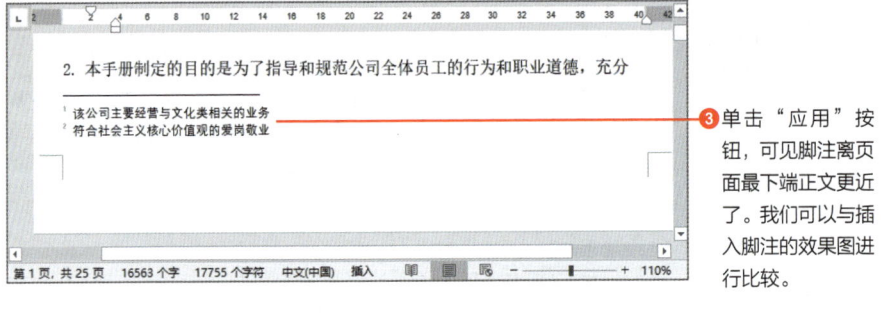

❸ 单击"应用"按钮,可见脚注离页面最下端正文更近了。我们可以与插入脚注的效果图进行比较。

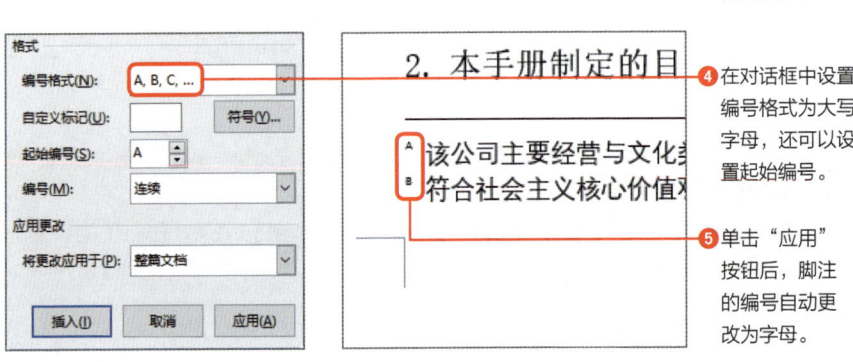

❹ 在对话框中设置编号格式为大写字母,还可以设置起始编号。

❺ 单击"应用"按钮后,脚注的编号自动更改为字母。

❻ 在上图中显示的是文档第2页两个脚注的编号,左图是第3页中脚注的编号,可见其编号是延续的。

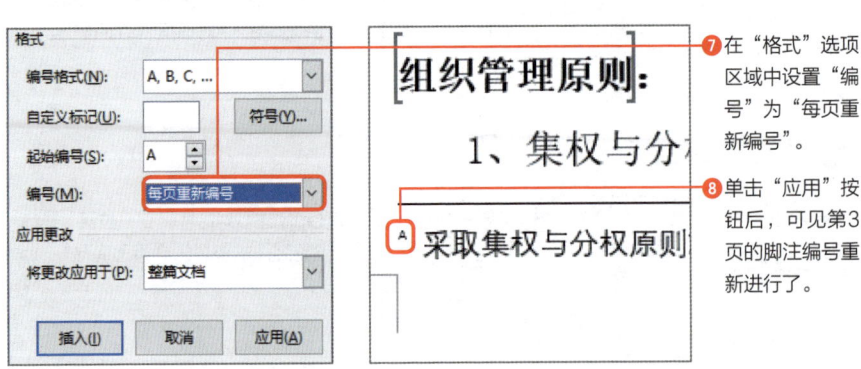

❼ 在"格式"选项区域中设置"编号"为"每页重新编号"。

❽ 单击"应用"按钮后,可见第3页的脚注编号重新进行了。

尾注的应用

脚注和尾注用处大

添加并编辑尾注

==尾注位于文档的结尾，用来集中解释文档中需要注释的内容或标注文档中所引用的其他文章名称==等。

在Word文档中，脚注和尾注的添加、修改或编辑方法完全相同，不同之处在于它们在文档中出现的位置。

下面介绍尾注的应用。

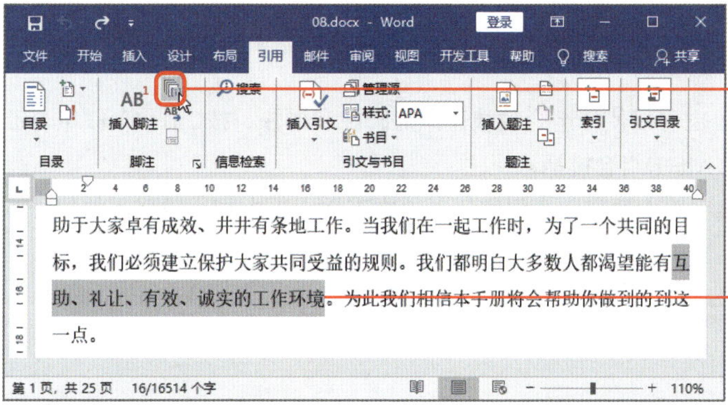

❷ 切换至"引用"选项卡，单击"插入尾注"按钮。

❶ 选中需要添加尾注的文本。

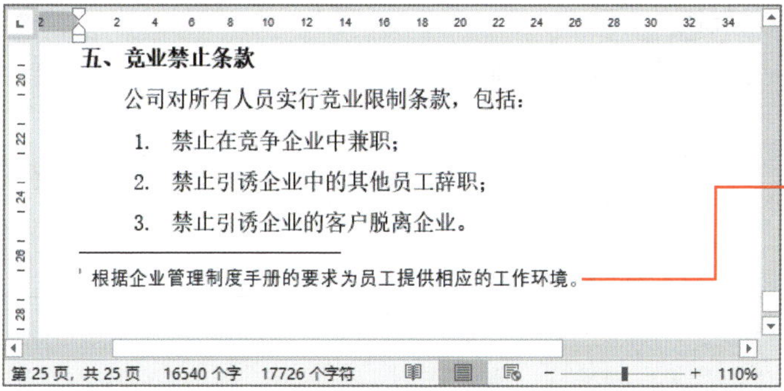

❸ 在文档最后一页的底端将显示输入尾注注释的区域，在此处输入相关内容。

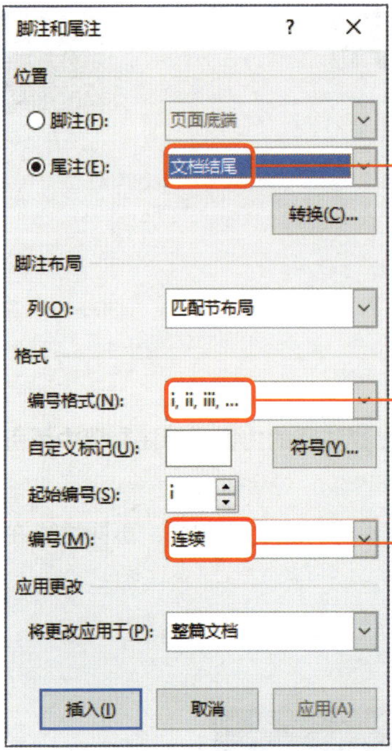

④ 打开"脚注和尾注"对话框,在"尾注"的右侧可以设置显示的位置,其选项包括"文档结尾"和"节的结尾"。

⑤ 通过"编号格式"下拉列表可以设置尾注编号的样式。

⑥ 通过"编号"下拉列表可以设置尾注编号连续的格式,其选项包括"连续"和"每节重新编号"。

在Word文档中也可以使用组合键快速添加脚注和尾注,按Ctrl+Alt+F组合键插入脚注,按Ctrl+Alt+D组合键插入尾注。

如果需要删除文档中的脚注或尾注,可以在正文中选中脚注或尾注的编号,然后按Delete键。

> **这也很重要!**
>
> **脚注和尾注之间的转换**
>
> 在Word文档中,脚注和尾注之间是可以相互转换的。首先打开"脚注和尾注"对话框,单击"转换"按钮,打开"转换注释"对话框,根据需要选择转换对应的单选按钮,单击"确定"按钮。

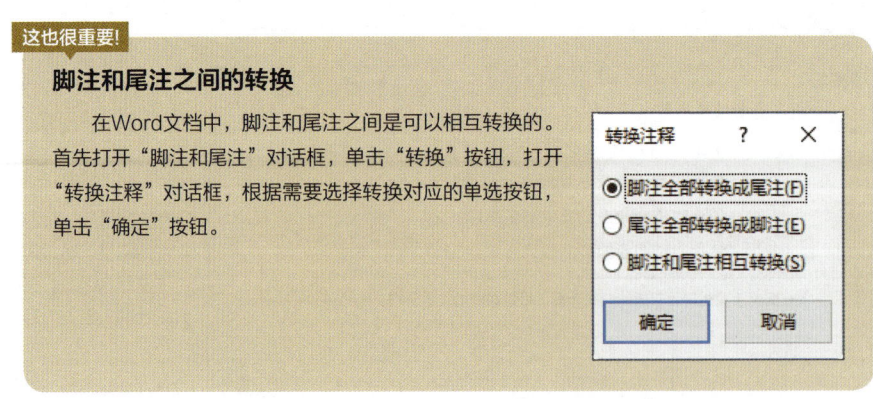

使用系统自带的样式

为文档创建章节样式

扫码看视频

样式的应用

样式是字体格式和段落格式的集合，在对长文档排版时，可以对相同性质的文本重复套用特定样式，以提高排版效率。

在Word中有预设标题、强调、明显强调和要点等10多种样式，我们可以直接应用这些样式。

下面介绍两种应用系统自带样式的方法，第一种是使用样式库应用样式。

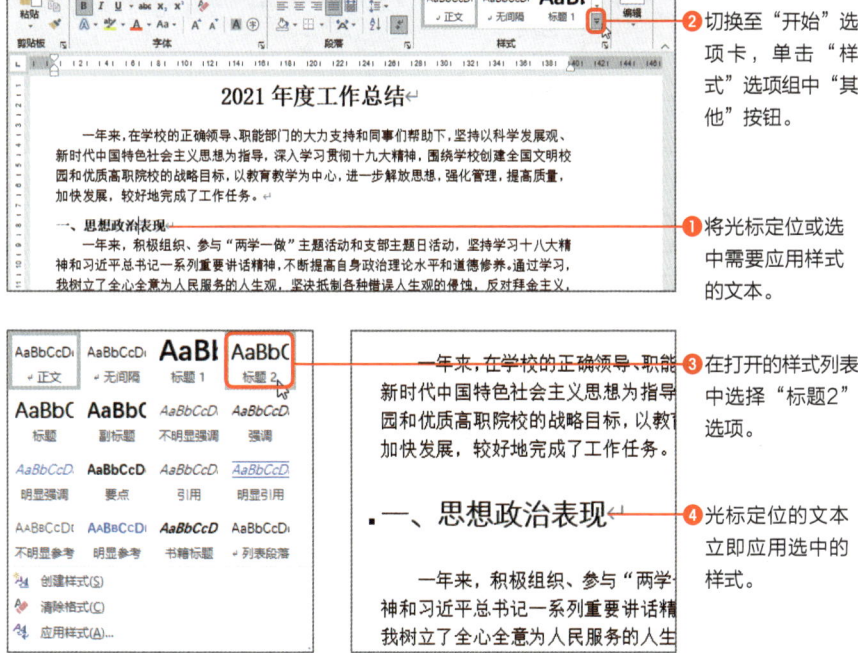

❶ 将光标定位或选中需要应用样式的文本。

❷ 切换至"开始"选项卡，单击"样式"选项组中"其他"按钮。

❸ 在打开的样式列表中选择"标题2"选项。

❹ 光标定位的文本立即应用选中的样式。

第二种方法是使用"样式"导航窗格应用样式。

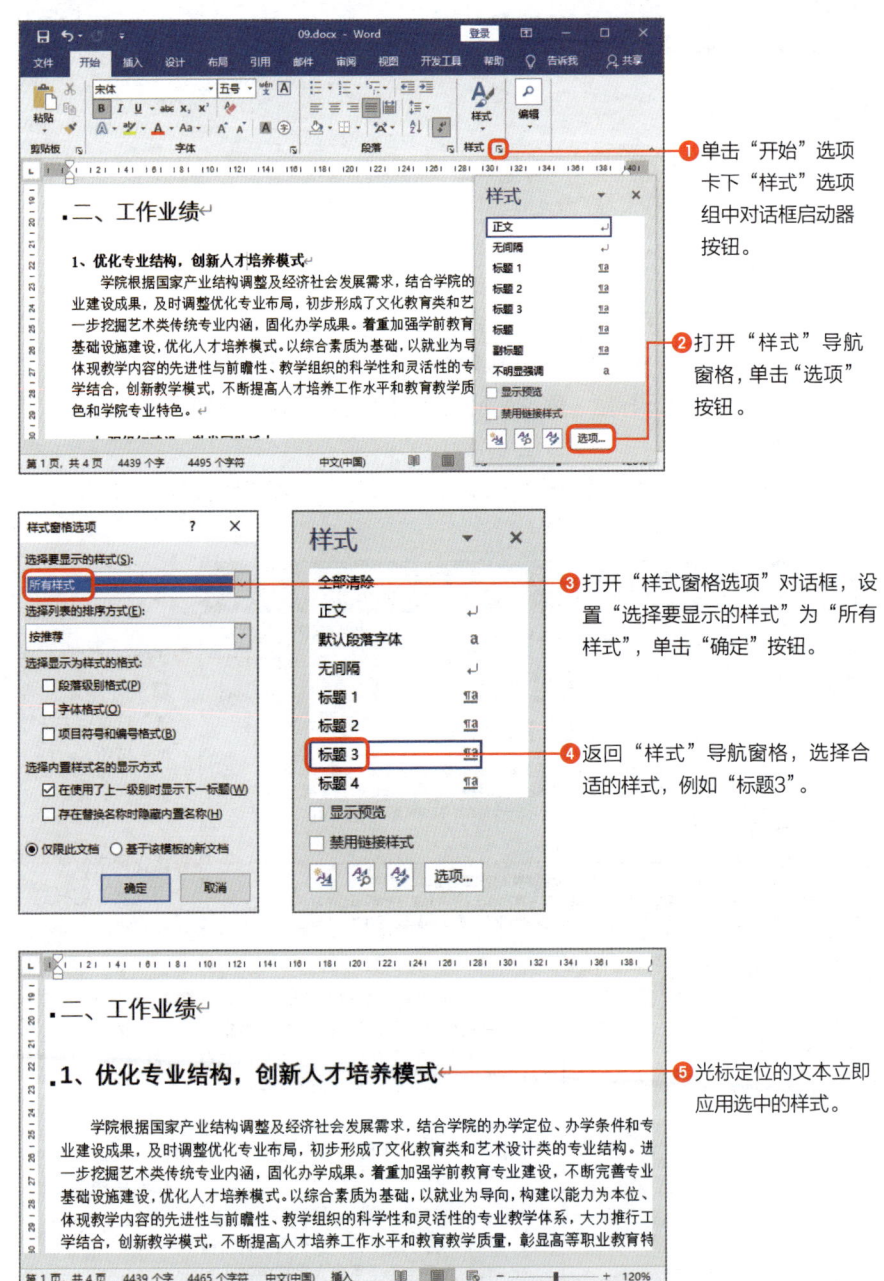

修改应用的样式

在文档中应用"标题2"和"标题3"样式后,文本的字体和段落格式区别不大。为了更好地划分等级,还需要对应用的标题样式进行修改,例如修改应用"标题3"文本的字体和段落格式。

下面介绍修改样式的方法。

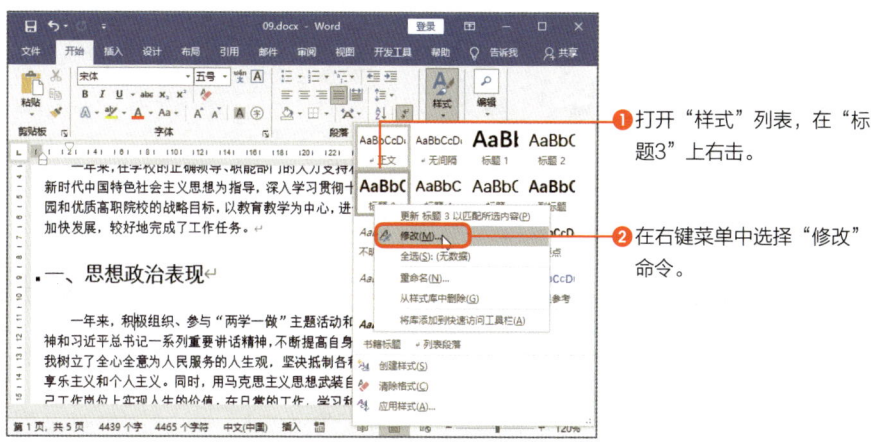

❶ 打开"样式"列表,在"标题3"上右击。

❷ 在右键菜单中选择"修改"命令。

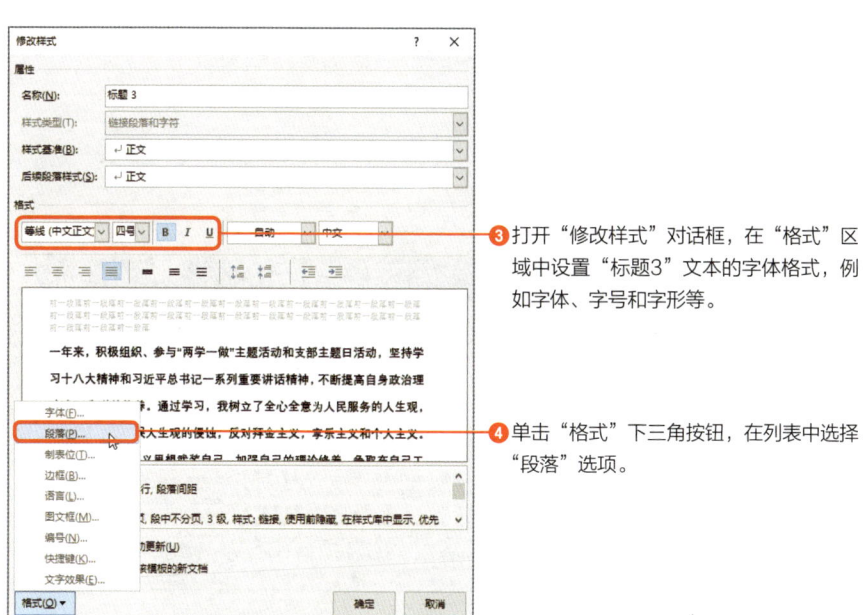

❸ 打开"修改样式"对话框,在"格式"区域中设置"标题3"文本的字体格式,例如字体、字号和字形等。

❹ 单击"格式"下三角按钮,在列表中选择"段落"选项。

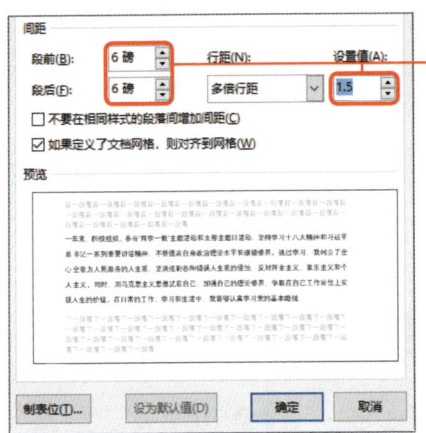

❺ 打开"段落"对话框,在"间距"区域中设置段前和段后均为6磅,行距为1.5倍,单击"确定"按钮。

❻ 返回"修改样式"对话框,单击"确定"按钮,则文档中应用了"标题3"的文本均应用了设置的格式。

> **这也很重要!**
>
> **清除应用的样式**
>
> 当不需要某个样式时,我们可以将其清除。将光标定位在需要清除样式的文本中,在"样式"选项组的"其他"列表中选择"清除格式"选项。

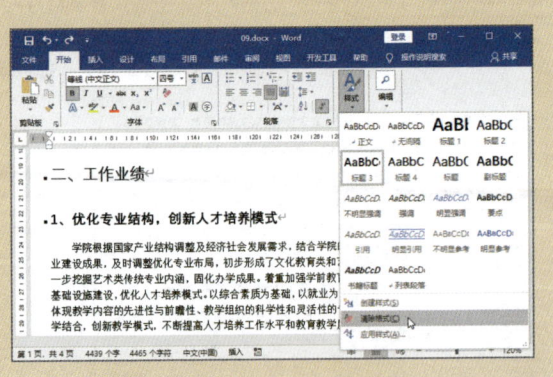

快速添加Word中内置的多级列表

扫码看视频

添加系统自带的段落编号

为文档的不同层次添加段落编号，可以凸显文档的层次结构。例如文档中的章、节以及小节的编号是不同的。

为文档应用样式时，各章节的名称需要输入对应的编号，当应用多级列表时，系统会自动生成不同等级的编号。

下面介绍添加系统自带的段落编号的方法。

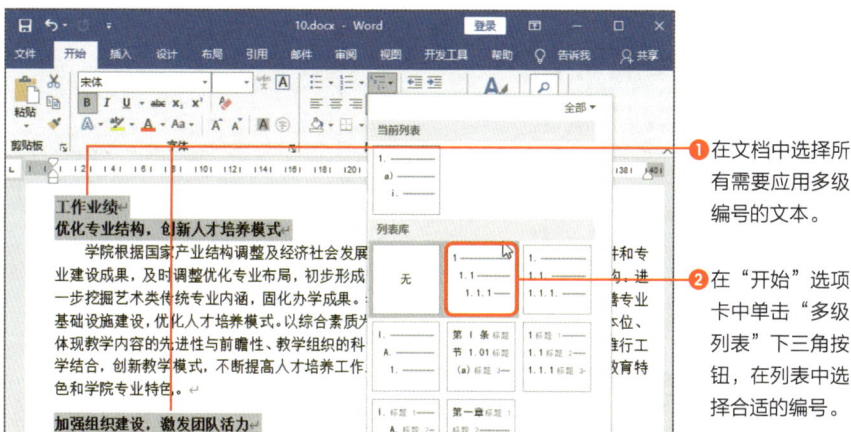

❶ 在文档中选择所有需要应用多级编号的文本。

❷ 在"开始"选项卡中单击"多级列表"下三角按钮，在列表中选择合适的编号。

> **这也很重要!**
>
> **先设置多级列表再输入标题**
>
> 将光标定位在需要的位置，先在"多级列表"中选择合适的编号，输入标题后自动应用第1级别的标题，即使换行后还是应用第1级别的标题；如果需要应用下一级别的标题，可以按Tab键降级。换行后如果应用上一级的标题，可以按两次回车键，返回上一级列表。

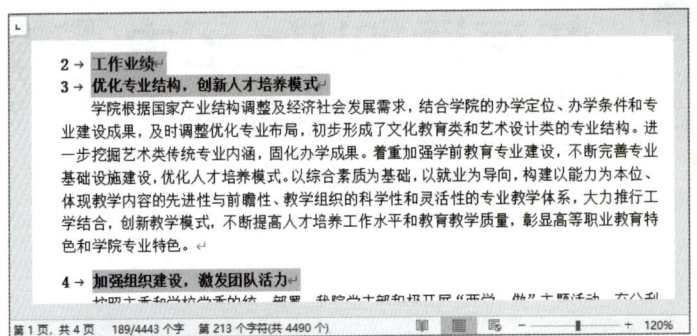

❸ 选中的文档都应用了一级列表。

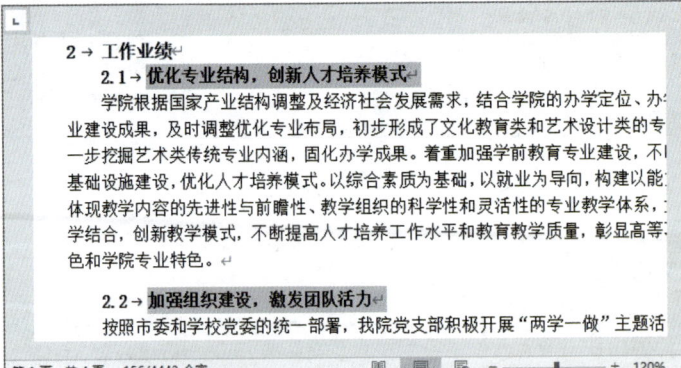

❹ 选中需要应用下一级别列表的所有文本。

❺ 在"多级列表"中选择"更改列表级别"选项，在子列表中选择2级选项。

❻ 选中的所有文本应用了二级列表，其第1个数字表示一级标题的编号，第2个数字表示二级编号。

让多级列表更符合要求

扫码看视频

为文档创建章节样式

编辑应用的多级列表

在Word中为文档应用多级列表并设置不同级别后，系统将其设置为默认的效果。我们也可以选中标题文本逐个设置字体格式，但无法为编号添加相应的文字。例如，我们需要将一级编号修改为"第xx节"，并设置字体为"楷体"，字号为五号；二级编号字体为"宋体"，字号为小五号，该如何做呢？

此时可以编辑多级列表，自动调整编号的字体格式和添加相应的文字。

下面介绍具体操作方法。

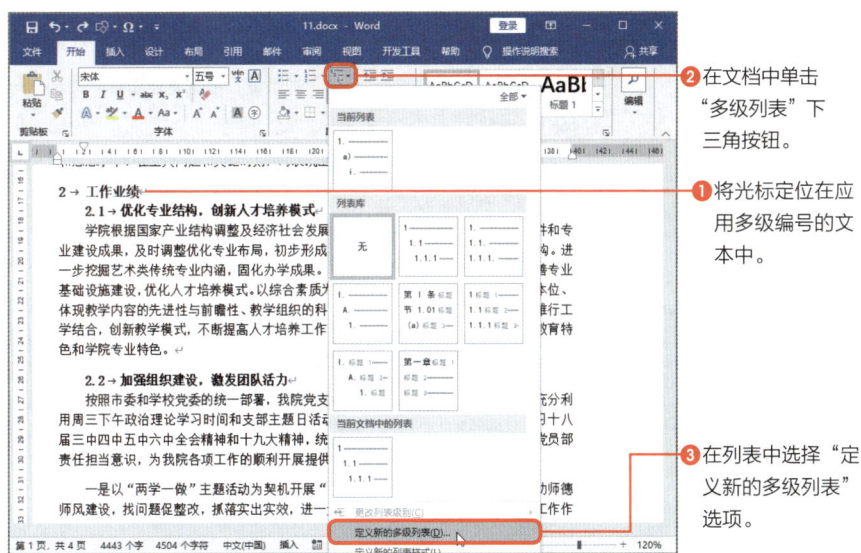

❶ 将光标定位在应用多级编号的文本中。

❷ 在文档中单击"多级列表"下三角按钮。

❸ 在列表中选择"定义新的多级列表"选项。

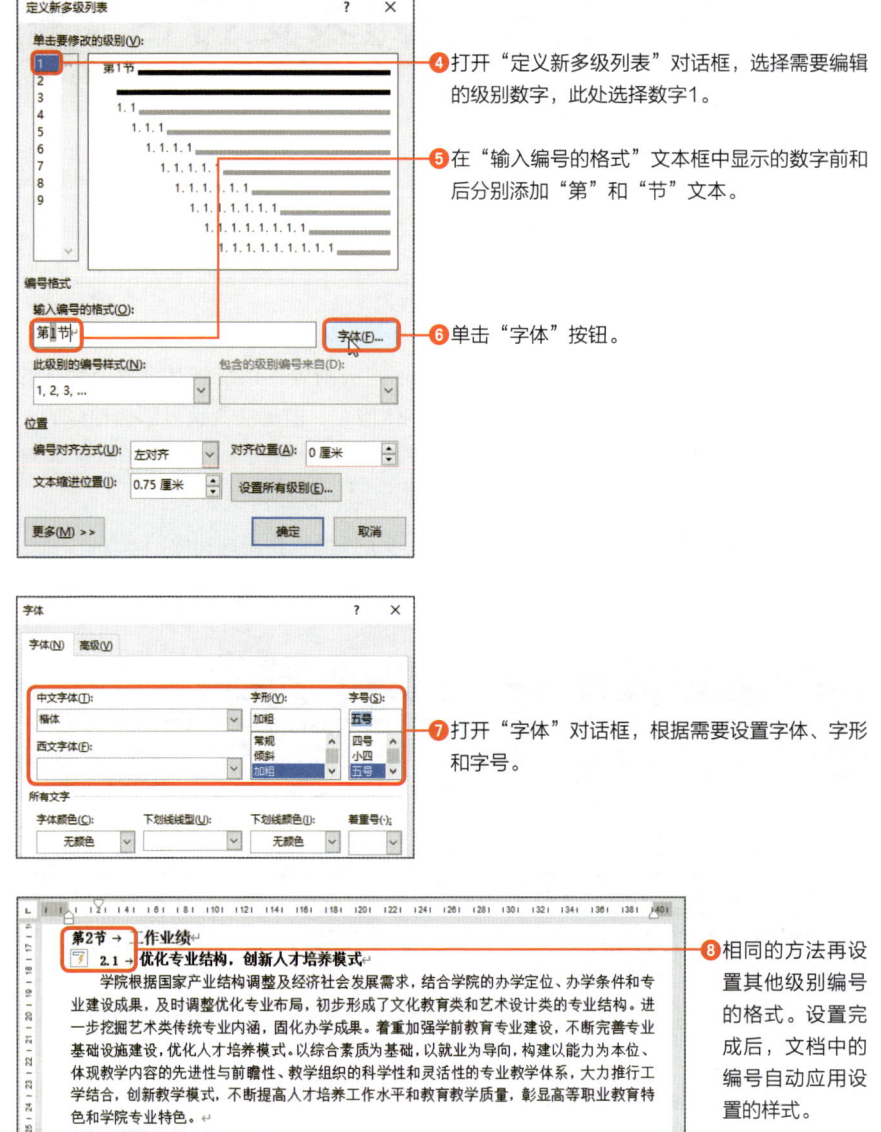

在"定义新多级列表"对话框的"位置"选项区域还可以设置编号的对齐方式、位置以及文本缩进位置。

根据应用的样式提取目录

扫码看视频

快速生成目录

快速提取应用样式的文本

在Word文档中**为不同级别的标题应用不同的样式后**,我们**可以将其作为文档的目录快速提取**,也可以通过"导航"窗格查看目录的结构。在"视图"选项卡的"显示"选项组中勾选"导航窗格"复选框,在页面的左侧会显示应用样式的所有文本,并根据级别不同适当进行缩进。

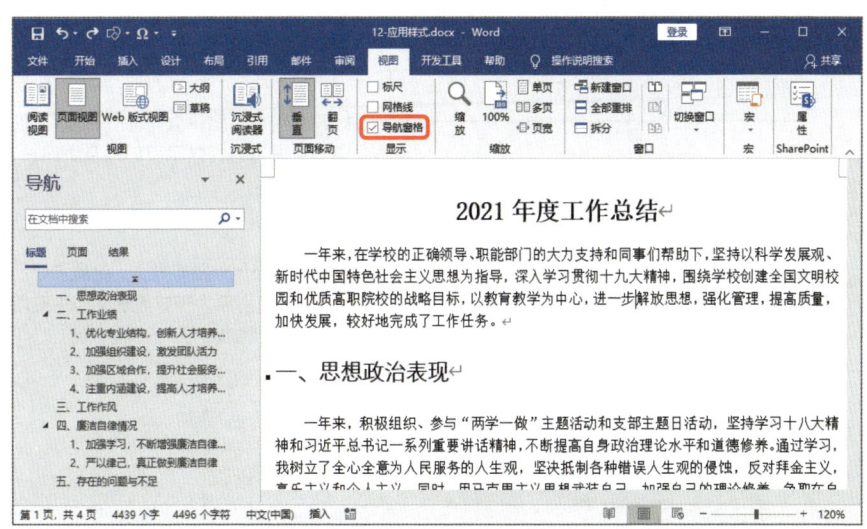

打开"导航"窗格后,在"标题"选项卡下显示所有应用样式的文本,级别依次向右缩进。当在**窗格中选中某项时,则正文会自动跳转到选中文本的位置**。通过"导航"窗格,我们还可以了解文档的整体结构和相关内容。

下面介绍应用样式后提取文档中目录的方法。

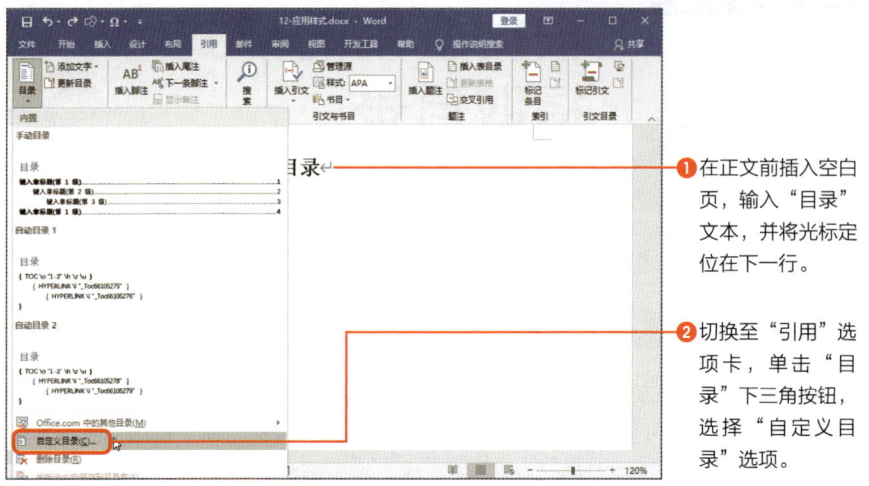

❶ 在正文前插入空白页，输入"目录"文本，并将光标定位在下一行。

❷ 切换至"引用"选项卡，单击"目录"下三角按钮，选择"自定义目录"选项。

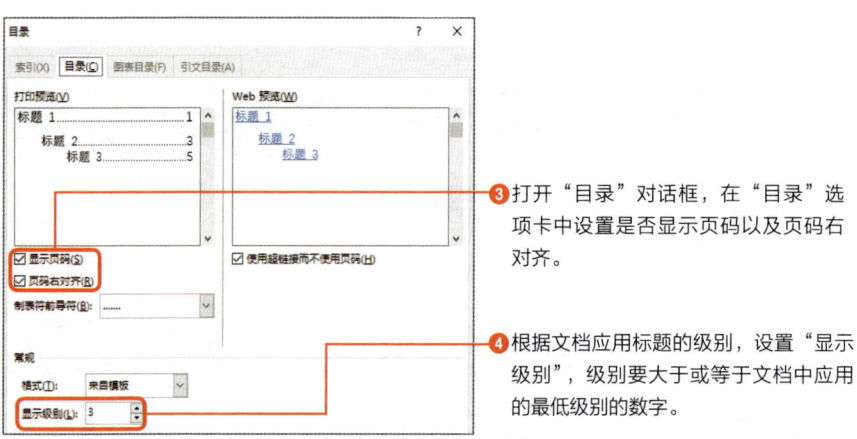

❸ 打开"目录"对话框，在"目录"选项卡中设置是否显示页码以及页码右对齐。

❹ 根据文档应用标题的级别，设置"显示级别"，级别要大于或等于文档中应用的最低级别的数字。

❺ 单击"确定"按钮，在光标处显示文档的目录。

根据大纲级别提取目录

设置大纲级别

Word中的"大纲级别"是**用于为文档中的段落指定等级结构的段落格式**。大纲级别共9级，即1级～9级，1级为最高级别。通过设置大纲级别既能显示标题的层次结构，又可以方便折叠和展开各种层级的文档。

下面介绍设置文本大纲级别的方法。

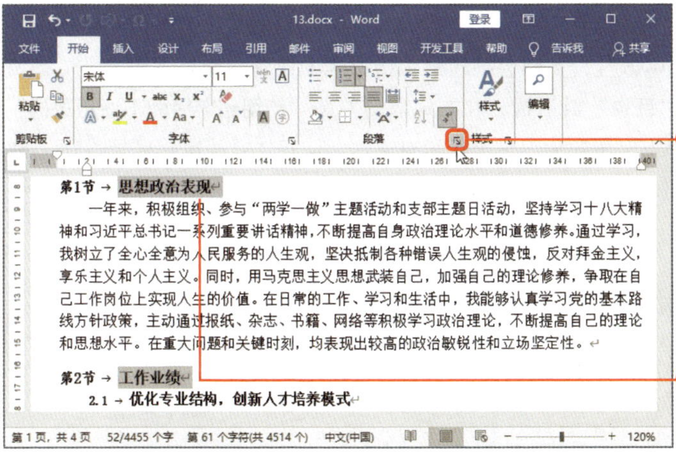

❶ 选择应用相同大纲级别的文本。

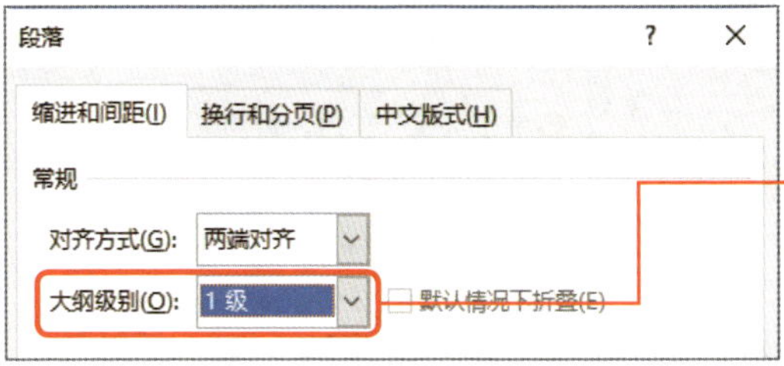

❷ 单击"开始"选项卡"段落"选项组中对话框启动器按钮。

❸ 打开"段落"对话框，在"缩进和间距"选项卡下设置"大纲级别"，此处设置为"1级"。

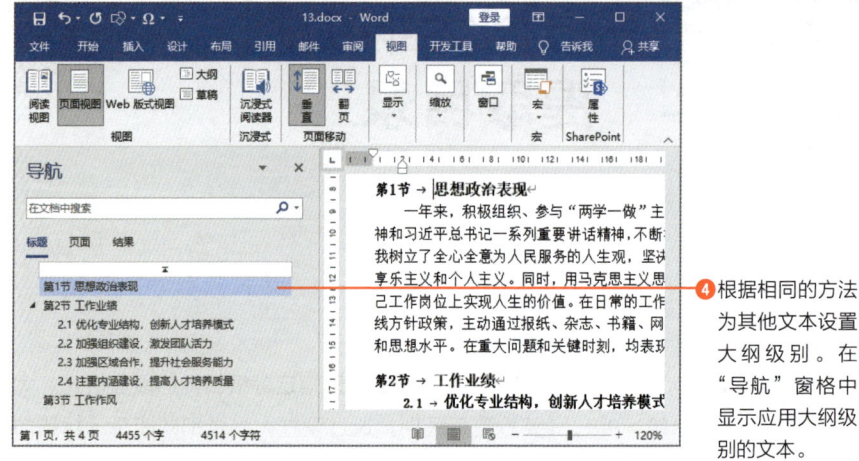

❹ 根据相同的方法为其他文本设置大纲级别。在"导航"窗格中显示应用大纲级别的文本。

设置大纲级别后，根据提取目录的方法为文档添加目录即可，此处不再详细叙述操作方法。

添加目录后，光标定位在上方时显示"**按住Ctrl键并单击可访问链接**"文本，按住Ctrl键并单击时，文档会跳转到单击文本的位置。如果不需要建立超链接，则再次打开"目录"对话框，在右侧取消勾选"**使用超链接而不使用页码**"复选框。单击"确定"按钮后，弹出提示对话框，询问"要替换此目录吗？"，单击"是"按钮，即可替换原来带超链接的目录，此时目录没有超链接。

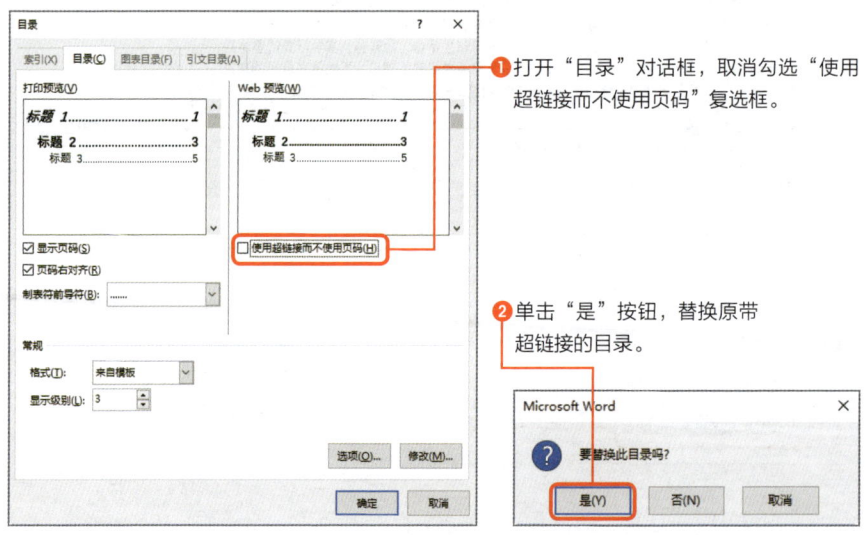

❶ 打开"目录"对话框，取消勾选"使用超链接而不使用页码"复选框。

❷ 单击"是"按钮，替换原带超链接的目录。

设置目录的格式

扫码看视频

快速生成目录

编辑目录

创建目录后，我们可以根据需要对目录的格式进一步修改。例如文档的目录中1级标题文本是倾斜的，可以取消倾斜显示；为了使2级标题文本和1级标题文本区别更明显，可以取消2级标题文本的加粗显示。

在更改目录文本的格式时，可以在"开始"选项卡的"字体"选项组和"段落"选项组中修改。为了使用目录整体规范，可以通过"目录"对话框统一修改目录的格式。

下面介绍编辑文档中目录的方法。

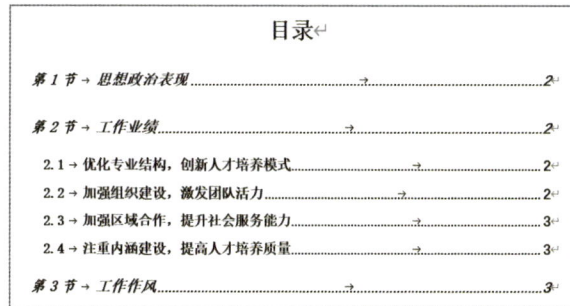

文档的原目录中1级标题是倾斜显示，2级标题是加粗显示。

> **这也很重要!**
>
> **更新文档的目录**
>
> 文档中已经添加了目录，编辑正文时对文档标题内容又进行了调整或修改，但目录不会自动更新，此时需要手动更新。切换至"引用"选项卡，单击"目录"选项组中"更新目录"按钮，打开"更新目录"对话框，选择对应的单选按钮，单击"确定"按钮。
>
>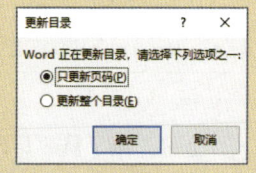

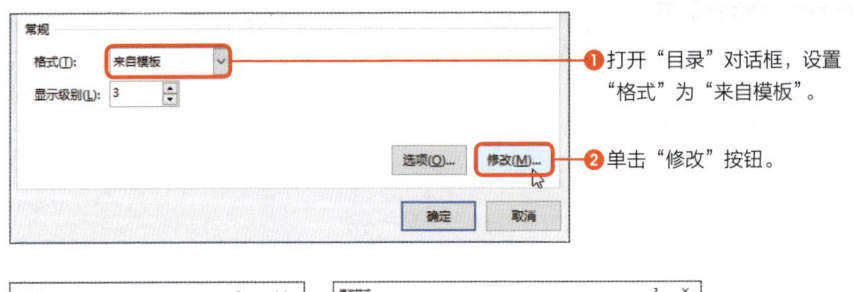

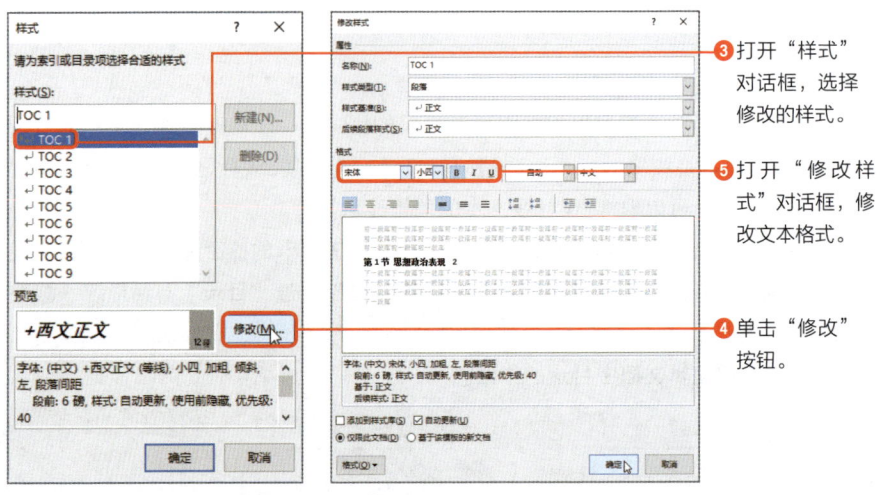

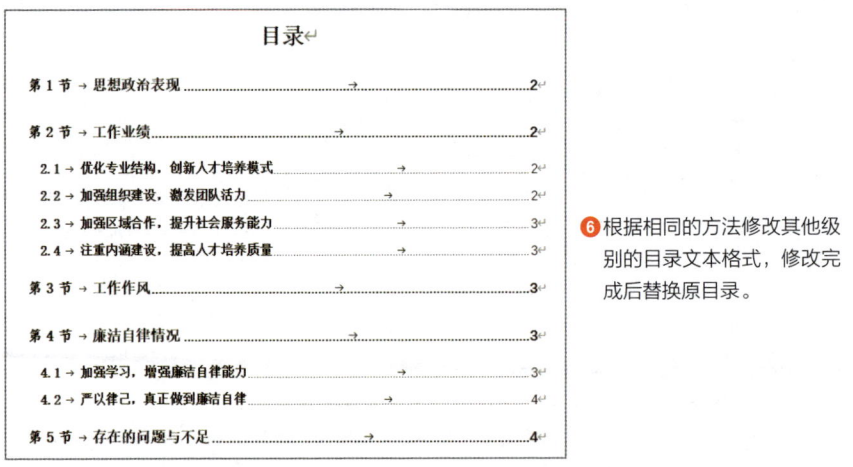

以上只介绍了修改目录文本的字体格式，在"修改样式"对话框中单击"格式"下三角按钮，选择"段落"选项，在打开的对话框中还可以设置段落格式。

为文档添加页眉和页脚

完全掌握页眉和页脚的应用

扫码看视频

进入页眉和页脚编辑状态

页眉和页脚分别位于页面上正文以外的上、下空间，可以帮助用户在每一页上、下的空间重复同样的信息。

页眉的样式多种多样，我们可以在页眉中输入公司的名称、公司的徽标、文档的名称以及作者的信息等。在页脚中可以添加页码、文档的创建日期等信息。

要想编辑页眉或页脚，首先要进入编辑状态，下面介绍两种进入页眉和页脚编辑状态的方法。

方法1：通过"插入"选项卡

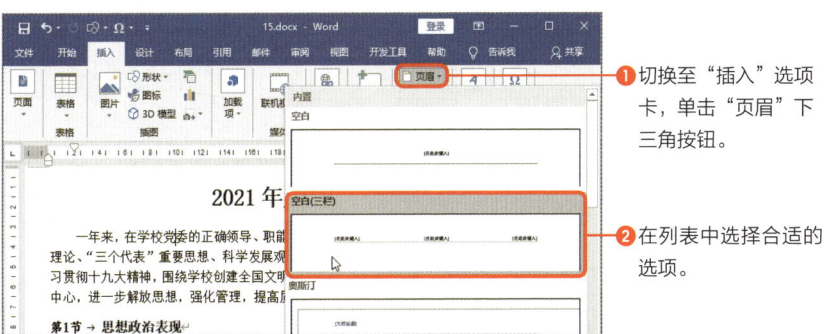

❶ 切换至"插入"选项卡，单击"页眉"下三角按钮。

❷ 在列表中选择合适的选项。

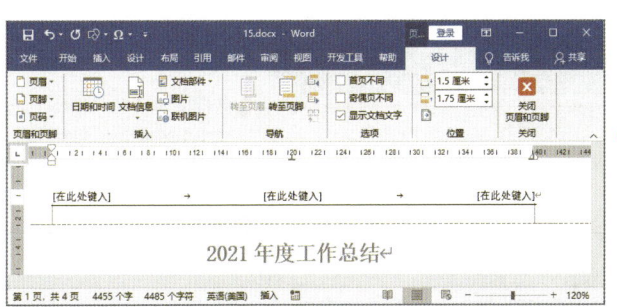

❸ Word根据用户选择的页眉格式提供页眉的结构，并定位在页眉中。在功能区显示"页眉和页脚工具—设计"选项卡。

方法2：双击页眉或页脚

将光标移到文档的页眉或页脚区域并双击，即可进入页眉或页脚编辑状态。

由以上两种方法来看，**第一种方法对于新增页眉和页脚很便利**，因为可以直接采用系统内置的页眉或页脚格式。如果需要对现有的页眉或页脚进行修改，则采用第二种方法更方便。

添加页眉和页脚

下面介绍在页眉的左侧添加文档名称，在页脚右侧添加作者信息和页码的方法。

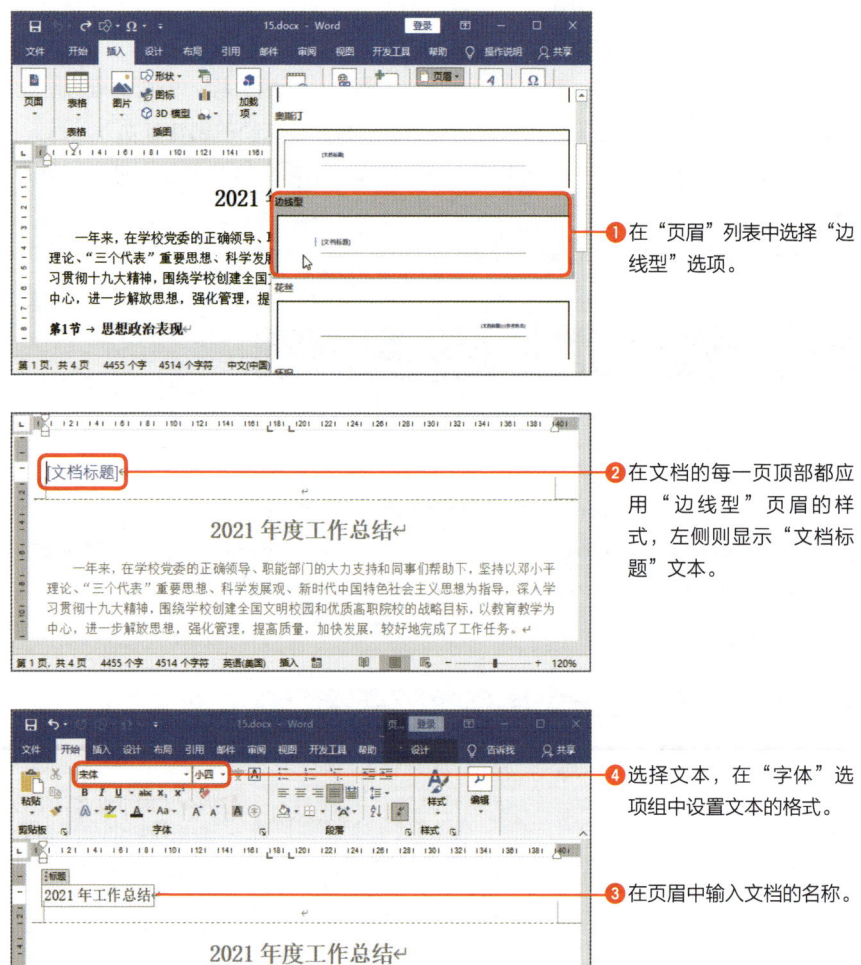

❶ 在"页眉"列表中选择"边线型"选项。

❷ 在文档的每一页顶部都应用"边线型"页眉的样式，左侧则显示"文档标题"文本。

❹ 选择文本，在"字体"选项组中设置文本的格式。

❸ 在页眉中输入文档的名称。

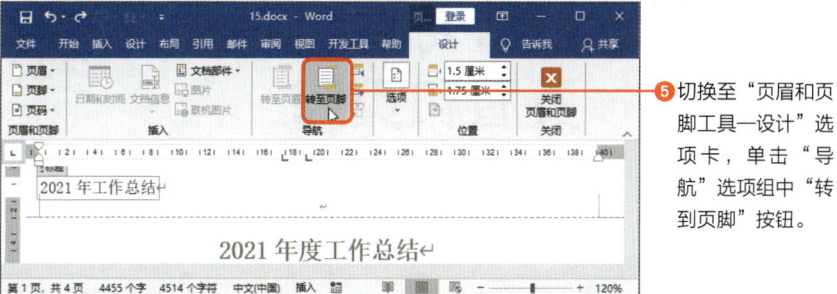

❺ 切换至"页眉和页脚工具—设计"选项卡,单击"导航"选项组中"转到页脚"按钮。

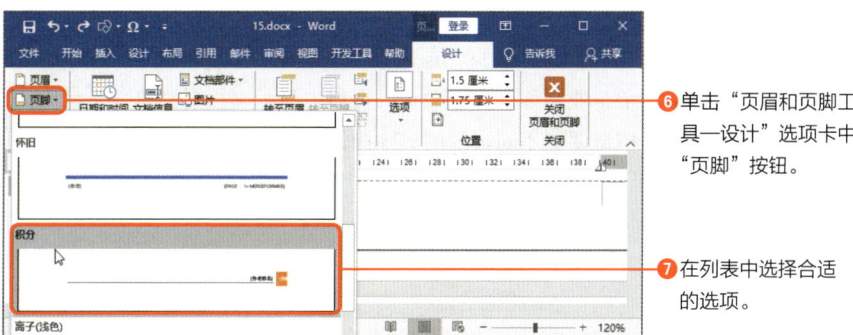

❻ 单击"页眉和页脚工具—设计"选项卡中"页脚"按钮。

❼ 在列表中选择合适的选项。

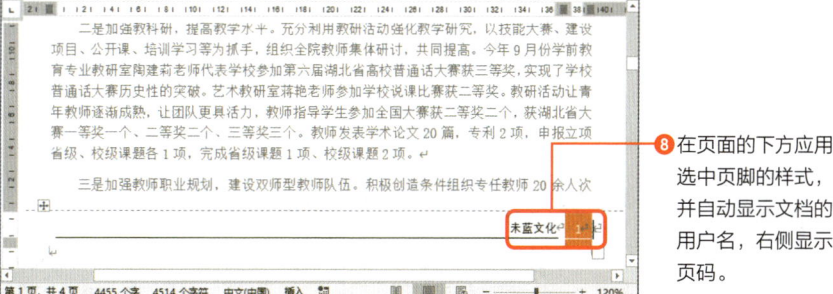

❽ 在页面的下方应用选中页脚的样式,并自动显示文档的用户名,右侧显示页码。

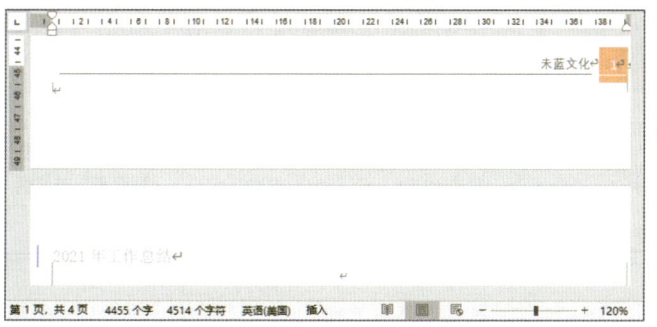

❾ 设置完成后,单击"页眉和页脚工具—设计"选项卡中"关闭页眉和页脚"按钮,完成设置。

设置奇偶页不同的页眉和页脚

第 7 章 / 16 Word

完全掌握页眉和页脚

扫码看视频

设置奇偶页不同

页眉和页脚都可以设置为奇偶页,通过显示不同内容以传达更多信息。例如在奇数页的页眉中显示企业名称,在偶数页的页眉中显示文档名称等。

下面介绍设置文档奇偶页不同页眉的具体操作方法。

❶ 打开文档,在页眉上右击,在快捷菜单中选择"编辑页眉"命令。

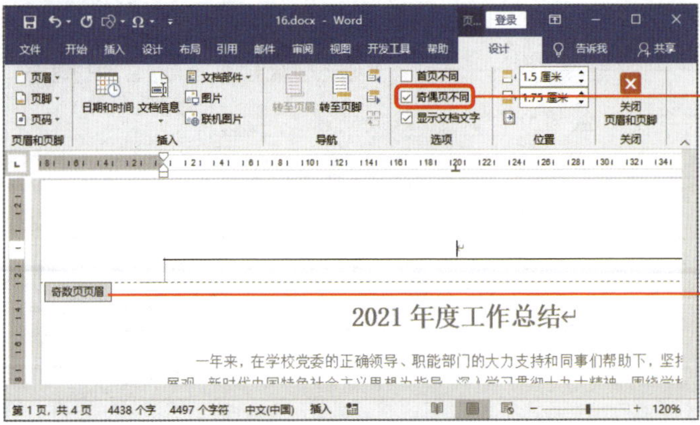

❷ 进入页眉编辑状态,勾选"奇偶页不同"复选框。

❸ 此时,在页眉的左侧显示"奇数页页眉"或"偶数页页眉"。

❹ 在奇数页页眉中输入企业的名称，并设置字体格式。

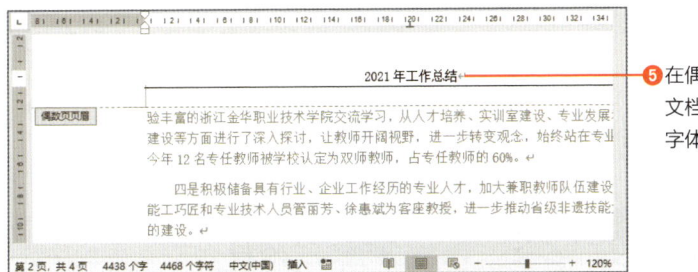

❺ 在偶数页页眉中输入文档的名称，并设置字体格式。

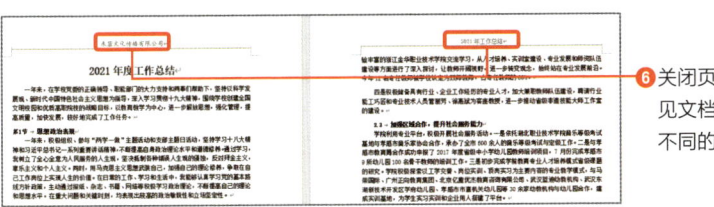

❻ 关闭页眉和页脚，可见文档的奇偶页显示不同的内容。

> **这也很重要！**
>
> **删除页眉中的横线**
>
> 当我们添加页眉时，经常在底部出现一条横线，影响文档的外观。该条横线是可以删除的，通常有两种方法。第一种是进入页眉编辑状态，选中页眉中的文本，在"开始"选项卡中设置"边框"为"无框线"；第二种是选择页眉中的文本，在"开始"选项卡中单击"样式"选项组中"其他"按钮，在列表中选择"清除格式"选项。

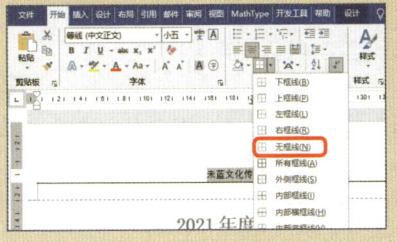 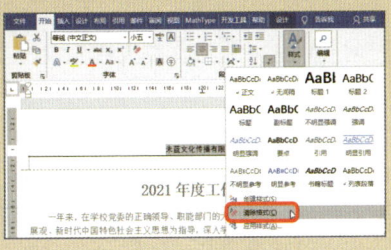

在文档中添加并设置页码

扫码看视频

完全掌握页眉和页脚

插入页码

长文档中的页码可以帮助浏览者记住或标记阅读的位置，阅读起来更方便。下面介绍插入页码的操作方法。

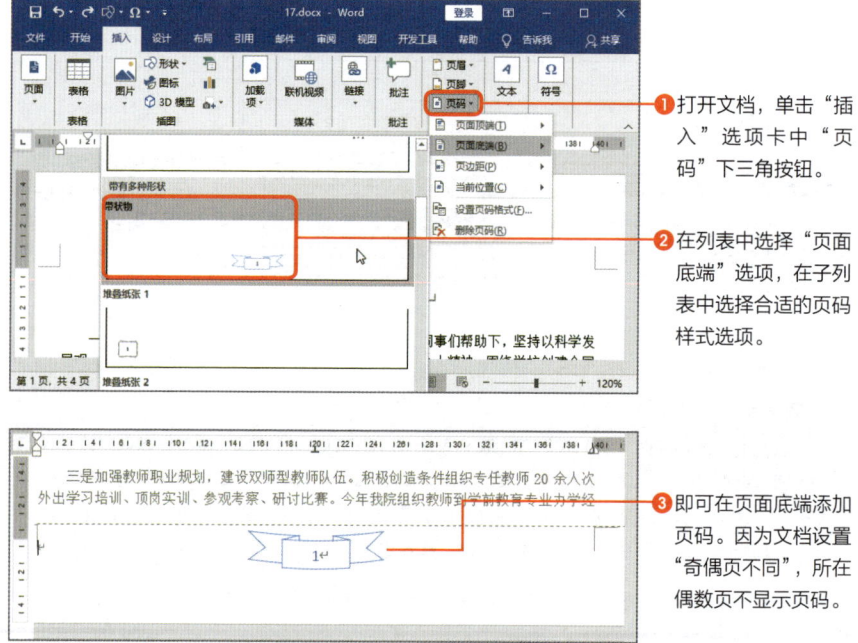

❶ 打开文档，单击"插入"选项卡中"页码"下三角按钮。

❷ 在列表中选择"页面底端"选项，在子列表中选择合适的页码样式选项。

❸ 即可在页面底端添加页码。因为文档设置"奇偶页不同"，所在偶数页不显示页码。

页码添加完成后，我们可以在"开始"选项卡中设置页码文本的格式，有形状时可以在"绘图工具—格式"选项卡中设置形状的格式。例如本案例中设置形状填充为橙色、边框为白色；页码的文本为楷体、白色和加粗显示。

编辑页码

为文档添加页码后，我们还可进一步编辑，如设置页码的编号格式、起始页码等。当文档包含封面时，添加的页码也会应用到封面，但这不符合文档的编辑要求。

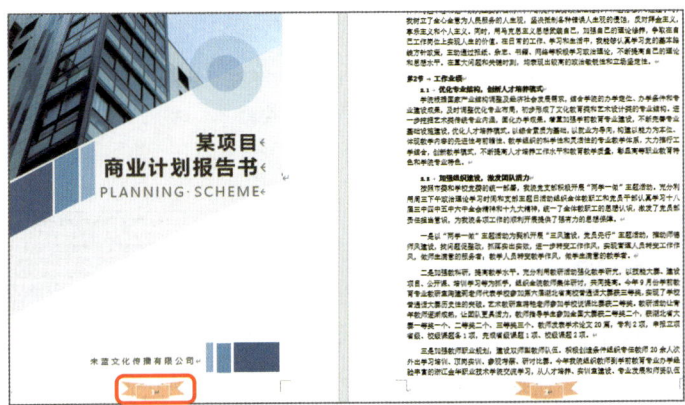

下面我们将介绍设置封面不显示页码且正文页码从1开始，介绍编辑页码的方法。

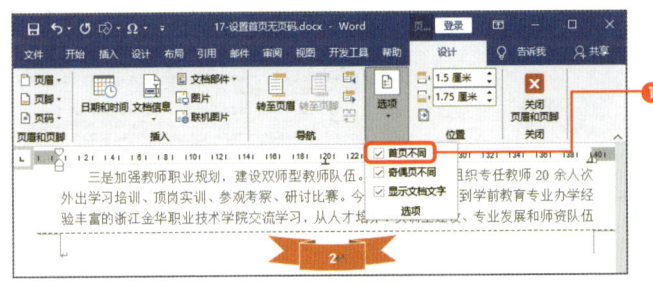

❶ 在页脚处双击，勾选"页眉和页脚工具—设计"选项卡的"首页不同"复选框，可见封面不显示页码，但是正文却从第2页开始。

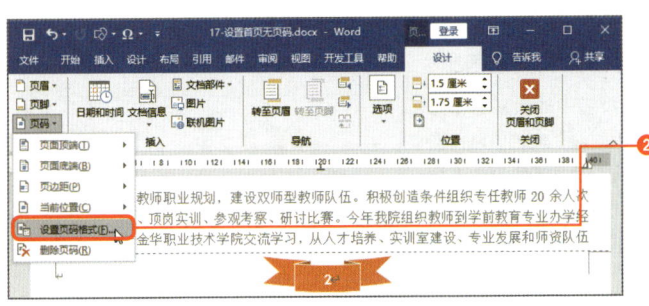

❷ 单击"页码"下三角按钮，在列表中选择"设置页码格式"选项。

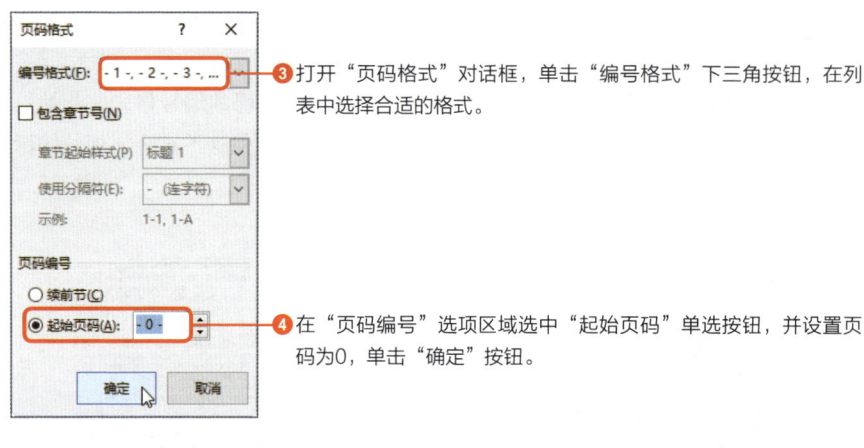

❸ 打开"页码格式"对话框,单击"编号格式"下三角按钮,在列表中选择合适的格式。

❹ 在"页码编号"选项区域选中"起始页码"单选按钮,并设置页码为0,单击"确定"按钮。

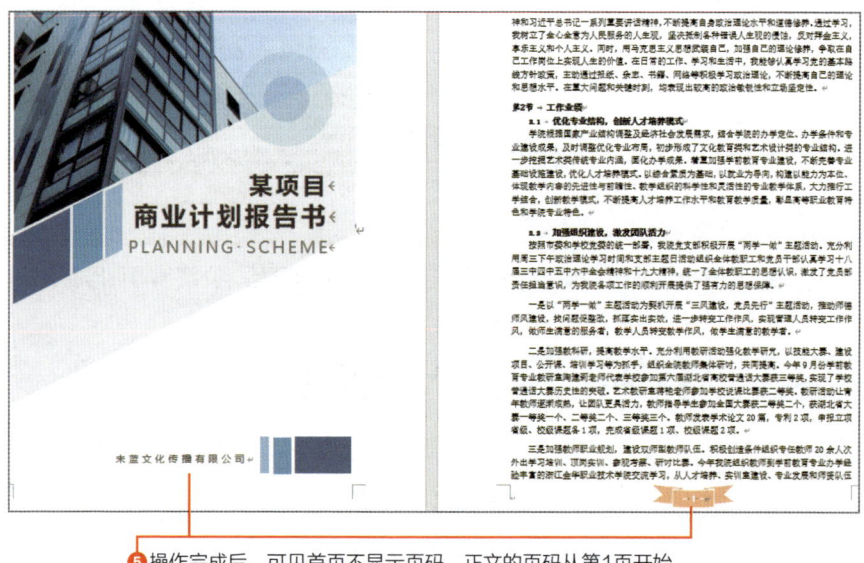

❺ 操作完成后,可见首页不显示页码,正文的页码从第1页开始。

> **这也很重要!**
>
> **在页眉和页脚中还可以显示其他信息**
>
> 　　以上介绍在页眉和页脚中插入文本和页码,除此之外还可以插入时间、文档信息和图片等。只需要将光标定位在页眉或页脚中,切换至"页眉和页脚工具—设计"选项卡,在"插入"选项组中单击相应的按钮并根据提示进行操作。

第8章

浏览Word文档的技巧

文档视图的种类和切换

第 8 章 文档视图的操作技巧

扫码看视频

切换文档的视图

Word文档内容一般在Word的编辑窗口中进行浏览，默认状态下为"**页面视图**"。在Word中共包含5种视图模式，**分别为阅读视图、页面视图、Web版式视图、大纲和草稿**。

在Word中可以通过两种方法切换视图，第一种是在"视图"选项卡的"视图"选项组中切换；第二种是在状态栏中单击对应的按钮，但是状态栏中只包含阅读视图、页面视图和Web版式视图这3种按钮。

第一种，通过"视图"选项卡切换视图。

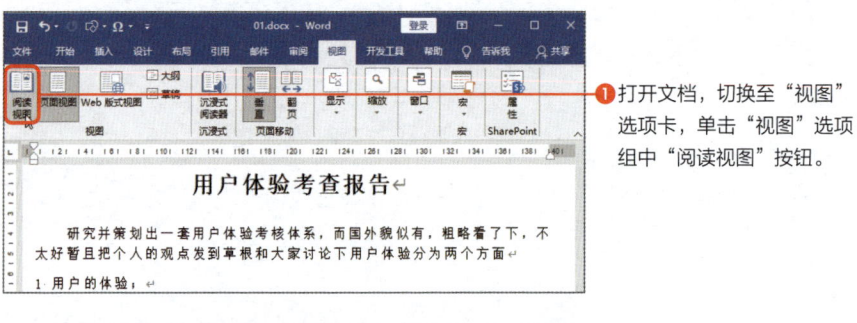

❶打开文档，切换至"视图"选项卡，单击"视图"选项组中"阅读视图"按钮。

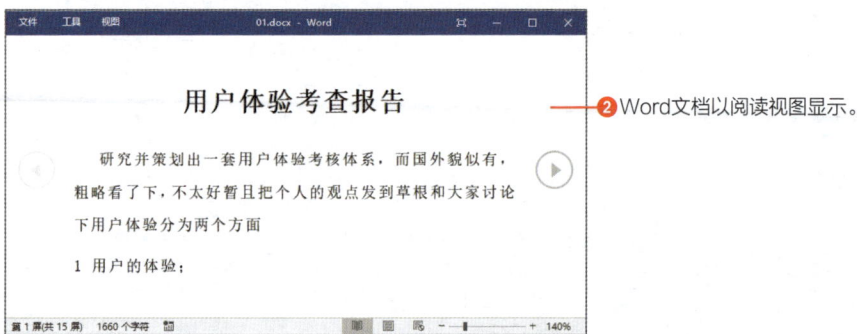

❷Word文档以阅读视图显示。

第二种，通过单击状态栏按钮切换视图。

在文档的状态栏中单击对应的按钮，例如单击"Web版式视图"按钮。

视图的种类

Word文档的视图共包含5种，分别为阅读视图、页面视图、Web版式视图、大纲和草稿。下面详细介绍各种视图的应用和优缺点。

1. 页面视图

页面视图是默认的视图方式，其页面布局简单，在进行文本输入和编辑时通常采用页面视图。页面视图是按照文档的打印效果显示文档，使文档在屏幕上看起来与纸质文档一样。

2. 阅读视图

阅读视图主要用于查看文档，最大的优点是利用最大的空间来阅读或批注文档。在阅读视图状态下，我们会获得一个干净、清爽的界面，因为Word会隐藏许多工具栏，使工作区中会显示更多的内容。

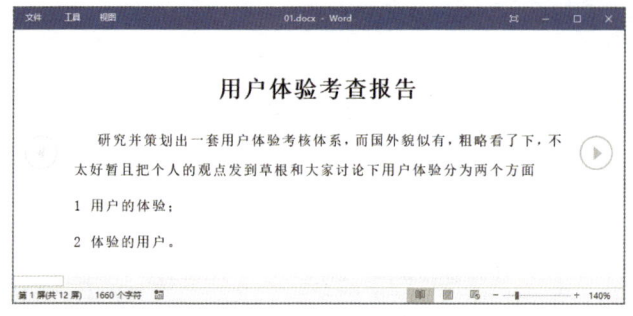

进入阅读视图后,用户是无法在编辑窗口中编辑文本的,但是在左上角保留了部分功能可以进行简单的操作,其中包括"文件""工具"和"视图"菜单。

单击"文件"标签后,列表中显示的选项和页面视图是一样的。单击"工具"菜单按钮,在列表中可以执行"查找""智能查找""翻译""撤销键入"和"无法恢复"功能,如下左图所示。单击"视图"菜单按钮,在列表中可以执行"编辑文档""导航窗格""显示批注""列宽"和"页面颜色"等功能,如下右图所示。

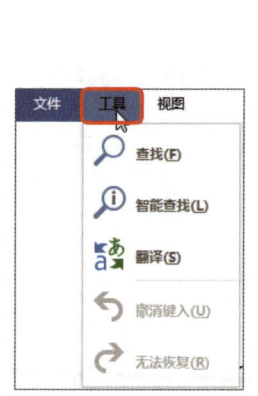 

> **这也很重要!**
>
> **退出阅读视图**
>
> 　　进入阅读视图后,功能区、选项卡都会被隐藏,如果退出该视图,直接按Esc键即可切换至页面视图中。

3. Web版式视图

Web版式视图主要用于查看网页形式的文档外观。切换至"Web版式视图"后,文档中的文字和其他对象均按Web形式排列,并且可以编辑文档。当调整编辑窗口的大小时,会自动换行以适应窗口。

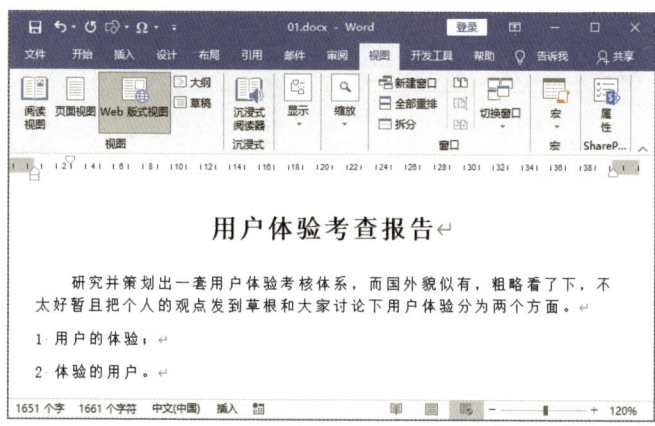

4. 大纲视图

大纲视图可以对大型文档的总体结构进行规划或调整,它可以将所有的标题分级显示出来,并且层次分明,特别适合较多层次的文档。

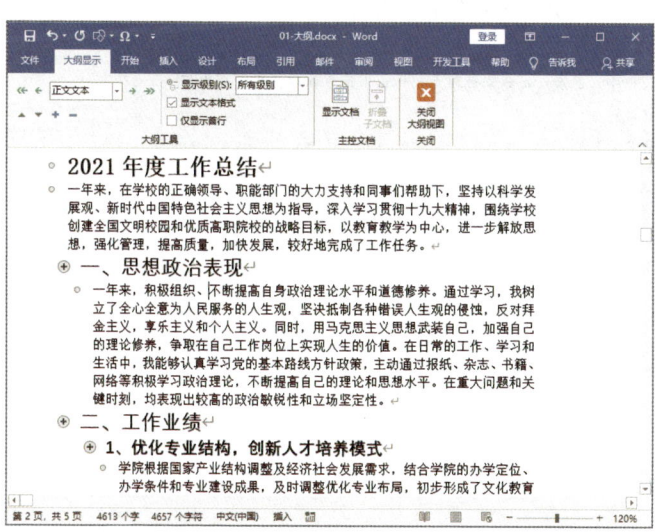

进入大纲视图后，可以在"大纲显示"选项卡的"大纲工具"选项组中单击"降级为正文"按钮，将选中的文本降级为正文文本。若单击"降级"按钮，则选中的文本会降一级；单击"提升至标题1"按钮，则选中的文本直接提升为标题1级别；单击"升级"按钮，则选中的文本提升一个级别。

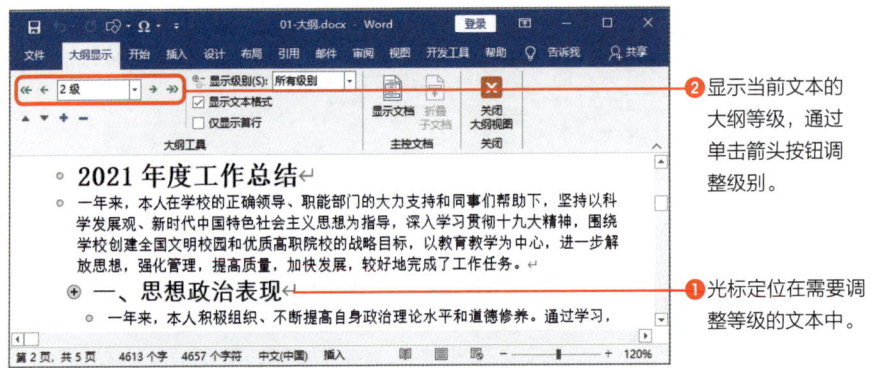

❶ 光标定位在需要调整等级的文本中。
❷ 显示当前文本的大纲等级，通过单击箭头按钮调整级别。

5. 草稿视图

草稿视图不会显示图片、页眉和页脚等文档信息，从而方便我们查看草稿视图中的文本。在该视图中可以进行文本的编辑操作。

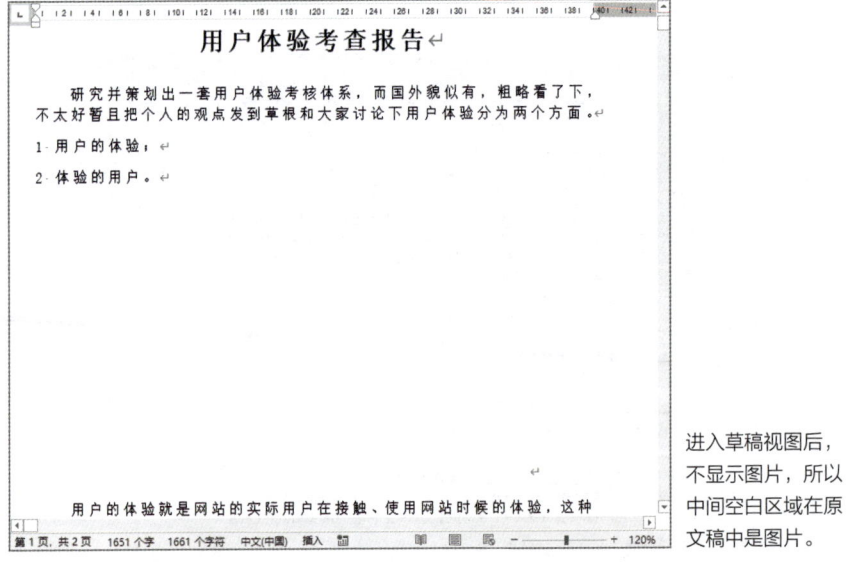

进入草稿视图后，不显示图片，所以中间空白区域在原文稿中是图片。

放大或缩小页面

调整页面显示比例

扫码看视频

快速调整页面比例

在 Word 中查看文档内容,可以**根据查看局部或整体内容的需要放大或缩小页面的显示比例**。我们可以通过快速调整页面比例和精确调整页面比例两种方法来操作。

在 Word 中快速调整页面比例主要有两种方法,一种是拖拽状态栏中缩放按钮或单击左右两侧的缩小和放大按钮,另一种是通过键盘和鼠标完成。

下面详细介绍通过状态栏快速调整页面比例的方法。

❶ 打开文档,状态栏中显示比例为 120%。单击左侧"缩小"按钮。

❷ 单击一次就缩小 10%,当单击显示至 100%,编辑窗口不改变,但文档中的文本和图片缩小了,并显示更多的内容。

除此之外，还可以通过键盘和鼠标快速调整页面比例。将光标移至需要调整比例的文档上方，而不需要将该文档切换为当前窗口。在键盘上按住Ctrl键，然后向下滚动鼠标中轴会缩小比例，向上滚动中轴时会放大比例。调整到合适的大小后，停止滚动鼠标中轴，然后再释放Ctrl键。每滚动一格，页面的显示比例调整10%。

精确设置缩放比例

通过"缩放"对话框精确设置页面显示比例。如果要显示100%的比例，直接单击"视图"选项卡的100%按钮即可。

下面介绍精确设置缩放比例的方法。

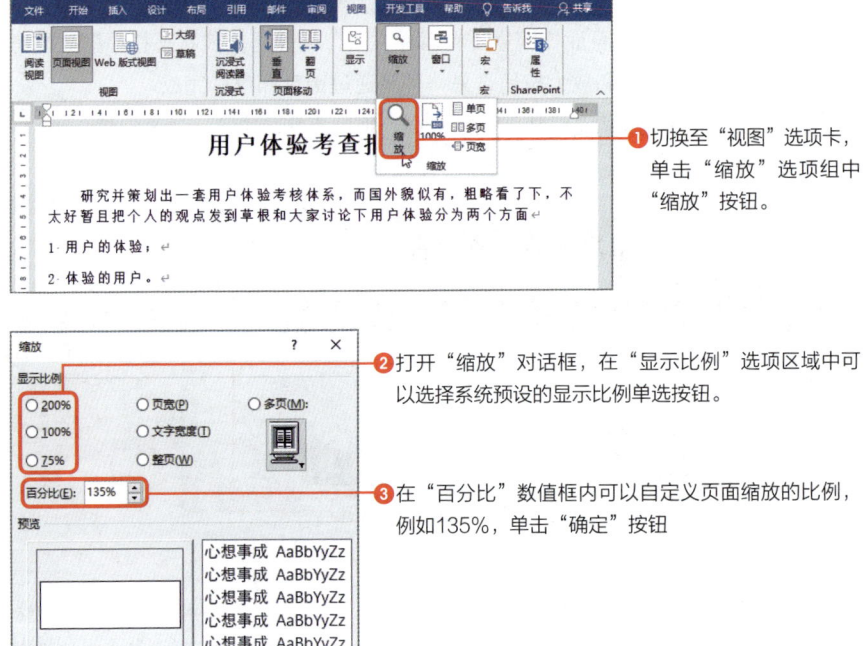

❶ 切换至"视图"选项卡，单击"缩放"选项组中"缩放"按钮。

❷ 打开"缩放"对话框，在"显示比例"选项区域中可以选择系统预设的显示比例单选按钮。

❸ 在"百分比"数值框内可以自定义页面缩放的比例，例如135%，单击"确定"按钮

> **这也很重要!**
>
> **快速打开"缩放"对话框**
>
> 除了上述介绍在功能外，还可以单击状态栏中缩放比例，快速打开"缩放"对话框。

在同一页面显示多页

扫码看视频

调整页面显示比例

多页显示文档

打开Word文档,页面默认只显示1页,我们可以通过设置显示多页,方便了解文档的整体状况。设置多页显示后,文档会**根据缩小的比例在编辑窗口中显示页面的数量**。

在Word中设置多页显示,可以通过功能区的"多页"按钮或"缩放"对话框实现。

下面介绍通过功能区"多页"按钮实现多页显示的方法。

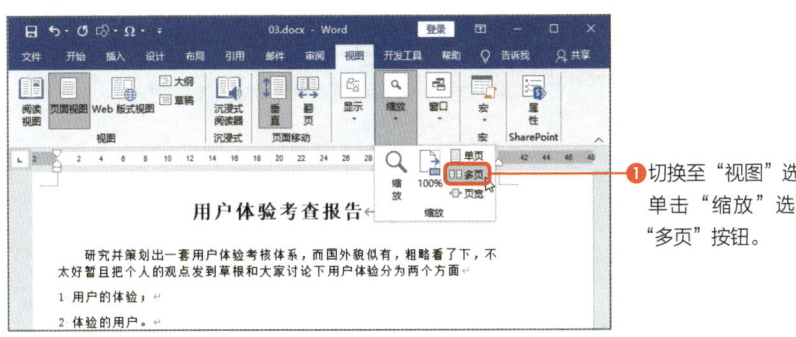

❶ 切换至"视图"选项卡,单击"缩放"选项组中"多页"按钮。

❷ 返回文档中,Word会自动在编辑窗口中显示两张页面,并根据内容自动调整缩放比例。

设置为多页显示后,当放大或缩小页面比例时,编辑窗口的大小不变,但会显示不同数据的页面。如放大页面比例时会显示1页,缩小页面比例时会显示多页。

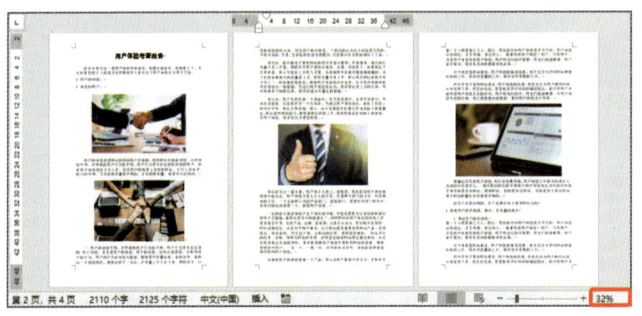

❸ 如果增加编辑窗口宽度时,则显示比例不变,当增加宽度到一定程度时,会显示更多的页面。显示多张页面时,当光标定位在某页面中,则该页面显示水平标尺。

下面介绍通过"缩放"对话框设置多页的方法。

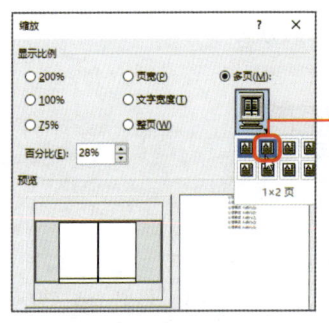

❶ 在Word文档中打开"缩放"对话框,在"显示比例"选项区域中选中"多页"单选按钮,然后单击下方 图标,在列表中选择1×2页选项,然后单击"确定"按钮。

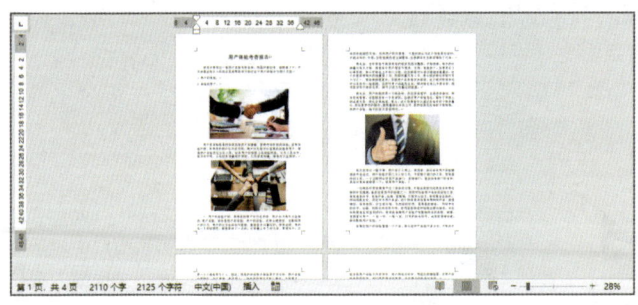

❷ 返回文档中,编辑窗口大小不变,但显示两个页面。

通过"缩放"对话框设置页面显示多页时,只显示指定页面的数量,所以无论怎么增加窗口的宽度,都显示设置的页面数量。但是,当缩小窗口宽度时,会减少显示页面的数量。

多窗口浏览文档

扫码看视频

窗口的操作技巧

新建窗口

当我们处理长文档时，经常需要前后对比或参考，通过滚动条或导航窗格来回查看文档是比较影响工作效率的。这种情况下我们或许会感慨，文档要是能同时打开两份就更方便了。但是，Word是无法同时打开两份同一个文档的，此时，我们可以通过新建窗口实现。

新建窗口就是**将同一文档在不同窗口中显示，而且编辑任意一个窗口中的内容，另一个会自动更新应用编辑的内容。**

下面介绍新建窗口的具体操作方法。

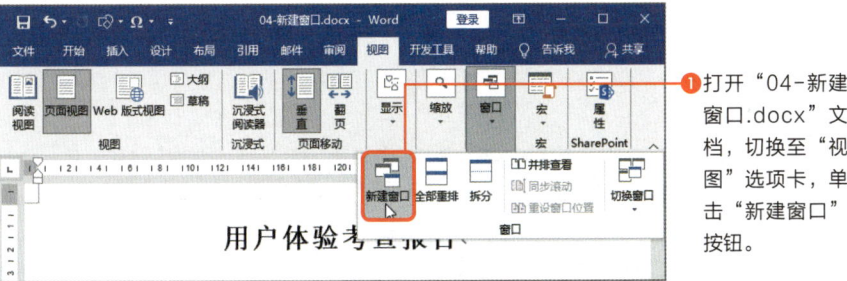

❶ 打开"04-新建窗口.docx"文档，切换至"视图"选项卡，单击"新建窗口"按钮。

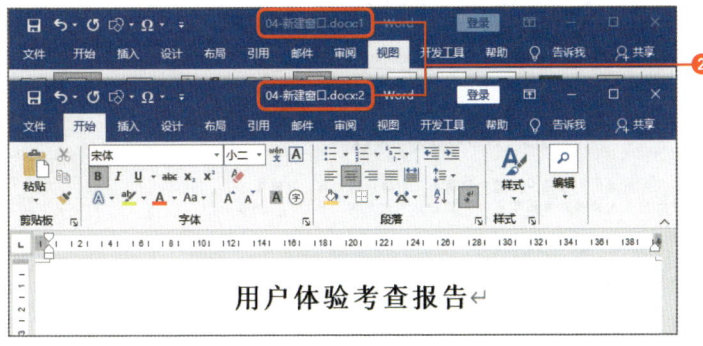

❷ 在新窗口中打开该文档，两个文件的名称是一样的，只是后缀的右侧添加了数字1和2。

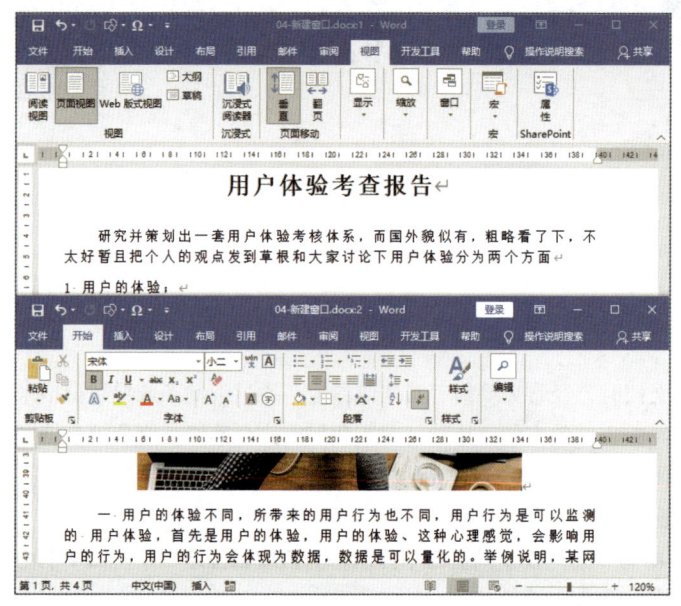

❸ 在两个文档中可以查看文档不同部分的文本，相互之间不会干扰。
编辑任意一个窗口时，另一个窗口同时更新该内容。

我们处理完该文档后，关闭任意一个窗口，则另一个文档的名称自动恢复为原来名称，并保存修改部分。

> **这也很重要！**
>
> **重排窗口**
>
> 我们新建窗口后，为了方便浏览两个窗口中的内容，可以单击"视图"选项卡下"窗口"选项组中"全部重排"按钮。可以堆叠打开的窗口，更加方便一次查看所有窗口。
>
>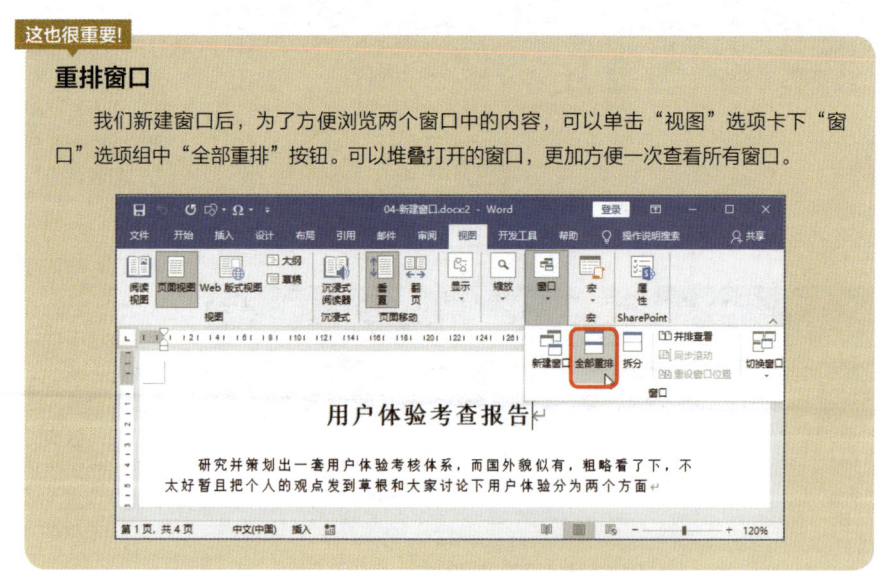

同步查看文档

窗口的操作技巧

并排查看

并排查看不是在两个文档之间来回切换查看,而是同步查看,方便比较。当我们比较两个文档的内容时,"并排查看"是经常使用的功能之一,它可以同步滚动文档,可以很好地同步比较内容。

下面介绍并排查看两个文档的具体操作方法。

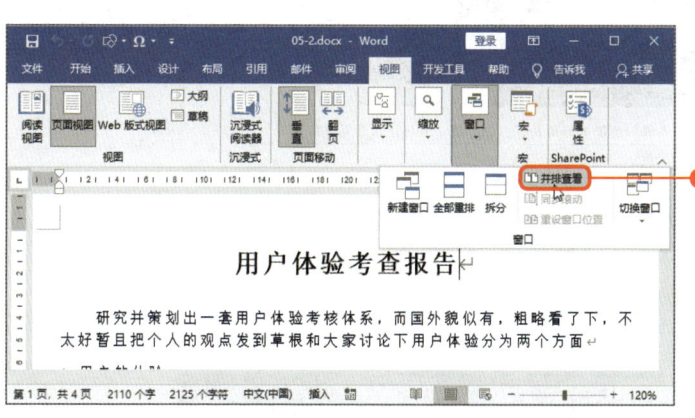

❶ 首先打开需要比较的两个文档。在任意一个文档中切换至"视图"选项卡,单击"并排查看"按钮。

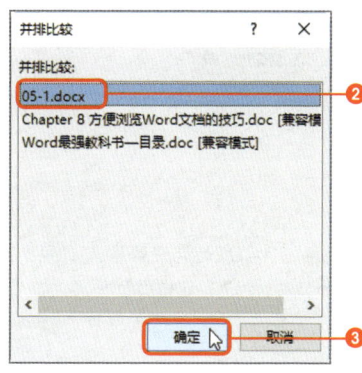

❷ 打开"并排比较"对话框,在"并排比较"选项区域中显示所有打开的文档名称,除当前文档外,选择需要比较的文档名称选项。

❸ 单击"确定"按钮。

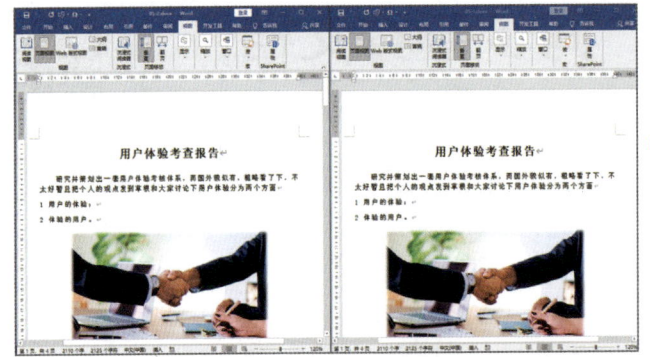

❹ 操作完成后,进行同步比较的两个文档充满整个屏幕,当滚动鼠标时,两个文档同时滚动并显示相关内容。

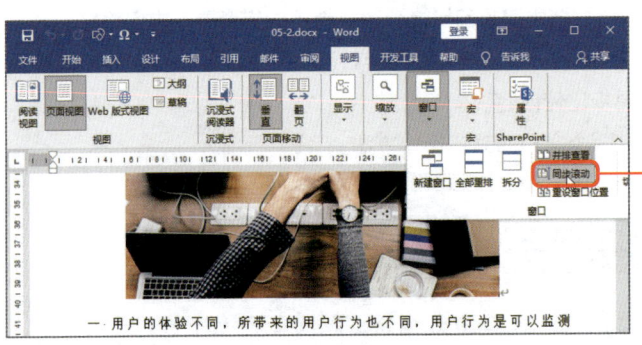

❺ 如果不需要同步滚动文档时,则再次单击"视图"选项卡中"同步滚动"按钮。

在进行并排查看前,如果两个文档的宽度不同,则在计算机屏幕上大小也不同。为了使比较的两个文档平均分布于屏幕上,只需在并排查看后单击"视图"选项卡中"重设窗口位置"按钮。

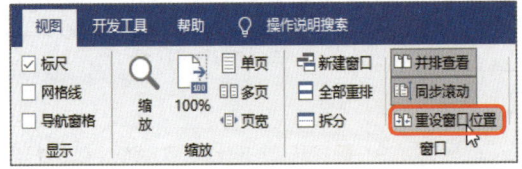

> 这也很重要!
>
> **并排查看前的工作**
>
> 　　在并排查看文档前,需要将两个文档定位在相同的页面中,例如都定位在第1页。如果不进行该操作,并排查看后两个文档是从当前定位页面同步查看,若当前定位页面不一致会导致同步查看的内容不同。

将一个窗口拆分为两部分

扫码看视频

窗口的操作技巧

拆分窗口

在"新建窗口"一节中,笔者介绍了如何将一个文档通过两个窗口展示,我们也可以通过"拆分"功能将一个窗口拆分为两个窗口,方便比较文档不同部分的内容。

拆分文档窗口是将当前窗口分为两个部分,而且不影响文档的操作。

下面介绍拆分文档窗口的具体操作方法。

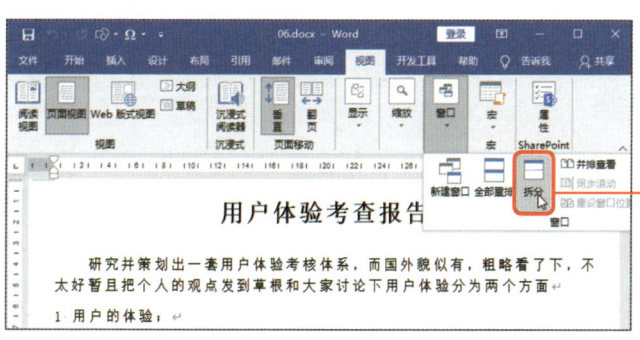

❶ 打开文档,切换至"视图"选项卡,单击"拆分"按钮。

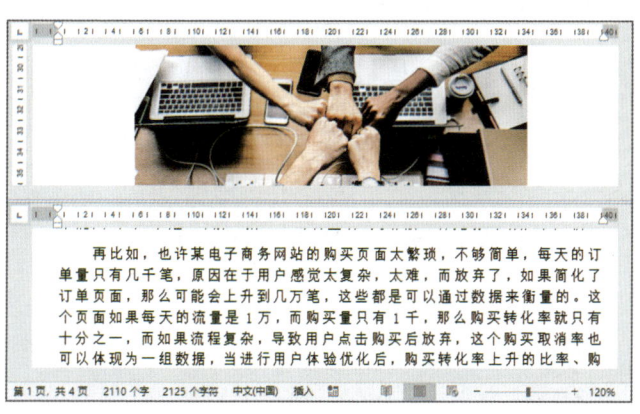

❷ 操作完成后,可见当前窗口分为上下两个窗口。光标停留在不同的窗口滚动时,不影响另一个窗口。

此时"拆分"按钮变为"取消拆分"按钮,单击即可取消拆分窗口的操作。

Word

第9章

检查文档确保万无一失

查看文档中的字数

扫码看视频

快速统计文档中的字数

字数统计

我们在查看文档时,可以通过"字数统计"功能既方便又快速地**统计出文档的字数、标点符号和段落数量等信息**。如果有脚注和尾注、文本框,也可以选择是否将它们统计在内。使用"字数统计"功能不但可以统计整个文档的字数,还可以统计选中文本的字数。

在Word中我们可以通过状态栏和"字数统计"对话框查看文档或选中文本的字数。本节将详细介绍两种查看方法。

第一种是通过状态栏查看字数。

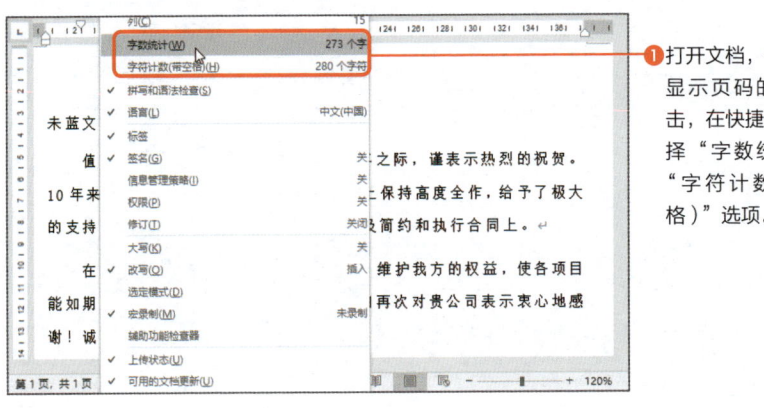

❶ 打开文档,在状态栏显示页码的右侧右击,在快捷菜单中选择"字数统计"和"字符计数(带空格)"选项。

❷ 在状态栏中显示字数和字符的数量。

第二种是通过"字数统计"对话框查看文档的字数。

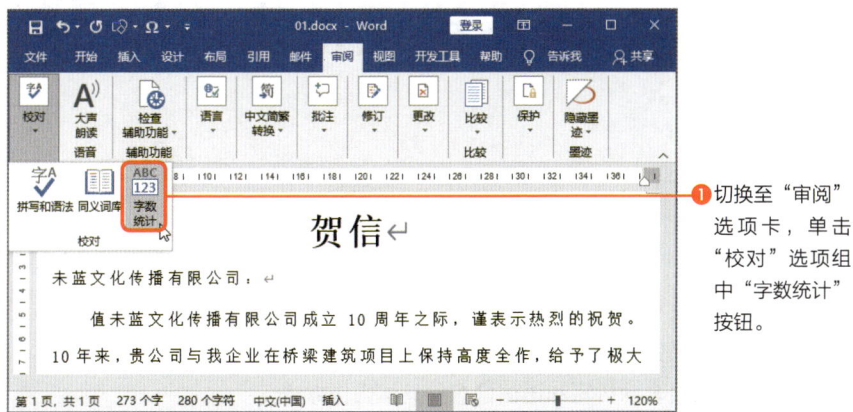

❶ 切换至"审阅"选项卡,单击"校对"选项组中"字数统计"按钮。

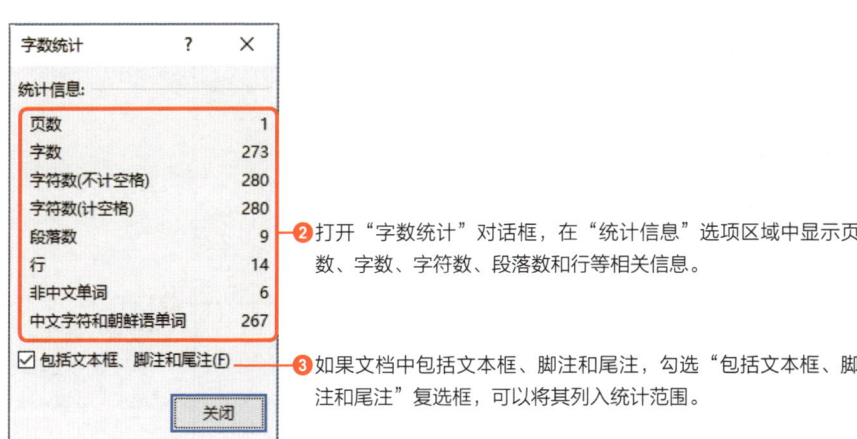

❷ 打开"字数统计"对话框,在"统计信息"选项区域中显示页数、字数、字符数、段落数和行等相关信息。

❸ 如果文档中包括文本框、脚注和尾注,勾选"包括文本框、脚注和尾注"复选框,可以将其列入统计范围。

如果对文档中部分内容进行字数统计,只需要选中该内容,然后根据上述方法即可查看选中部分的字数。

> **这也很重要!**
>
> **打开"字数统计"对话框的其他方法**
>
> 如果在状态栏中显示统计的字数或字符数,直接单击该数字即可快速打开"字数统计"对话框。

检查文档中
拼写和语法错误

开启并应用拼写和语法错误检查功能

扫码看视频

自动拼写和语法检查

当我们打开文档时经常会发现有些文字会有蓝色的或红色的下划线,而且还删除不掉。这是因为文档开启了自动拼写和语法检查功能。

下面介绍开启自动拼写和语法检查的具体操作方法。

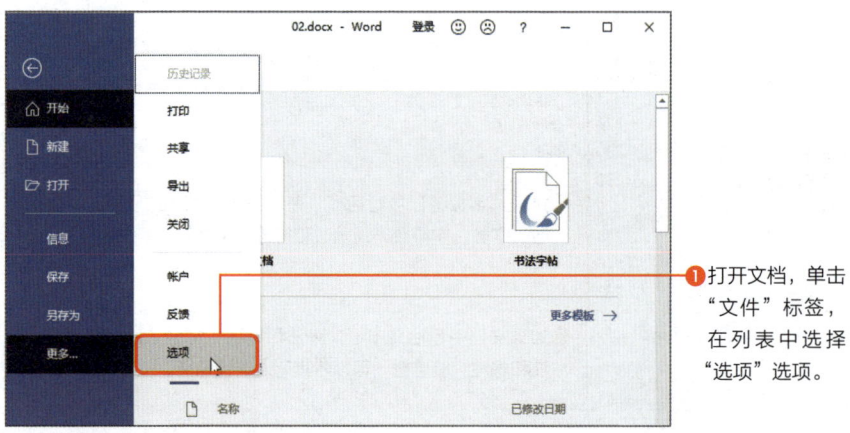

❶ 打开文档,单击"文件"标签,在列表中选择"选项"选项。

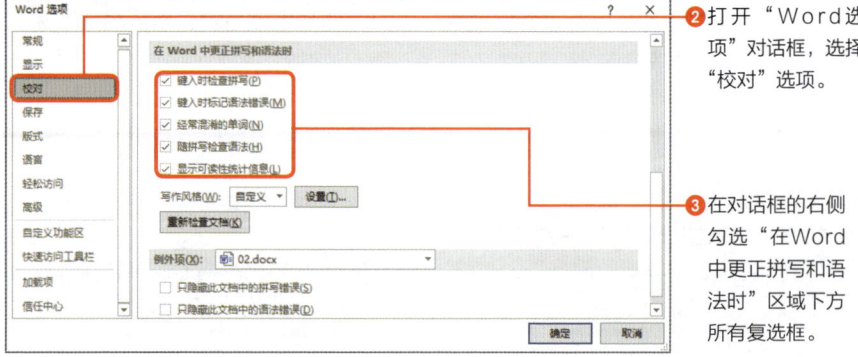

❷ 打开"Word选项"对话框,选择"校对"选项。

❸ 在对话框的右侧勾选"在Word中更正拼写和语法时"区域下方所有复选框。

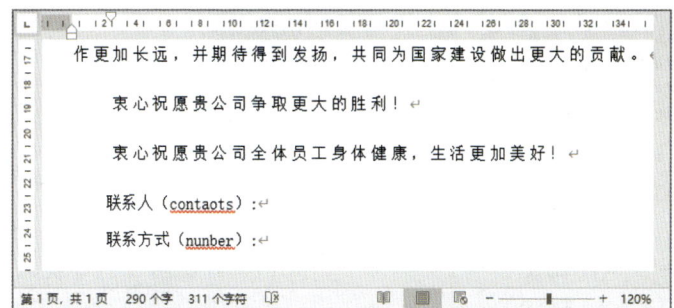

❹单击"确定"按钮,文档中就会在错误的位置显示不同颜色的下划线。

下面介绍各种下划线的含义。
- 红色波浪线:表示可能出现拼写的错误。
- 绿色波浪线:表示可能出语法的错误。
- 蓝色双下划线:表示可能出现语法错误。

文档中的下划线不会被打印出来。其中标记的部分并不一定错误,只是一种提示,当然,我们可以根据提示修改。

应用检查拼写和校对语法功能进行修改

开启拼写和语法检查功能后,计算机会在文档中标记出可能出现拼写或语法错误的地方,我们可以忽略这些错误,也可以进行修改。

下面介绍应用检查拼写和校对语法功能进行修改的方法。

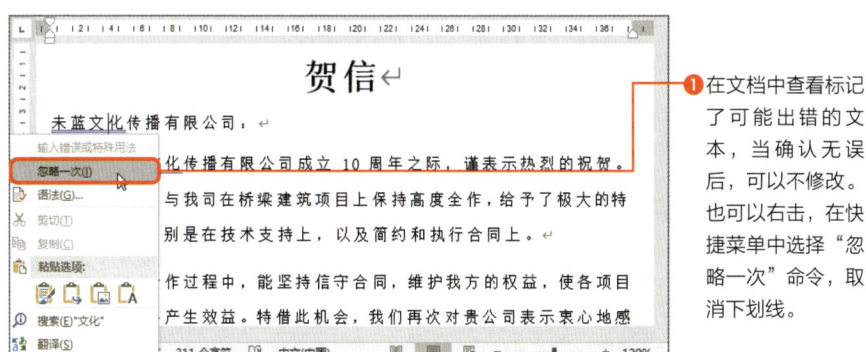

❶在文档中查看标记了可能出错的文本,当确认无误后,可以不修改。也可以右击,在快捷菜单中选择"忽略一次"命令,取消下划线。

如果对此类问题都不需要修改,我们可以通过设置不检查此类问题的方法一次性解决。

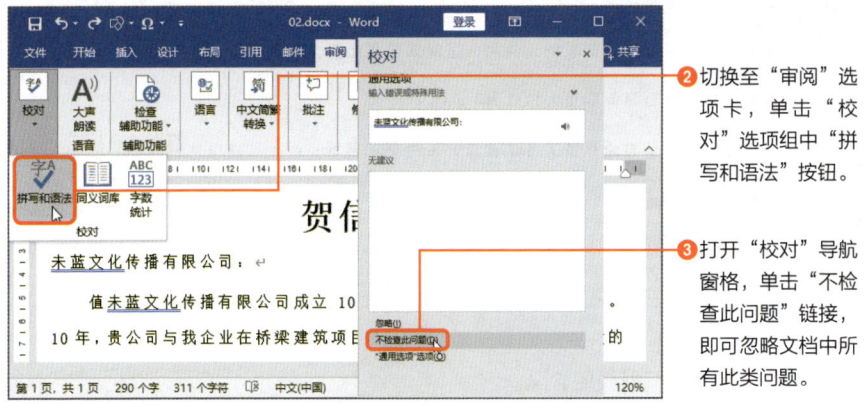

❷ 切换至"审阅"选项卡,单击"校对"选项组中"拼写和语法"按钮。

❸ 打开"校对"导航窗格,单击"不检查此问题"链接,即可忽略文档中所有此类问题。

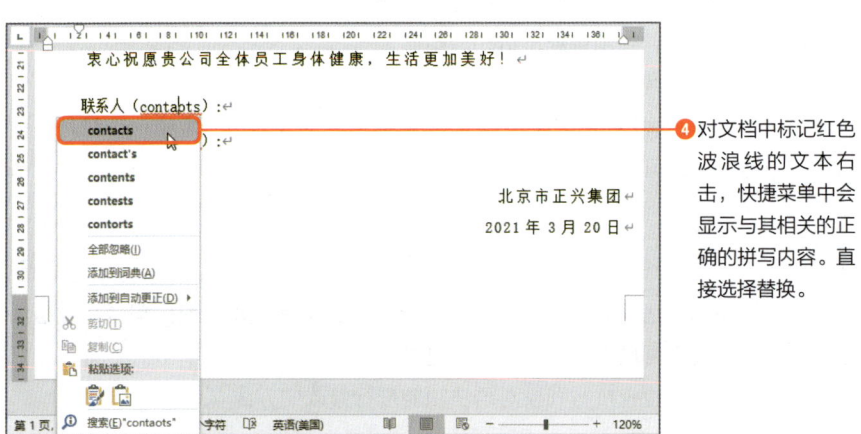

❹ 对文档中标记红色波浪线的文本右击,快捷菜单中会显示与其相关的正确的拼写内容。直接选择替换。

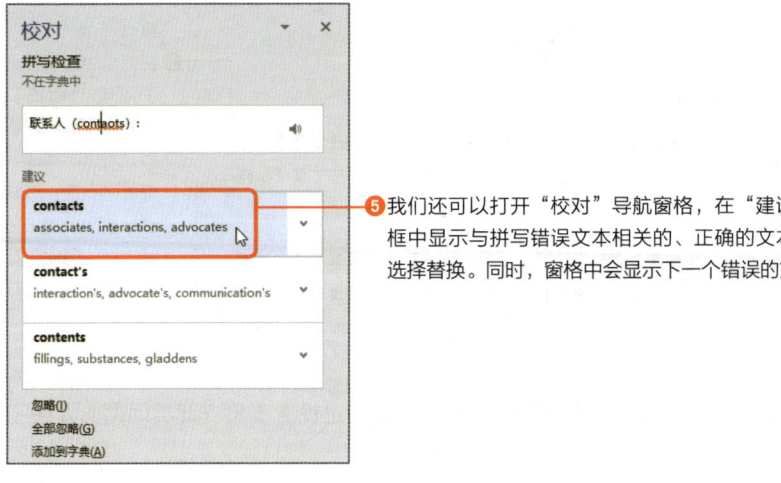

❺ 我们还可以打开"校对"导航窗格,在"建议"列表框中显示与拼写错误文本相关的、正确的文本,直接选择替换。同时,窗格中会显示下一个错误的文本。

让Word自动更正错误

扫码看视频

检查文档中拼写和语法错误

自动更正错误

我们在处理文档时，可将经常出现错误的内容设置自动更正。如果在文档中输入错误的文本，Word会自动将其更正为正确文本。例如我们经常会将单词contacts错写成contaots，本节以更正错误单词为例，介绍设置自动更正功能的使用方法。

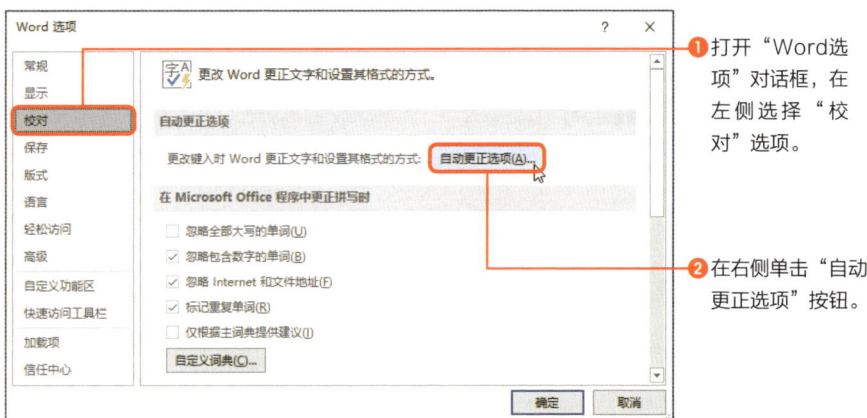

❶ 打开"Word选项"对话框，在左侧选择"校对"选项。

❷ 在右侧单击"自动更正选项"按钮。

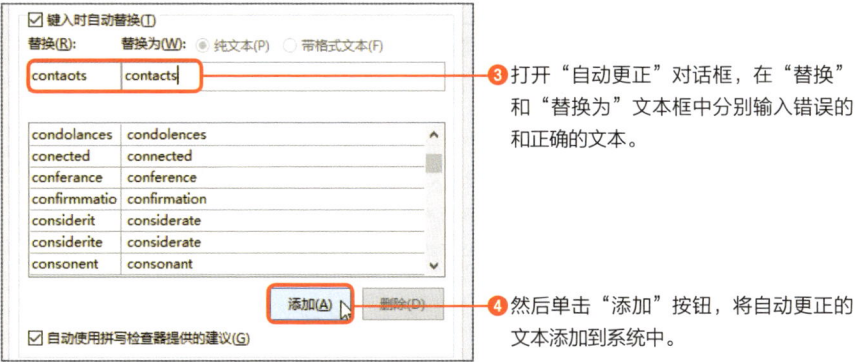

❸ 打开"自动更正"对话框，在"替换"和"替换为"文本框中分别输入错误的和正确的文本。

❹ 然后单击"添加"按钮，将自动更正的文本添加到系统中。

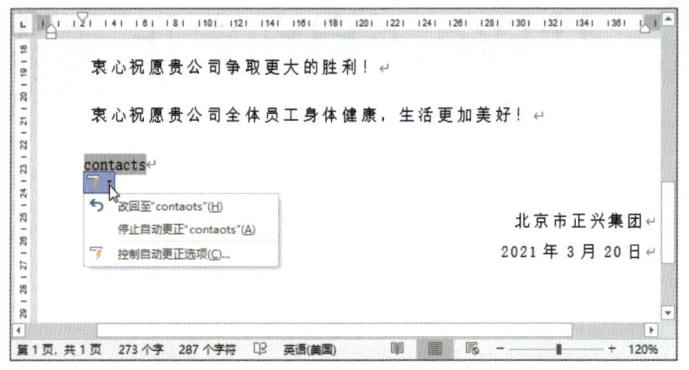

❺ 返回"Word选项"对话框,单击"确定"按钮,在文档中输入错误的文本后,按回车键自动更正为正确的。在左侧显示"自动更正选项"按钮,在列表中选择相应的选项。

提高输入效率

应用自动更正功能,我们还可以**将固定输入的长文本或者段落文本使用简短的文字代替**,然后自动更换成指定的长文本。例如将公司的简称代替完整的文本,即使用"未蓝"代替"未蓝文化传播有限公司"。

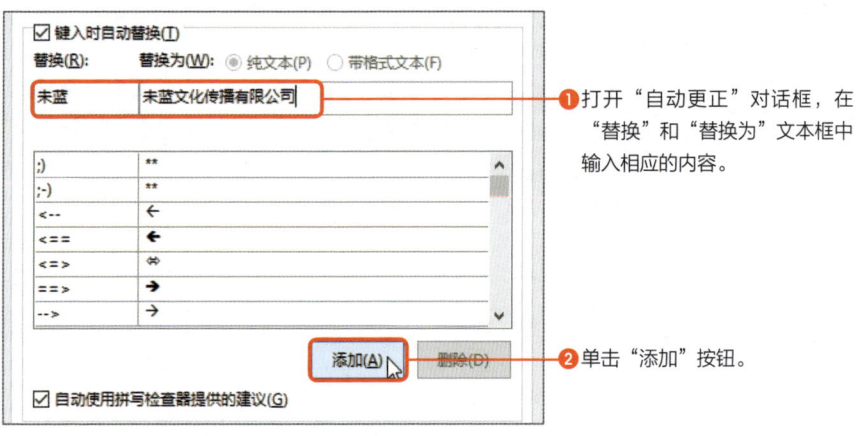

❶ 打开"自动更正"对话框,在"替换"和"替换为"文本框中输入相应的内容。

❷ 单击"添加"按钮。

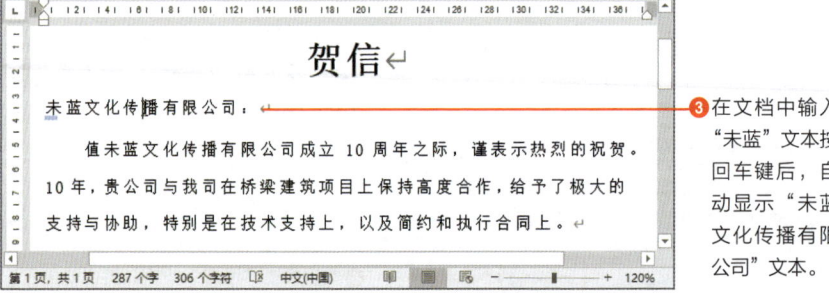

❸ 在文档中输入"未蓝"文本按回车键后,自动显示"未蓝文化传播有限公司"文本。

使图片代替文本

通过Word自动更正功能不仅可以自动更正错误、提高输入效率,还可以通过文本替换图片。例如在Word中输入"我的女神"变成一张美女的照片,路过的人还以为Word增加了新功能呢?

下面以输入"企业公众号"文本自动替换相应的二维码图片为例介绍具体操作方法。

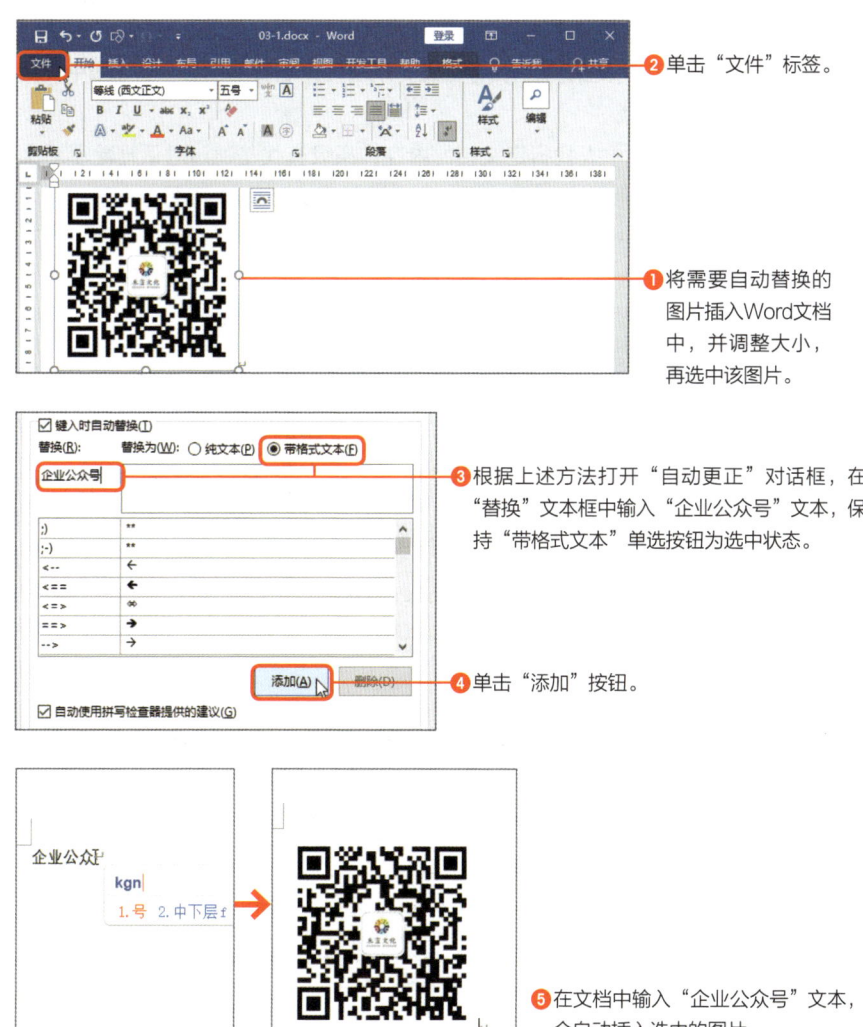

快、准、狠，全方面查找

查找与替换

扫码看视频

查找文档中的内容

使用**查找功能可以快速定位到目标位置，以便打开想要的信息。Word中查找功能分为查找和高级查找**。

查找是在导航窗格中查找指定文档的内容；高级查找是通过对话框除了对文档内容进行查找外，还可以根据格式进行查找以及设置查找的条件。

首先介绍使用"查找"功能查找文档中相关内容的方法。

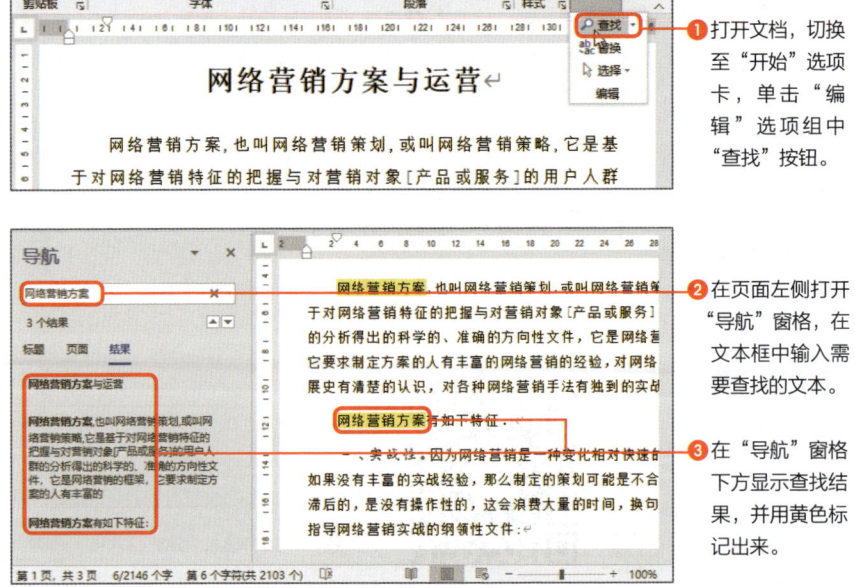

❶ 打开文档，切换至"开始"选项卡，单击"编辑"选项组中"查找"按钮。

❷ 在页面左侧打开"导航"窗格，在文本框中输入需要查找的文本。

❸ 在"导航"窗格下方显示查找结果，并用黄色标记出来。

252

高级查找的应用

当我们对查找的内容有限定条件,或者不单单查找文档内容时,可以使用高级查找。例如查找的内容必须满足指定的字体或段落格式,或者查找指定的格式而非文档的内容。

下面介绍根据字体查找对应内容的方法。

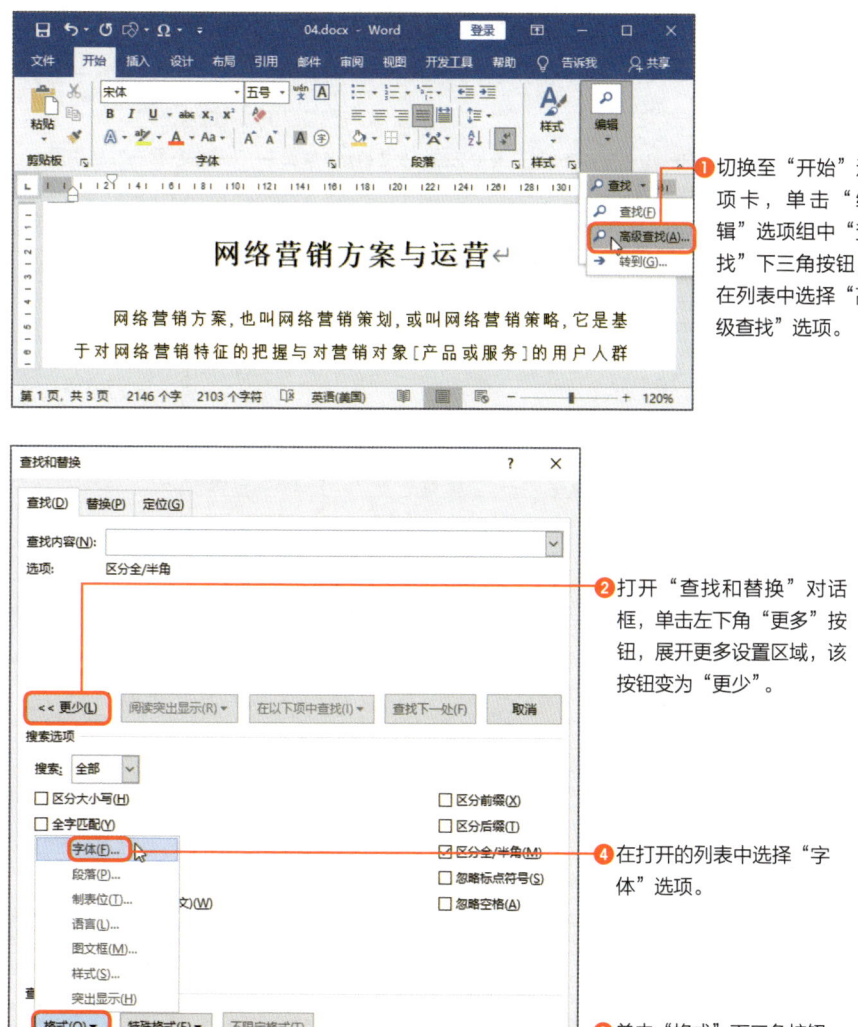

❶ 切换至"开始"选项卡,单击"编辑"选项组中"查找"下三角按钮,在列表中选择"高级查找"选项。

❷ 打开"查找和替换"对话框,单击左下角"更多"按钮,展开更多设置区域,该按钮变为"更少"。

❹ 在打开的列表中选择"字体"选项。

❸ 单击"格式"下三角按钮。

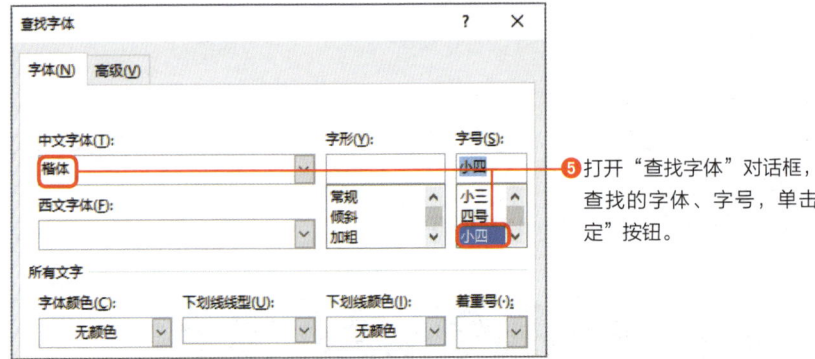

❺打开"查找字体"对话框,设置查找的字体、字号,单击"确定"按钮。

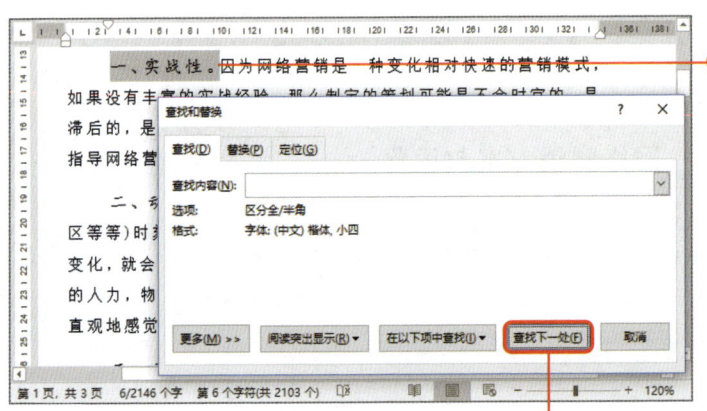

❼在文档中显示出第一个查找到满足条件的文本。

❻返回"查找和替换"对话框,在"查找内容"区域显示设置的查找格式,单击"查找下一处"按钮。

> 这也很重要!
>
> **根据段落格式查找**
>
> 根据段落格式查找文本的方法与根据字体格式查找文本的方法差不多,都是在"查找和替换"对话框的"格式"列表中选择"段落"选项。在打开的"查找段落"对话框中设置查找段落格式的参数,最后根据设置的参数查找对应的段落。

快速替换文档中的错误文本

第9章 05 Word

查找与替换

扫码看视频

替换指定文本

查找功能可以快速定位想要的内容，**替换功能可以准确地批量修改文档中指定的内容或格式。**

使用替换功能最常用的就是替换指定的文本内容，例如文档中的"文件"误输入为"稳健"。如果逐字、逐行、逐段落查找并替换，效率非常低下，而使用"替换"功能可以快速准确替换。

下面介绍查找与替换的具体操作方法。

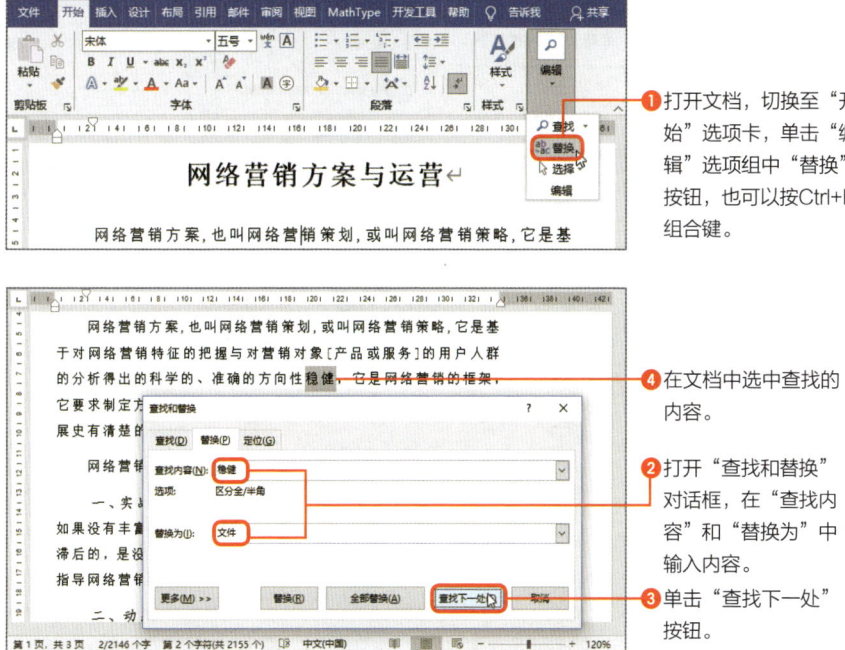

❶ 打开文档，切换至"开始"选项卡，单击"编辑"选项组中"替换"按钮，也可以按Ctrl+H组合键。

❹ 在文档中选中查找的内容。

❷ 打开"查找和替换"对话框，在"查找内容"和"替换为"中输入内容。

❸ 单击"查找下一处"按钮。

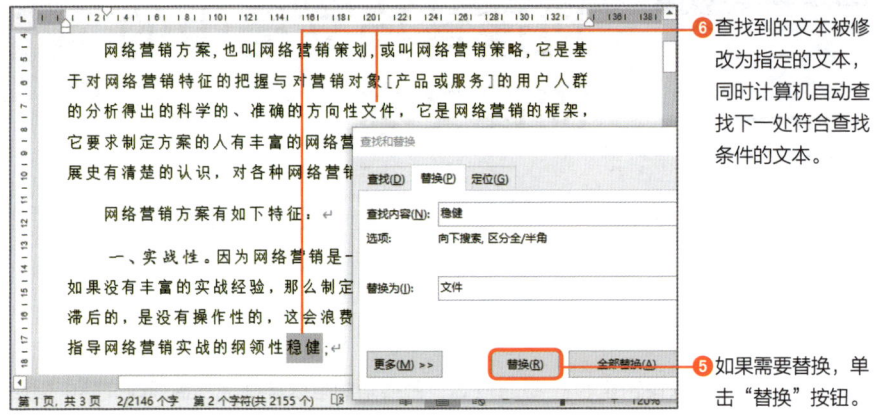

如果我们确定文档中所有的"稳健"都需要替换为"文件",则在"查找和替换"对话框中直接单击"全部替换"按钮,计算机会弹出提示对话框,显示替换的数量等信息。

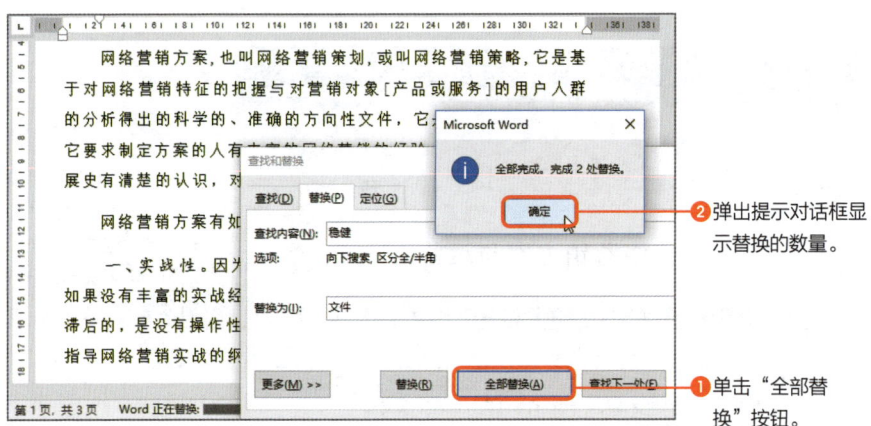

替换文档中的格式

扫码看视频

查找与替换

替换文字的颜色和字体

使用"替换"功能还可以替换指定文本的字体或段落格式，例如将满足条件的文本替换为其他字体、颜色等。

下面以替换文本的颜色和字体为例介绍具体操作方法。

❶ 打开"查找和替换"对话框，将光标定位在"查找内容"文本框中，单击"格式"下三角按钮，在列表中选择"字体"选项。

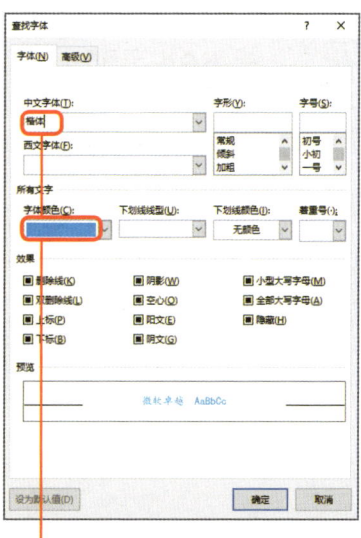

❷ 打开"查找字体"对话框，在"字体"选项卡中设置查找的"中文字体"和"字体颜色"，单击"确定"按钮。

在"格式"列表中除了"字体"选项外，还包括段落、制表位、语言、图文框、样式和突出显示。在展开的区域还可以设置查找替换的条件，例如区分大小写、全字匹配和使用通配符等。

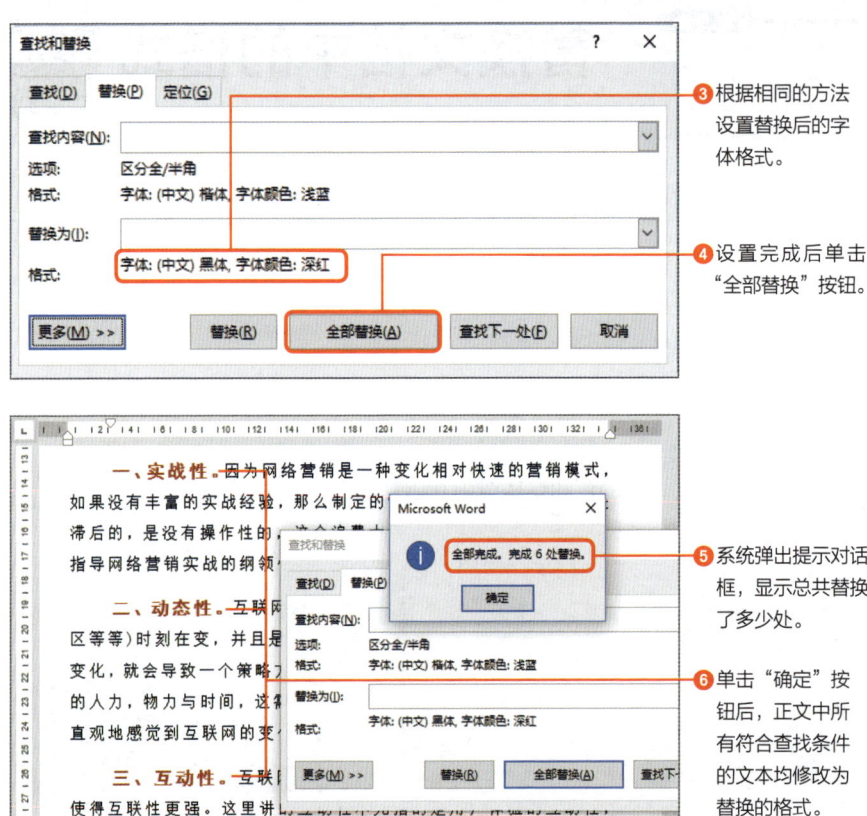

> **这也很重要!**
>
> **替换特殊的格式**
>
> 　　在"查找和替换"对话框中单击"特殊格式"下三角按钮,在列表中包含了约27种特殊符号,我们可以查找或替换指定的符号。例如,从网上下载的文档中包含大量的软回车(手动换行符),如果需要删除则设置查找内容为"手动换行符",替换内容为空即可。

批注文档中的内容

扫码看视频

批注的应用

添加批注

批注是对文档的特殊说明,在Word中添加批注的对象可以是文本、表格或图片等元素。

一般情况下,批注显示在文档的边缘,批注与被批注的文本使用与批注颜色一样的虚线连接。

在Word中,我们常用两种方法添加批注,其一是在功能区单击相关按钮添加批注,其二是通过快捷菜单添加批注。

下面介绍通过功能区按钮添加批注的方法。

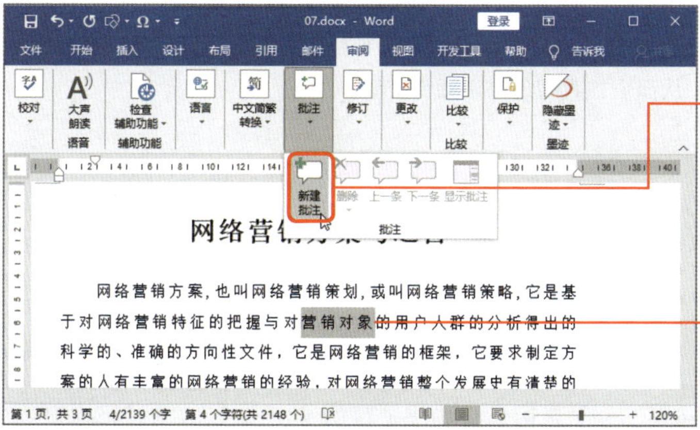

❷ 切换至"审阅"选项卡,单击"批注"选项组中"新建批注"按钮。

❶ 在文档中选择需要添加批注的文本。

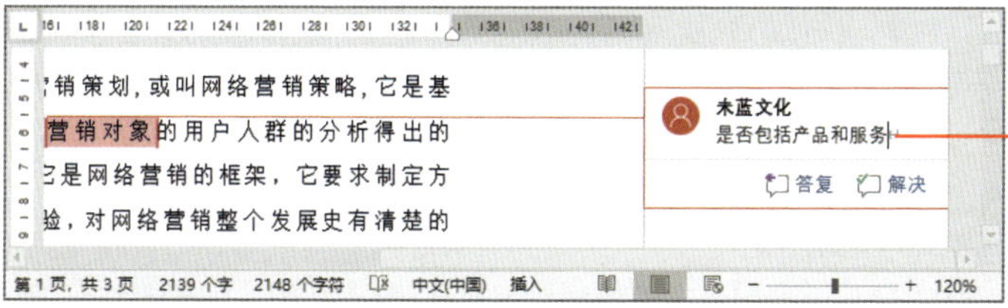

❸ 在文档的右侧添加批注框,然后输入批注的内容。

下面介绍通过快捷菜单添加批注的方法。

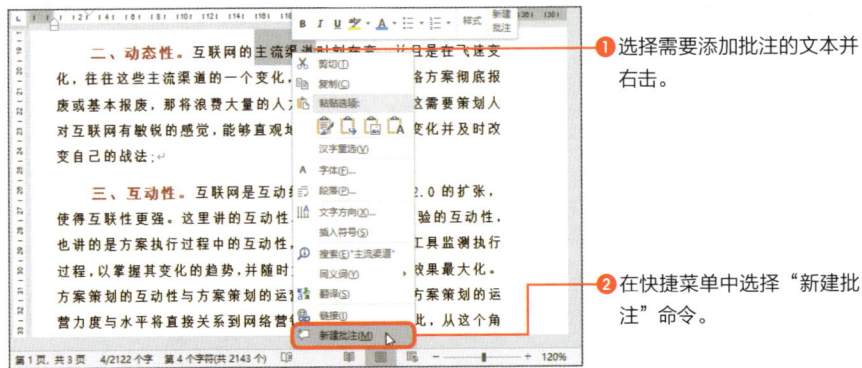

❶ 选择需要添加批注的文本并右击。

❷ 在快捷菜单中选择"新建批注"命令。

操作完成后,会在文档的右侧添加批注框,然后根据相同的方法添加批注内容。在批注框的上方显示的是用户名的信息,读者可以根据本书第2章07节中相关内容设置用户名。

答复批注

在Word文档中添加批注后,原作者如果需要对批注进行答复,可以直接通过批注框进行回复,从而更加直观地与审阅者交流。

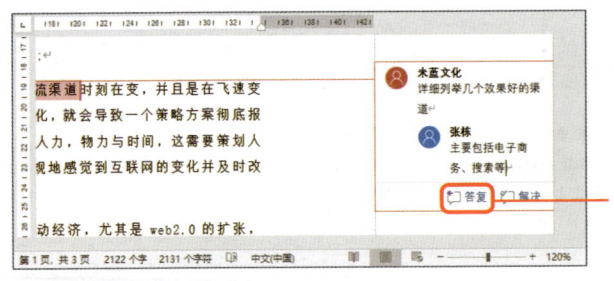

单击"答复"按钮,在批注下方输入相关内容即可。

> **这也很重要!**
>
> **查看与删除批注**
>
> 　　切换至"审阅"选项卡,在"批注"选项组中可以通过"删除""上一条"和"下一条"按钮删除或查看文档中的批注。

根据要求显示/隐藏批注

扫码看视频

批注的应用

显示/隐藏批注

打开Word文档，默认是显示所有批注的，我们可以根据需要隐藏所有批注，或者隐藏指定用户名的批注。

首先介绍隐藏所有批注的操作方法。

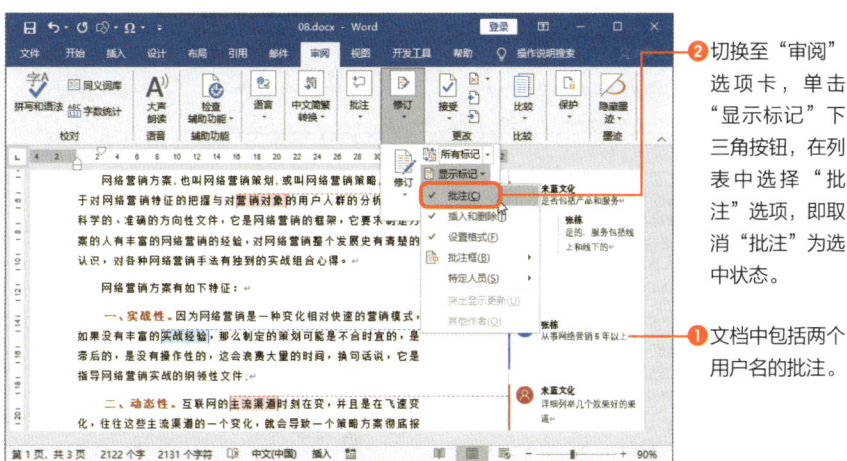

❷ 切换至"审阅"选项卡，单击"显示标记"下三角按钮，在列表中选择"批注"选项，即取消"批注"为选中状态。

❶ 文档中包括两个用户名的批注。

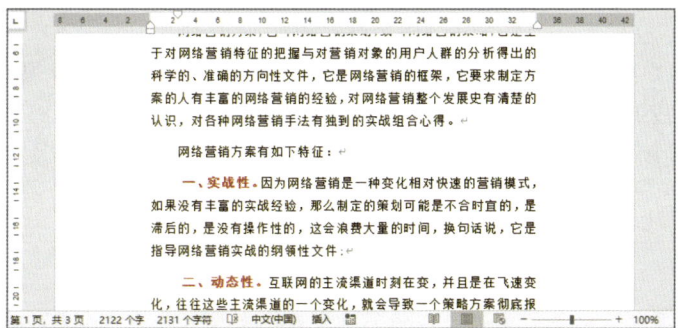

❸ 文档中所有批注都隐藏了。

我们还可以对审阅者的批注作相关设置，指定显示部分批注。本文档中包含"未蓝文化"和"张栋"两个审阅者。在文档中可以只显示"未蓝文化"审阅者的批注内容，隐藏"张栋"的批注内容。

下面介绍具体操作方法。

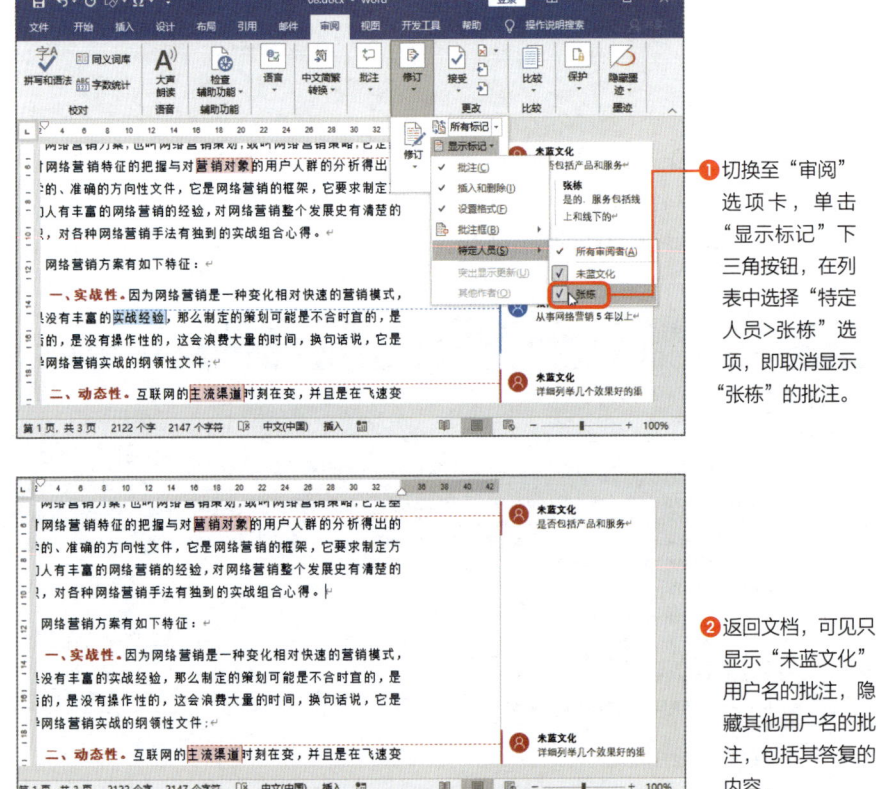

❶切换至"审阅"选项卡，单击"显示标记"下三角按钮，在列表中选择"特定人员>张栋"选项，即取消显示"张栋"的批注。

❷返回文档，可见只显示"未蓝文化"用户名的批注，隐藏其他用户名的批注，包括其答复的内容。

如果需要显示隐藏的批注，只需要根据以上操作选中相关选项即可。在"特定人员"列表中如果取消选择"所有审阅者"选项，可隐藏所有批注。

设置批注的位置和颜色

批注的应用

扫码看视频

设置批注的格式

在 Word 中插入批注，默认位置在文档的右侧、颜色为红色。我们可以根据自己的喜好或要求重新设置批注的位置、大小和颜色等内容。

下面介绍设置批注格式的具体操作方法。

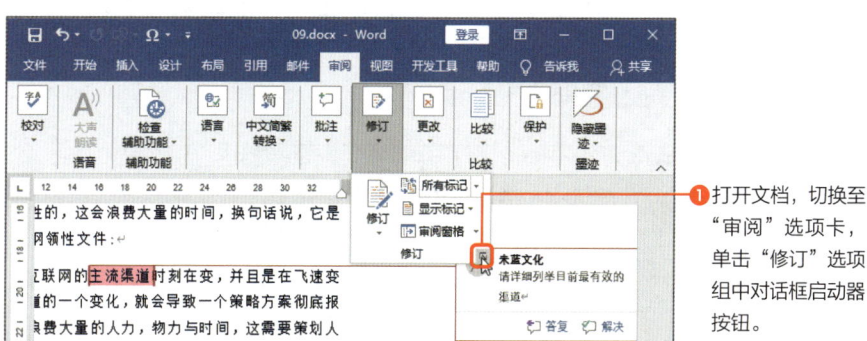

❶ 打开文档，切换至"审阅"选项卡，单击"修订"选项组中对话框启动器按钮。

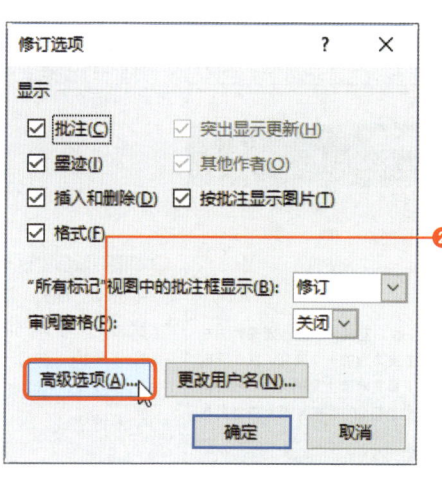

❷ 打开"修订选项"对话框，在"显示"选项区域，保持复选框为勾选状态，单击"高级选项"按钮。

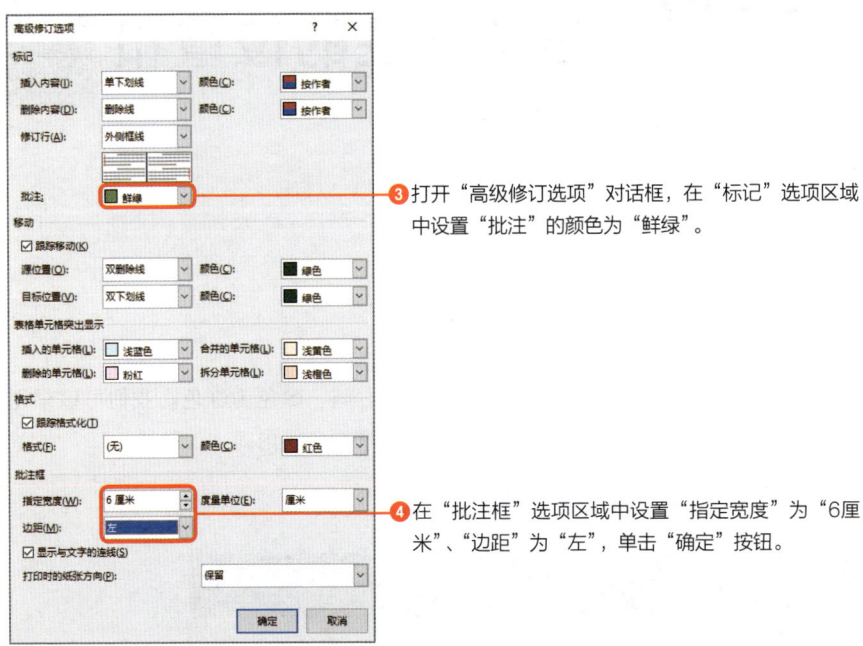

❸ 打开"高级修订选项"对话框,在"标记"选项区域中设置"批注"的颜色为"鲜绿"。

❹ 在"批注框"选项区域中设置"指定宽度"为"6厘米"、"边距"为"左",单击"确定"按钮。

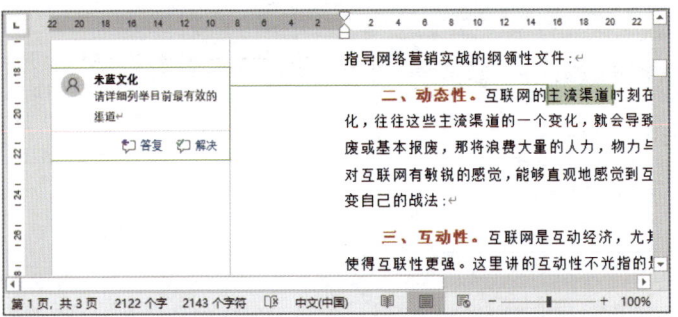

❺ 设置完成后,返回上级对话框,单击"确定"按钮。文档中批注框移到页面左侧并显示为绿色。

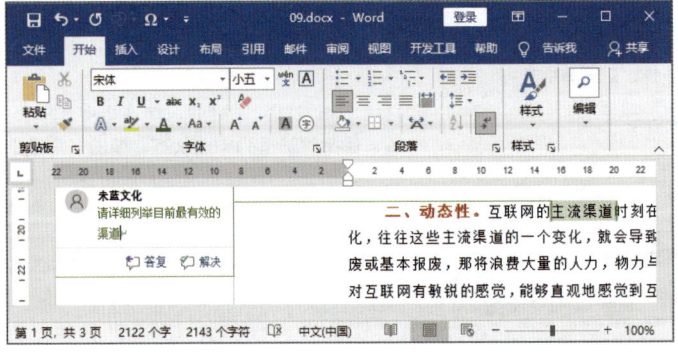

❻ 如果要设置批注框中文本的格式,直接选中文本,然后在"开始"选项卡的"字体"选项组中设置格式。

保留修改文档的痕迹

修订文档

进入修订状态

修订是显示文档中所做的诸如删除、插入或其他编辑更改的标记。用户使用修订功能包括接受修订、拒绝修订和删除修订等。

在Word中如果要将编辑文档的过程全部显示出来，首先要进入修订状态。一般有两种常用进入修订状态的方法，其一是单击功能区相关按钮，其二是按Ctrl+Shift+E组合键。

下面介绍单击功能区按钮进入修订状态的具体操作方法。

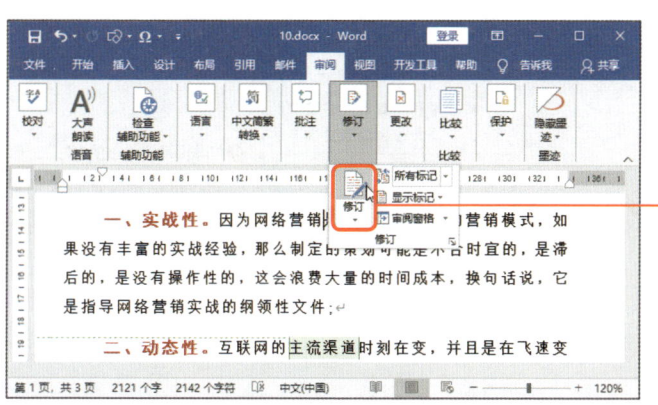

打开文档，切换至"审阅"选项卡，单击"修订"选项组的"修订"按钮。

如果需要退出修订状态，则再次单击"修订"按钮，或者再按Ctrl+Shift+E组合键。

修订文档中的内容

进入修订状态后，我们对文档内容的删除、添加等操作均被记录下来，当把修改后的文档返给原作者时，他可以清晰地查看修改的内容。

下面介绍修订文档内容的操作方法。

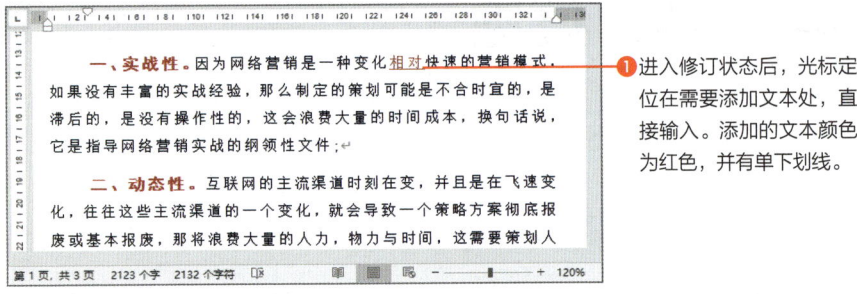

❶ 进入修订状态后，光标定位在需要添加文本处，直接输入。添加的文本颜色为红色，并有单下划线。

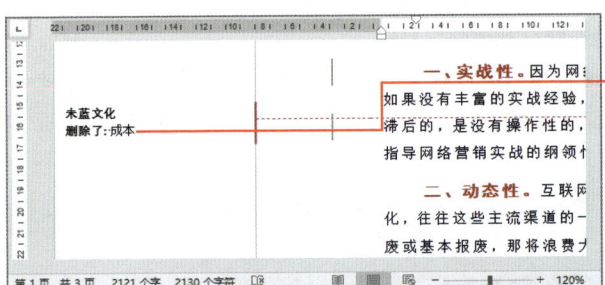

❷ 选择需要删除的文本，按Delete键，则在页面左侧显示"删除了：成本"，表示此处删除了"成本"文本。

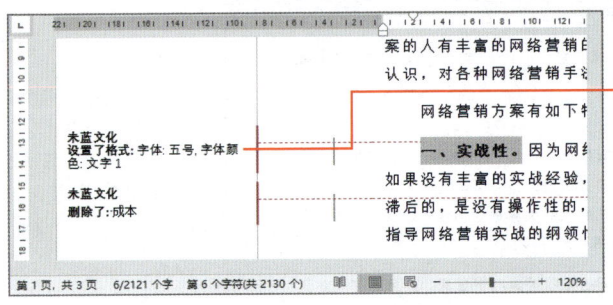

❸ 如果设置文本的格式，则在左侧显示设置相关格式的操作。设置段落格式也是如此。

编辑文档后退出修订状态，在修订行的左侧显示灰色的竖线，若单击该竖线会隐藏文档中所有修订内容，同时灰色竖线变为红色。

> 这也很重要！
>
> **老版本删除文本的差异**
>
> 　　非Office 2019版本在修订状态下删除文本时，文本颜色变为红色并添加单删除线，这与添加文本在一起时很难区分。

处理修订的内容

修订文档

扫码看视频

接受修订

处理审阅后的文档,如果修订的内容是正确的,可以接受,即表示接受该操作。即删除的内容会删除,添加的内容会添加并应用和正文相同的格式。

下面介绍接受修订的具体操作方法。

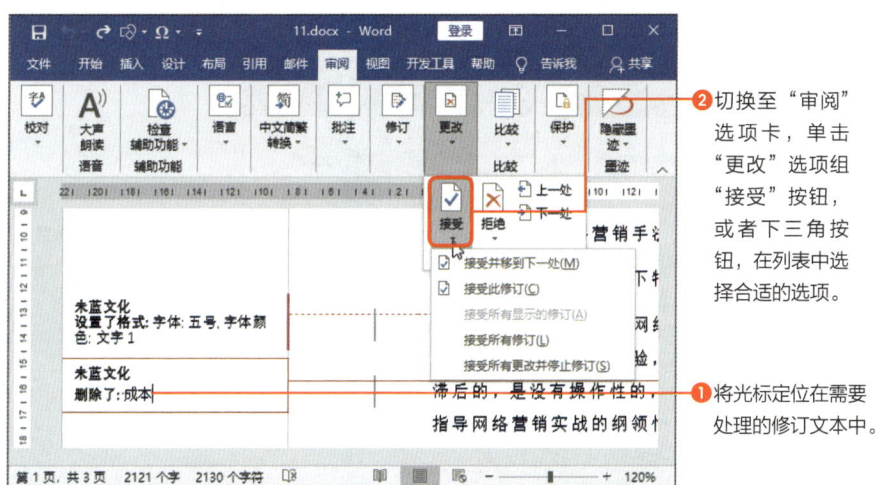

❷ 切换至"审阅"选项卡,单击"更改"选项组"接受"按钮,或者下三角按钮,在列表中选择合适的选项。

❶ 将光标定位在需要处理的修订文本中。

拒绝修订

如果修订的内容是错误的,我们可以直接拒绝,即保留原文档的内容。拒绝修订和接受修订的操作方法相同,将光标定位在修订处,单击"审阅"选项卡中"拒绝"按钮,或者下三角按钮,在列表中选择合适的选项。

使用密码保护修订和批注

扫码看视频

限制编辑

文档中添加批注或修订后，为了防止他人修改，可以为其添加密码保护，只有被授权的用户才能进一步修改批注和修订的内容，其他用户只能以只读方式浏览文档。

下面介绍使用密码保护修订和批注的具体方法。

❶ 切换至"审阅"选项卡，单击"保护"选项组中"限制编辑"按钮。

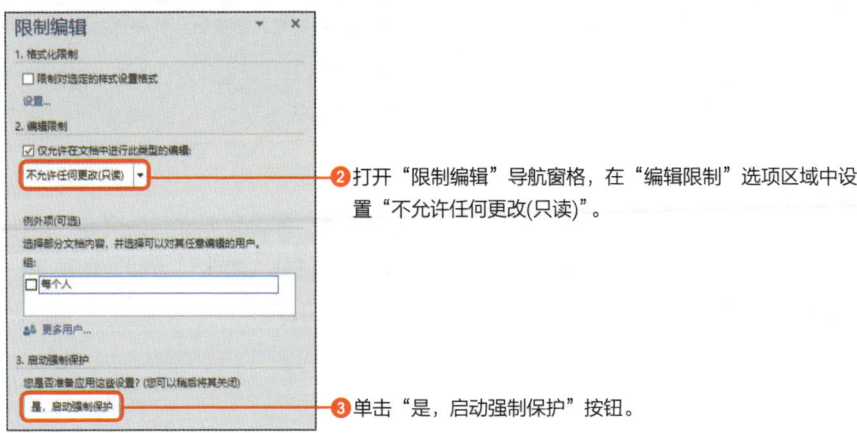

❷ 打开"限制编辑"导航窗格，在"编辑限制"选项区域中设置"不允许任何更改(只读)"。

❸ 单击"是，启动强制保护"按钮。

第9章 检查文档确保万无一失

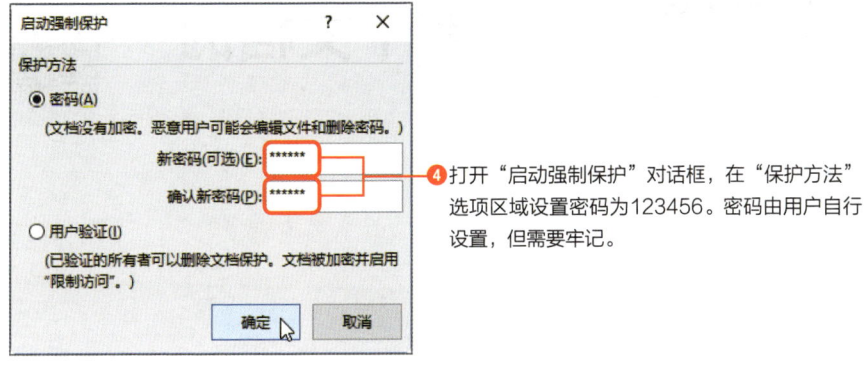

④ 打开"启动强制保护"对话框,在"保护方法"选项区域设置密码为123456。密码由用户自行设置,但需要牢记。

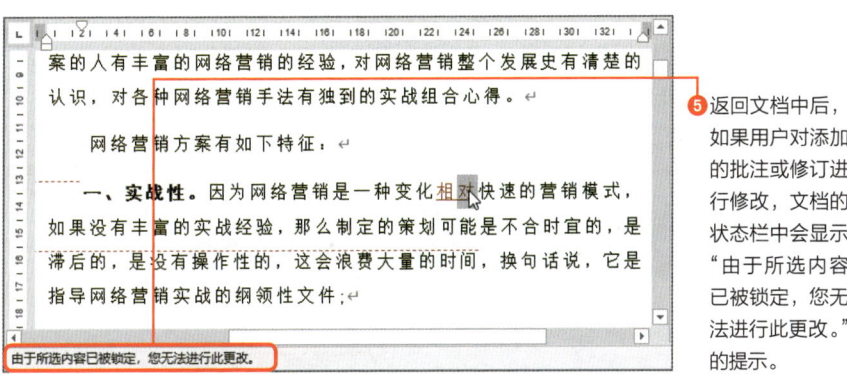

⑤ 返回文档中后,如果用户对添加的批注或修订进行修改,文档的状态栏中会显示"由于所选内容已被锁定,您无法进行此更改。"的提示。

使用密码保护修订和批注后,如果想对文档停止保护,只需再次打开"限制编辑"导航窗格,单击"停止保护"按钮,打开"取消保护文档"对话框,在"密码"数值框中输入设置的密码,单击"确定"按钮。

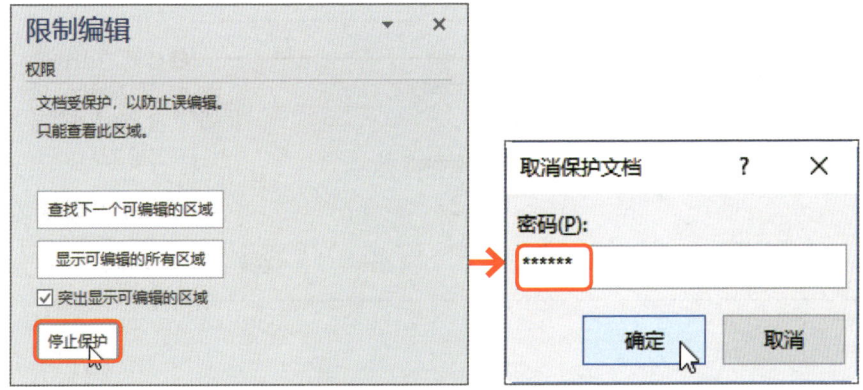

比较两个文档的差异

合并多个文档

扫码看视频

比较文档

使用修订功能可以很方便地体现文档修改的内容,但是如果文档比较长,审阅人不方便或不会使用修订功能,那么该如何查看修改的部分呢?此时可以通过"比较"功能快速准确地对比修改前和修改后两个文档的修改部分。

下面介绍比较文档的具体方法。

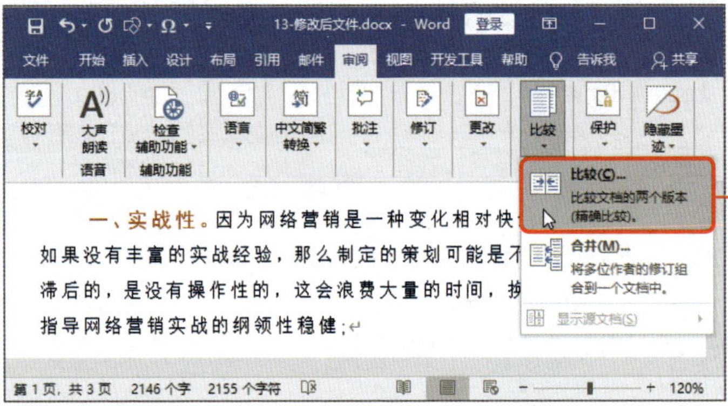

❶ 切换至"审阅"选项卡,单击"比较"下三角按钮,在列表中选择"比较"选项。

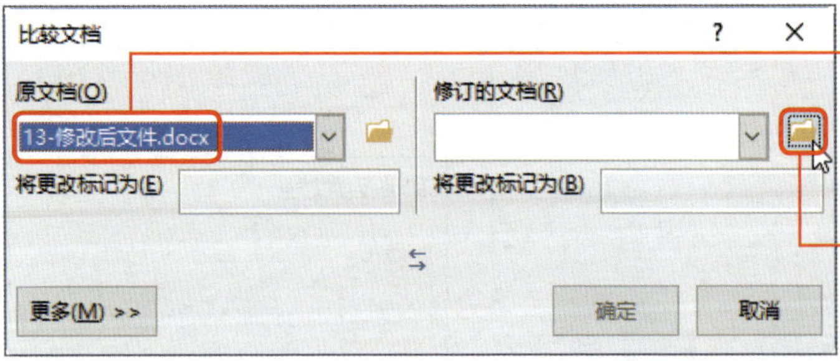

❷ 打开"比较文档"对话框,设置"原文档"为当前文档。

❸ 单击"修订的文档"右侧的文件夹图标。

第9章 检查文档确保万无一失

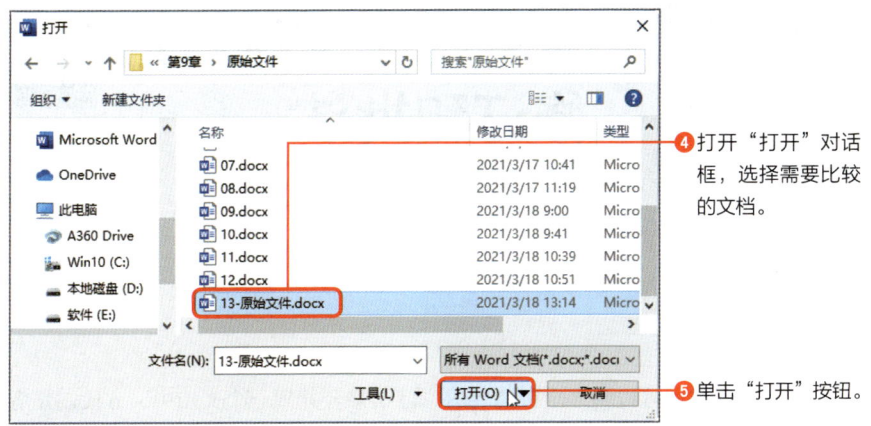

❹ 打开"打开"对话框,选择需要比较的文档。

❺ 单击"打开"按钮。

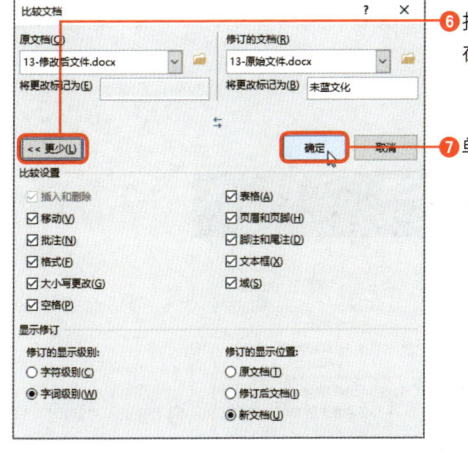

❻ 打开"比较文档"对话框,单击"更多"按钮,在展开的区域中根据需要选择比较的项目。

❼ 单击"确定"按钮。

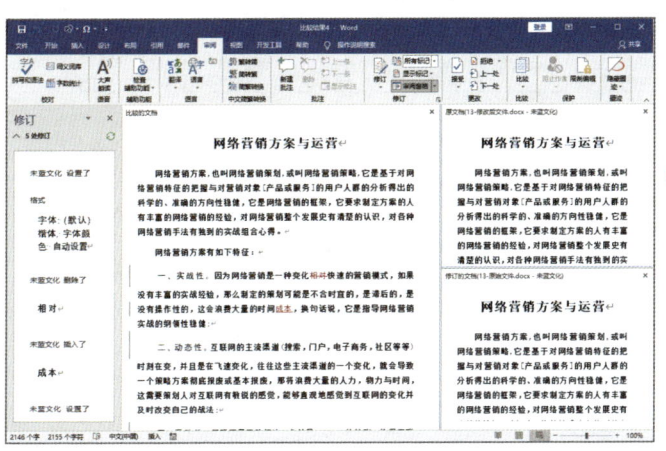

❽ 打开"比较结果"文档,左侧为两个文档的比较文档,显示两个文档所有不同的内容,用户根据需要接受或拒绝。右上为原文档,右下为修订后的文档。

合并两个文档中的修订和批注

扫码看视频

合并多个文档

合并文档

通过合并文档可以将多个审阅者的修订结果合并到一个文档中,方便制作者根据不同的审阅者的修订重新同步修改文档。

通过"合并"功能可以将多个审阅者修改后的文档合并成一个文档,并以修订的模式显示所有修改的内容。

下面介绍合并文档的操作方法。

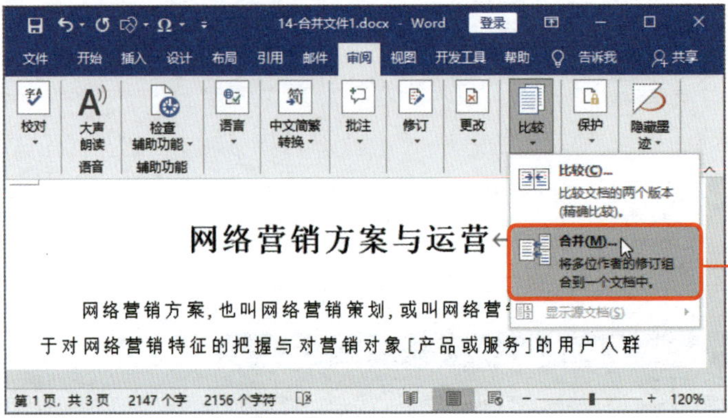

❶ 切换至"审阅"选项卡,单击"比较"下三角按钮,在列表中选择"合并"选项。

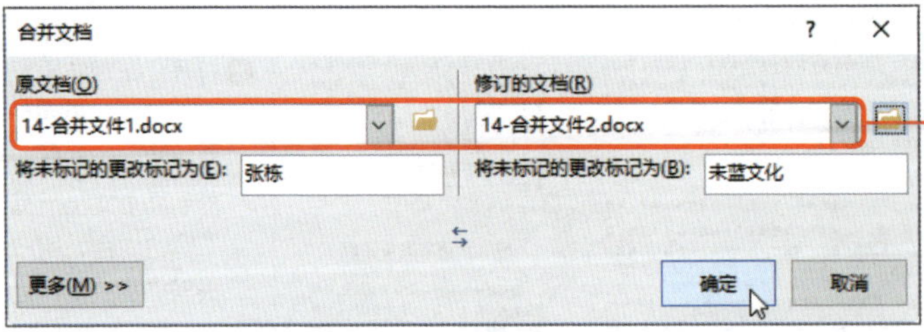

❷ 添加原文档和修订的文档,在下方显示文档对应的用户名。

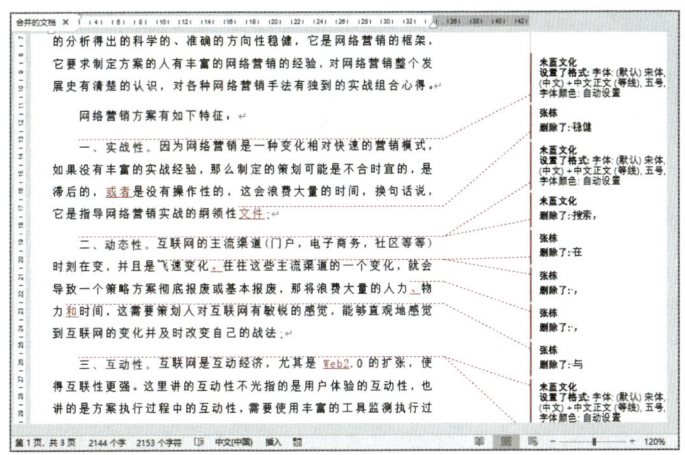

❸ 打开合并结果文档，左侧为合并修订的文档，右侧分别为原文档和修订的文档，关闭右侧的文档后，将合并的文档保存。合并文档中包括不同审阅者对文档的所有修改内容。

> **这也很重要!**
>
> **合并和合并多个文档的区别**
>
> 本节介绍的"合并"功能是指同一文档被不同审阅者修改后，将文档的修改部分以修订方式显示在合并的文档中，方便制作者同时查看不同审阅者修改的内容。合并多个文档是将多个文档的内容合并到一个文档中，其功能相当于复制和粘贴。
>
> 下面介绍合并多个文档的操作方法。

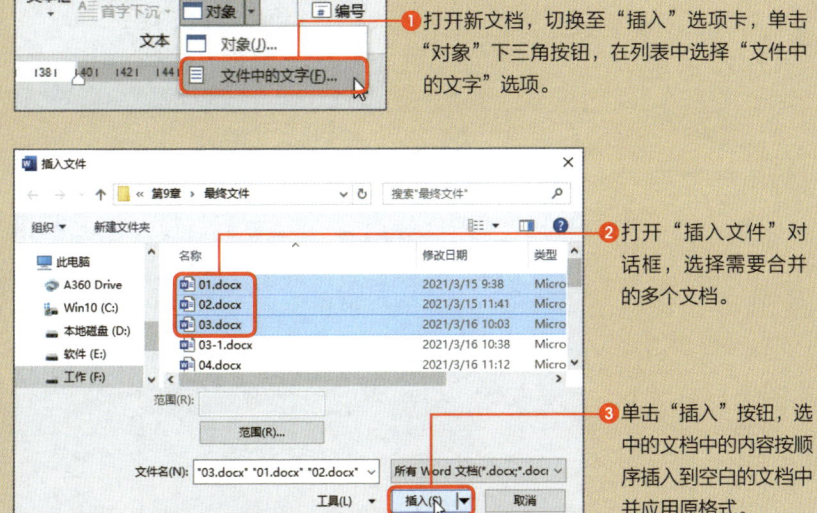

❶ 打开新文档，切换至"插入"选项卡，单击"对象"下三角按钮，在列表中选择"文件中的文字"选项。

❷ 打开"插入文件"对话框，选择需要合并的多个文档。

❸ 单击"插入"按钮，选中的文档中的内容按顺序插入到空白的文档中并应用原格式。

Word

第10章

文档的高效应用

使用Word内置的模板

模板的使用

扫码看视频

使用内置模板快速制作文档

Word将一些常用的文档格式内置为模板。当我们需要应用时，直接使用模板，再根据格式修改内容即可。使用Word模板可以快速制作文档，达到事半功倍的效果。

下面介绍使用Word中模板的方法。

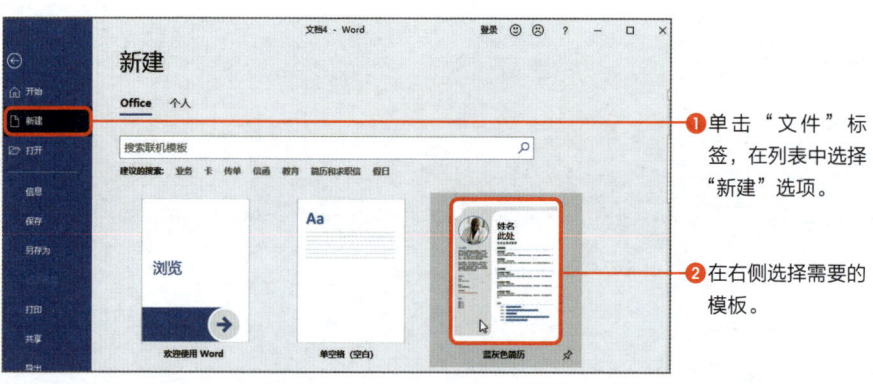

❶ 单击"文件"标签，在列表中选择"新建"选项。

❷ 在右侧选择需要的模板。

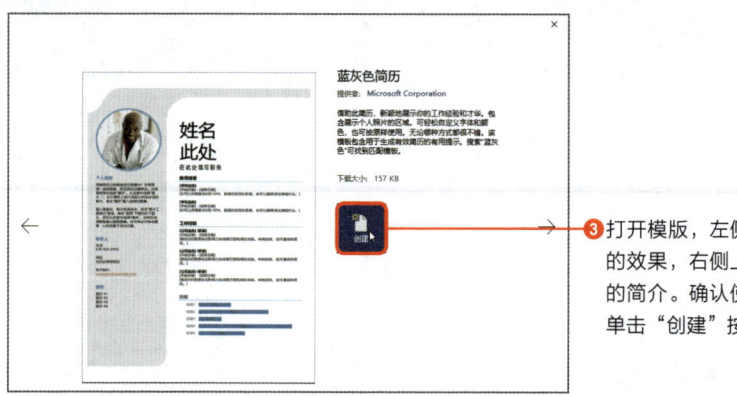

❸ 打开模版，左侧显示选中模板的效果，右侧上方是对该模板的简介。确认使用该模板后，单击"创建"按钮。

❹ 应用新模板后，根据实际情况修改文本内容。

这也很重要！

搜索指定的模板

在"新建"选项区域中没有想要的模板时，我们还可以联机搜索模板。在"新建"选项区域的"搜索联机模板"文本框中输入指定的内容，在下方显示所有搜索到的模板，然后直接应用即可。

输入关键字进行搜索，在下方选择合适的模板并应用。

应用模板的格式

模板的使用

扫码看视频

通过模板自动更新文档的样式

定制模板是将同一模板应用到使用相同格式的文本或段落中,不仅可以快速进行排版,还可以保持文档格式的一致性。

下面介绍通过模板自动更新文档样式的具体操作方法。

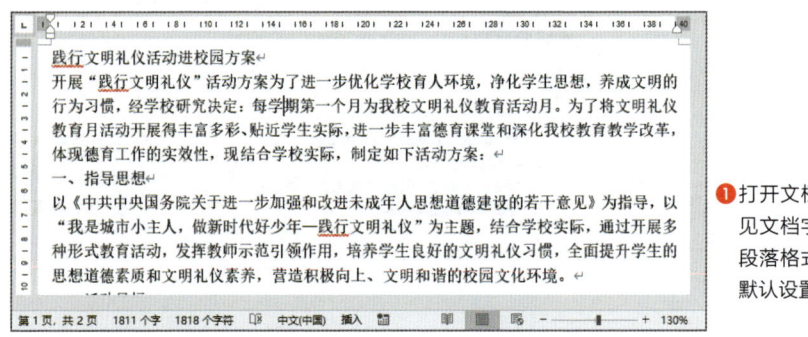

❶ 打开文档,可见文档字体和段落格式均为默认设置。

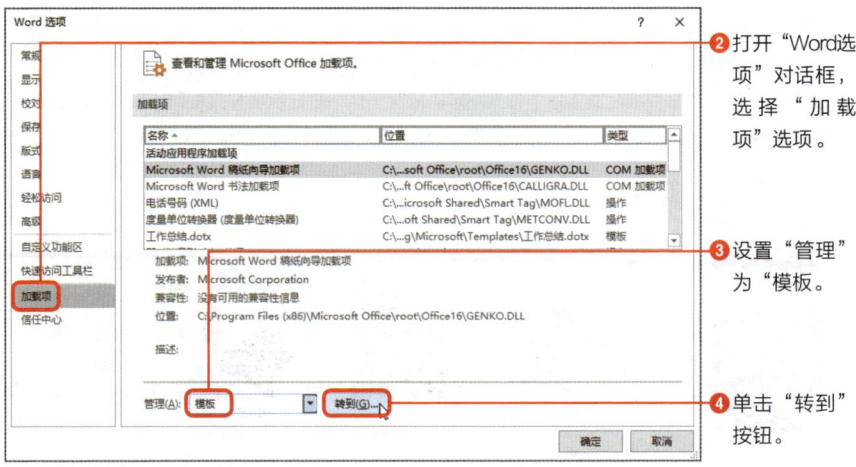

❷ 打开"Word选项"对话框,选择"加载项"选项。

❸ 设置"管理"为"模板"。

❹ 单击"转到"按钮。

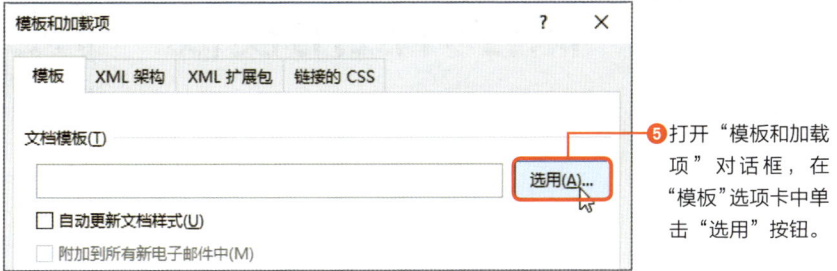

❺打开"模板和加载项"对话框,在"模板"选项卡中单击"选用"按钮。

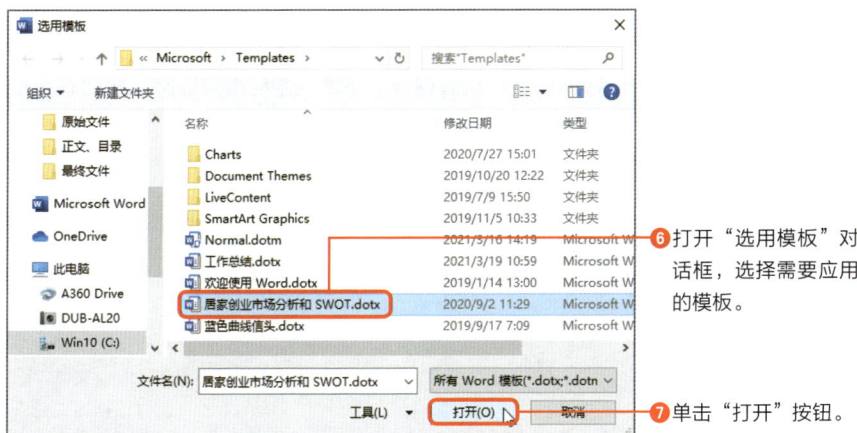

❻打开"选用模板"对话框,选择需要应用的模板。

❼单击"打开"按钮。

❽在"文档模板"文本框中显示模板的路径,勾选"自动更新文档样式"复选框。

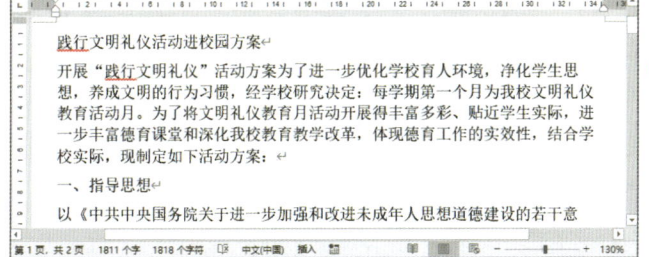

❾单击"确定"按钮后,文档中字号增大到小四,段前和段后均为6磅。

保存并应用模板

扫码看视频

模板的使用

保存为模板

我们在Word中制作好模板后，**将其保存，下次使用时直接应用**。例如将企业常用的文件，按照规定的格式制作好后保存为模板。

下面以企业的会议纪要文件为例介绍保存为模板的方法。

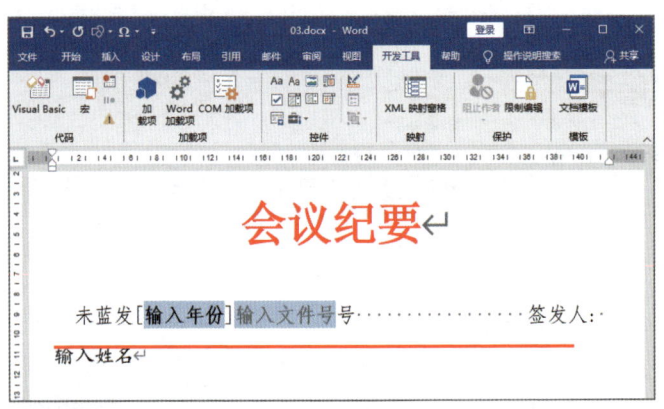

❶ 打开实例文件夹中03.docx文件，该文件根据格式要求使用"格式文本内容控件"的规范格式。直接在该控件中输入文本，应用相应的格式。

❷ 单击"文件"标签，在列表中选择"另存为"选项。

❸ 在右侧区域中选择"浏览"选项。

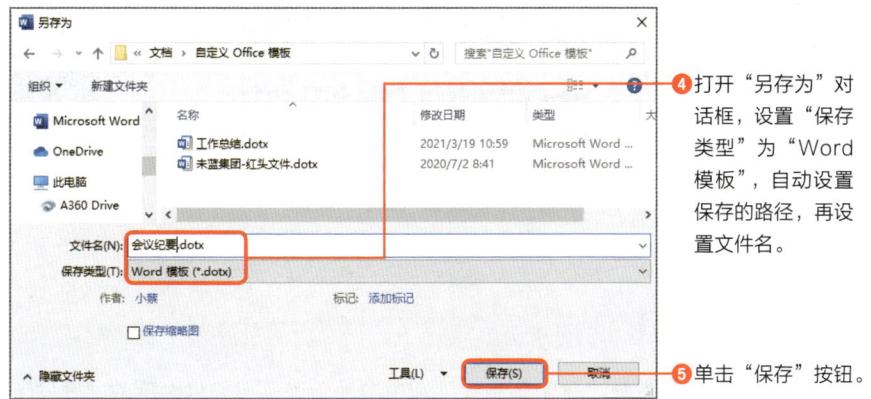

应用保存的模板

模板保存完成后，下次需要使用时，直接在新建文档的"**个人**"模板中选择。

下面介绍应用保存模板的方法。

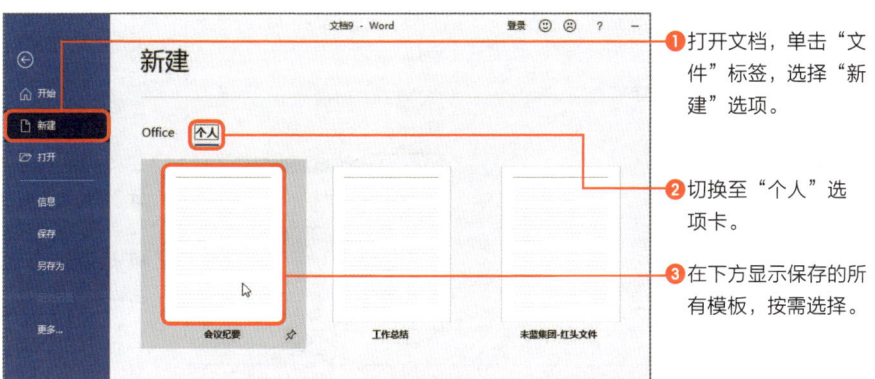

> **这也很重要！**
>
> **保存模板时注意不能更改路径**
>
> 我们在保存模板时，设置"保存类型"为"Word模板"，系统会自动设置保存的路径。该路径是不可以改变的，如果修改该路径，那么在应用模板时，在"个人"区域中不显示该模板。

使用日期选取器内容控件规范模板的日期

使用控件规范文档内容

扫码看视频

添加"开发工具"选项卡

默认Word状态下是不显示各种控件选项卡的,需要我们将隐藏的"开发工具"选项卡显示在功能区中。**"开发工具"选项卡是各种控件的载体**,包括Word中所有的控件以及与控件相关的功能。

下面介绍在Word中添加"开发工具"选项卡的方法。

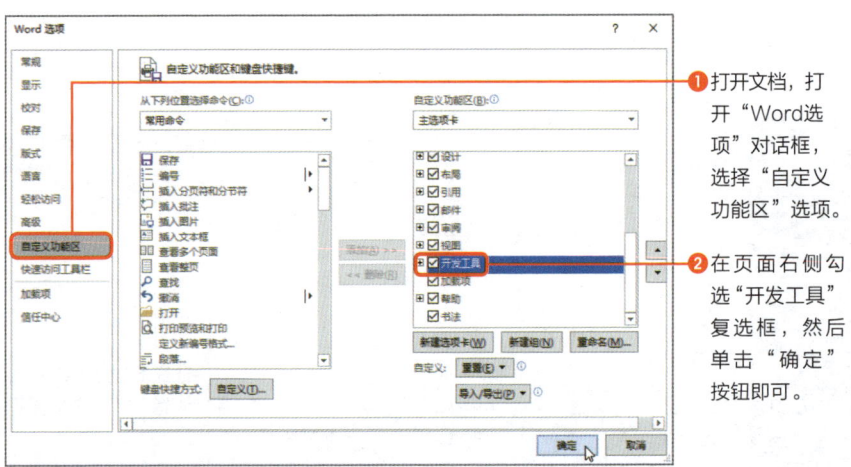

❶ 打开文档,打开"Word选项"对话框,选择"自定义功能区"选项。

❷ 在页面右侧勾选"开发工具"复选框,然后单击"确定"按钮即可。

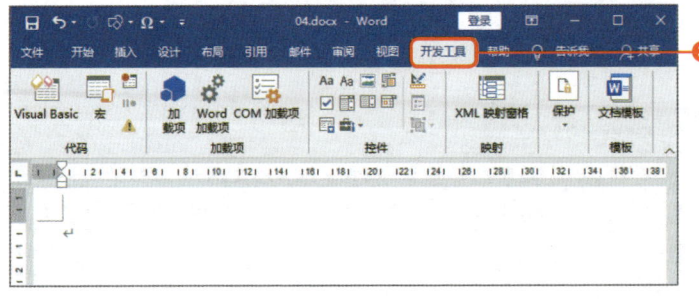

❸ 此时可见功能区添加了"开发工具"选项卡

添加日期选取器内容控件

案例如下：根据公司的要求制作会议纪要，并且对各部分内容设置固定的格式，包括文本和段落格式。以后记录会议内容时只需在指定位置输入文本，不再设置格式了，可以提高记录的效率。

在制作会议纪要时，主要使用"**格式文本内容控件**"和"**日期选取器内容控件**"，在控件中添加相应的提示信息，使得文档各部分内容很清晰。

下面介绍添加日期选取器内容控件的方法。

❶ 在文档中输入会议纪要的常规内容，设置文本的字体格式和段落格式，并添加红色的直线。

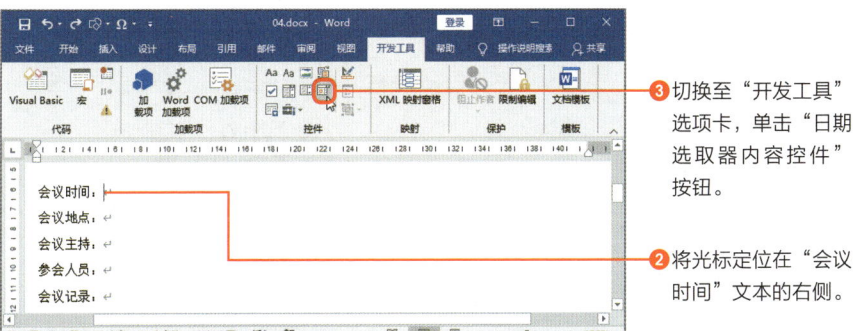

❸ 切换至"开发工具"选项卡，单击"日期选取器内容控件"按钮。

❷ 将光标定位在"会议时间"文本的右侧。

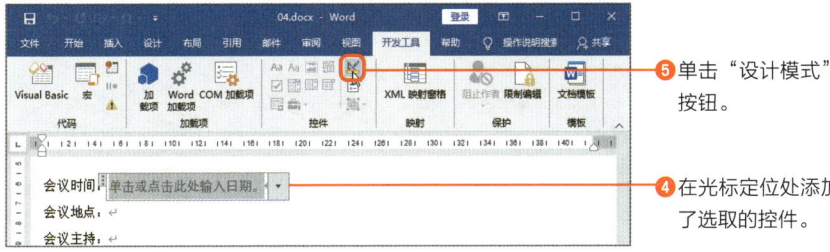

❺ 单击"设计模式"按钮。

❹ 在光标定位处添加了选取的控件。

❻ 控件进入设计模式,在"开始"选项卡中设置格式,控件会自动应用相应的格式。

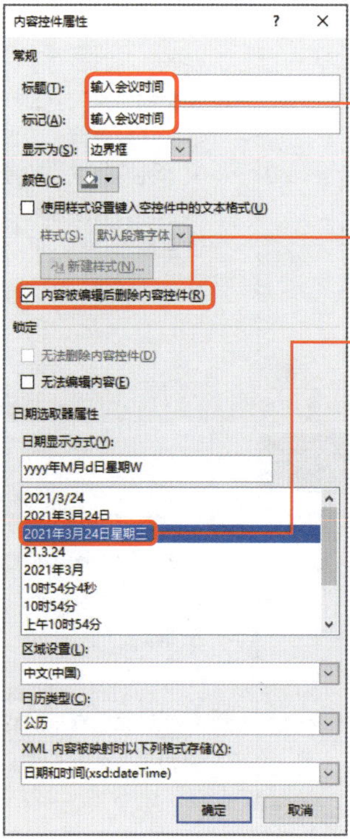

❼ 单击"开发工具"选项卡下"属性"按钮,打开"内容控件属性"对话框,在"标题"和"标记"文本框中输入显示内容。

❽ 勾选"内容被编辑后删除内容控件"复选框。

❾ 在"日期显示方式"选项区域中选择日期的格式。

❿ 返回文档并退出设计模式,在控件上方显示设置的标题内容。单击下三角按钮,选择会议日期。

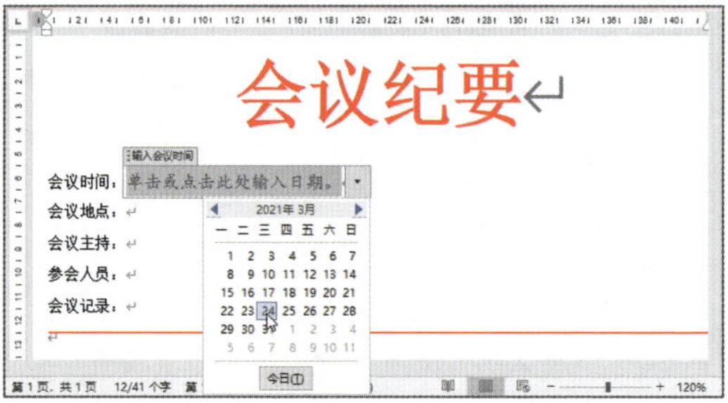

> 这也很重要!
>
> **添加底纹显示控件内容**
>
> 在文档中添加控件并退出设计模式后,有时很难分辨出哪个是控件,此时我们可以为添加的控件添加底纹颜色。

使用格式文本内容控件规范模板的文本

添加格式文本内容控件

使用**"格式文本内容控件"可以预先设置好文本的格式,规范文档的内容,还可以提示使用者输入的内容或要求**。

下面介绍使用格式文本内容控件的方法。

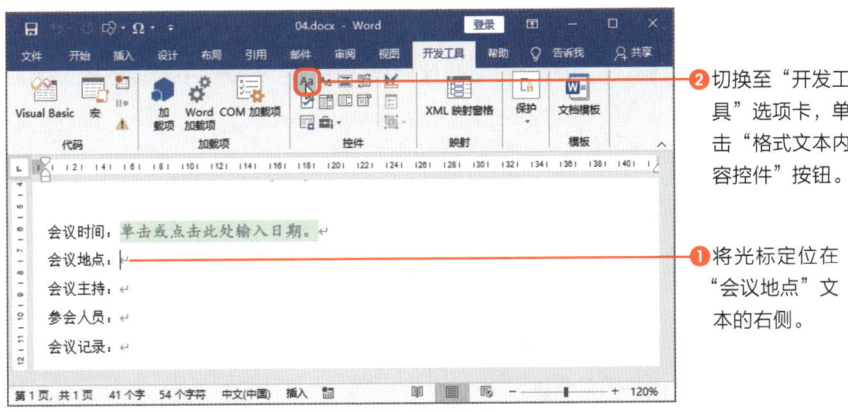

❷ 切换至"开发工具"选项卡,单击"格式文本内容控件"按钮。

❶ 将光标定位在"会议地点"文本的右侧。

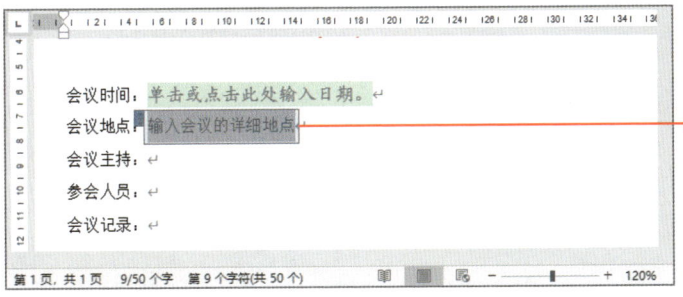

❸ 在光标定位处插入控件,进入设计模式。删除控件中文本内容并输入提示内容,在"开始"选项卡中设置文本格式。

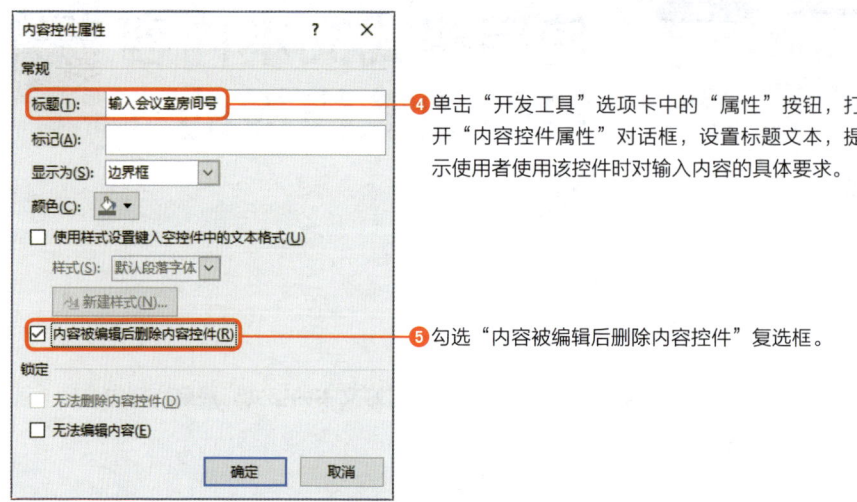

❹单击"开发工具"选项卡中的"属性"按钮,打开"内容控件属性"对话框,设置标题文本,提示使用者使用该控件时对输入内容的具体要求。

❺勾选"内容被编辑后删除内容控件"复选框。

根据相同的方法为会议纪要其他部分添加格式内容文本控件,并设置格式,最后将其保存为模板。使用时直接新建该模板并在对应的控件中输入内容,无需再行设置。

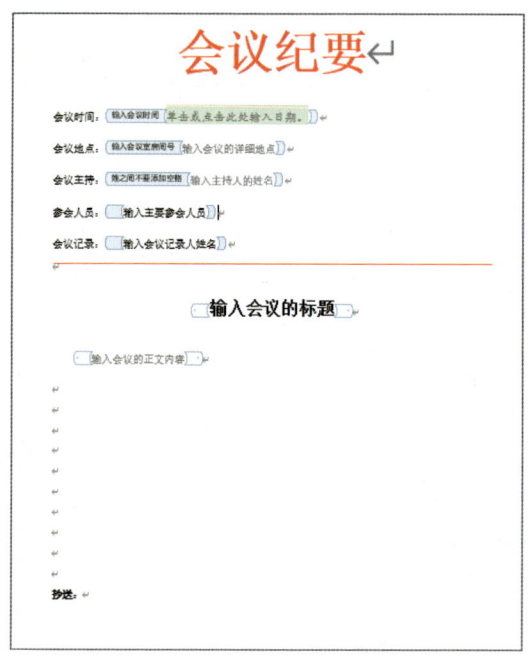

使用文本框控件限制输入的位置

使用控件规范文档内容

启用宏的Word文档

在制作各种调查问卷时为了使被调查人填写规范,经常将多种控件结合使用,有时也会需要应用宏命令实现部分功能,例如通过添加按钮提交调查问卷。**为了让宏命令能够运行,需要将文档保存为启用宏的文档**。

下面介绍保存为启用宏的文档的具体操作方法。

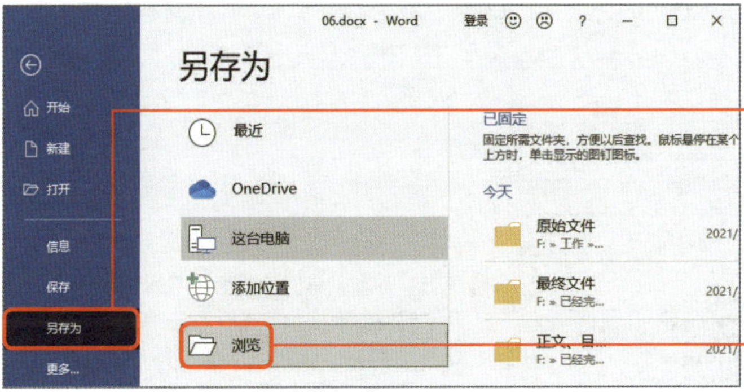

❶ 打开文档,单击"文件"标签,在列表中选择"另存为"选项。

❷ 在右侧选择"浏览"选项。

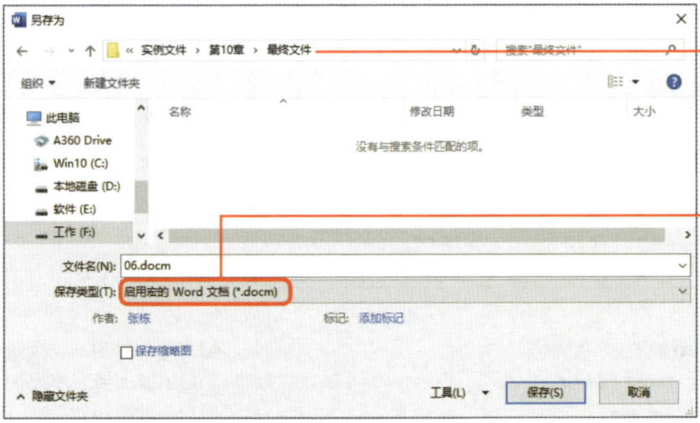

❸ 打开"另存为"对话框,设置保存的路径。

❹ 设置"保存类型"为"启用宏的Word文档"选项,单击"保存"按钮。

文本框控件的应用

在文档中需要别人填写的部分不仅可以**添加文本框控件，限制输入文本的位置**。我们还可以进一步设置在文本框控件中输入文本的格式，使得文档更加统一整齐。

下面介绍文本框控件的应用方法。

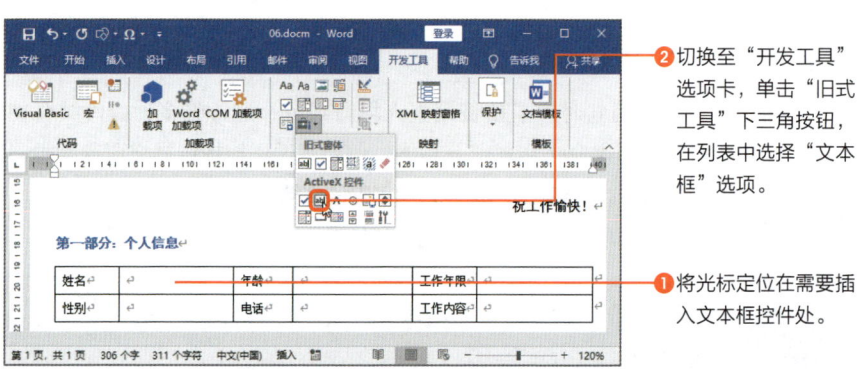

❷ 切换至"开发工具"选项卡，单击"旧式工具"下三角按钮，在列表中选择"文本框"选项。

❶ 将光标定位在需要插入文本框控件处。

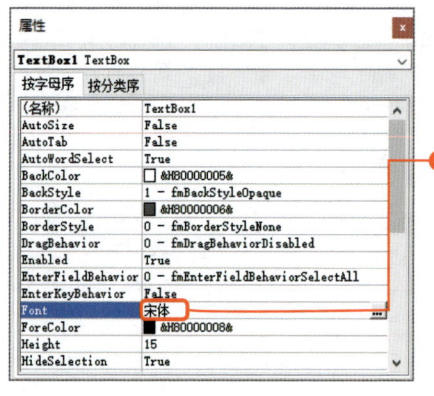

❸ 单击"开发工具"选项卡中"属性"按钮，打开"属性"窗格，单击Font右侧...按钮，在打开的"字体"对话框中设置字体、字号等。
在"属性"窗格中还可以设置文本框的高度和宽度。

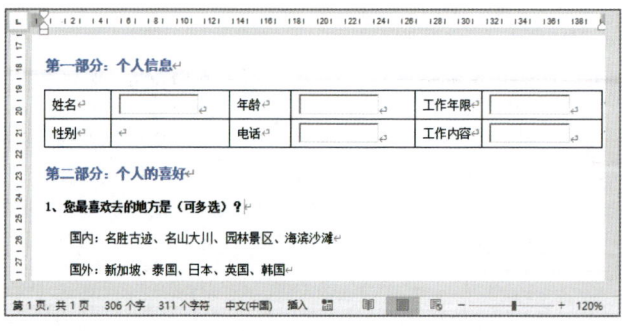

❹ 退出设计模式，按住Ctrl键拖拽文本框控件至其他位置。

使用选项按钮控件限制选择的内容

扫码看视频

使用控件规范文档内容

选项按钮控件的应用

选项按钮控件通常由几个选项按钮组合在一起，但在一组中只能选择一个使用。在调查问卷中，有很多单项选择题最适合使用选项按钮控件。一组选项中需要注意选项按钮的GroupName参数要设置相同，否则会选择错误。

下面介绍添加选项按钮控件的方法。

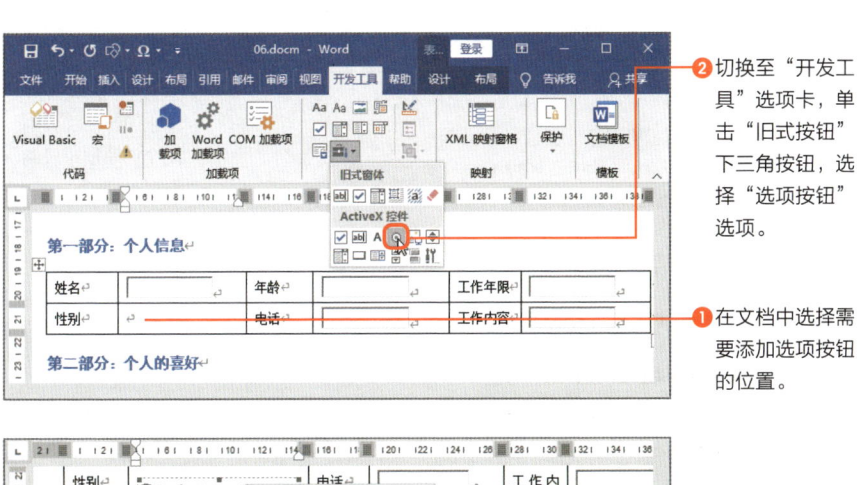

❶ 在文档中选择需要添加选项按钮的位置。

❷ 切换至"开发工具"选项卡，单击"旧式按钮"下三角按钮，选择"选项按钮"选项。

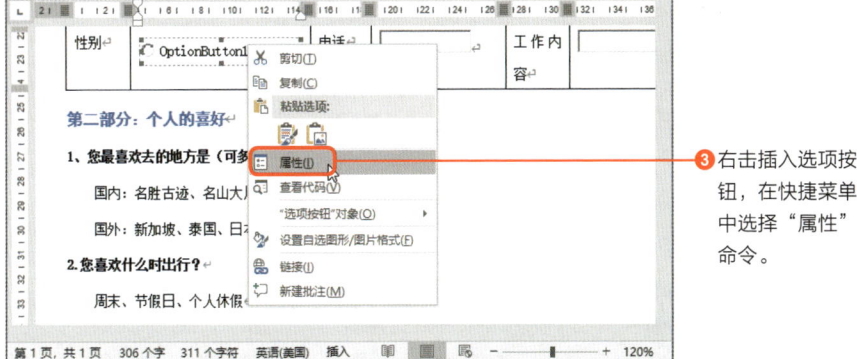

❸ 右击插入选项按钮，在快捷菜单中选择"属性"命令。

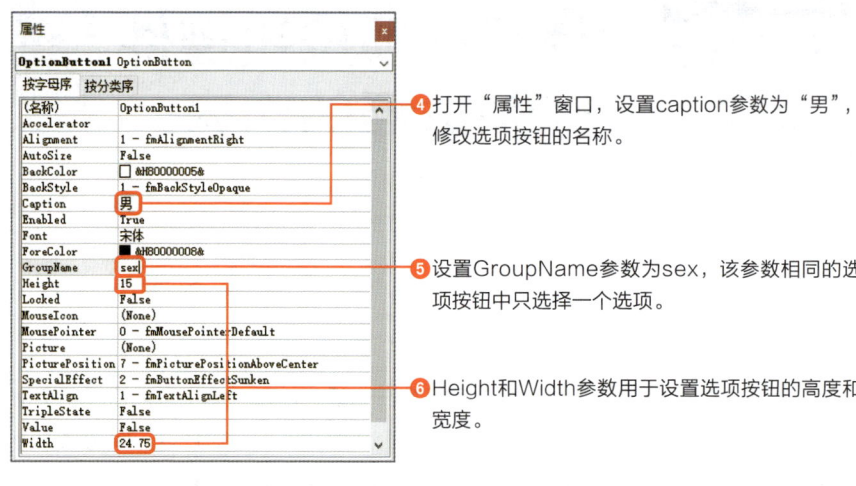

❹ 打开"属性"窗口,设置caption参数为"男",修改选项按钮的名称。

❺ 设置GroupName参数为sex,该参数相同的选项按钮中只选择一个选项。

❻ Height和Width参数用于设置选项按钮的高度和宽度。

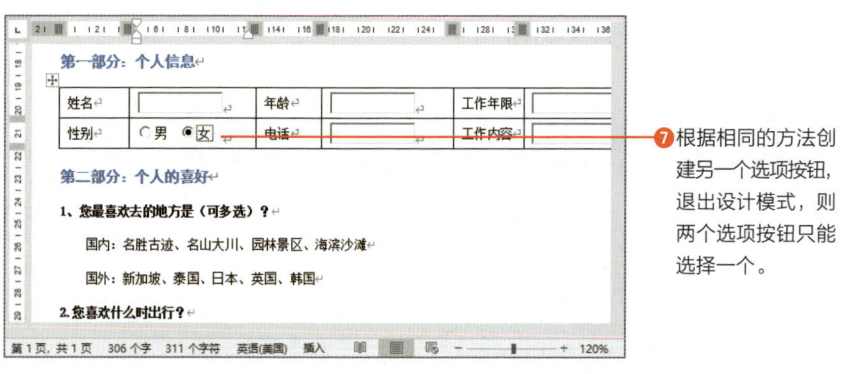

❼ 根据相同的方法创建另一个选项按钮,退出设计模式,则两个选项按钮只能选择一个。

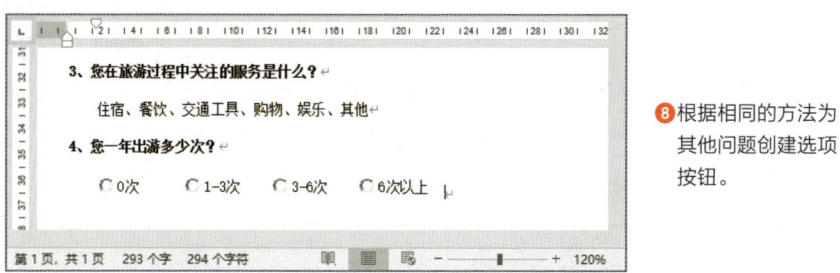

❽ 根据相同的方法为其他问题创建选项按钮。

> 这也很重要!
>
> **复制选项按钮控件**
>
> 当我们需要制作一组选项按钮时,设置好第一个控件后,可以直接复制控件并放在合适的位置,然后在"属性"窗口中修改Caption参数的名称。

使用复选框控件进行多项选择

扫码看视频

复选框控件的应用

复选框控件是一个选择控件，**通过勾选可以选择和取消选择，一般为多项选择**。使用复选框控件时也要注意一组复选框控件设置的GroupName参数要一致。下面介绍使用复选框控件的方法。

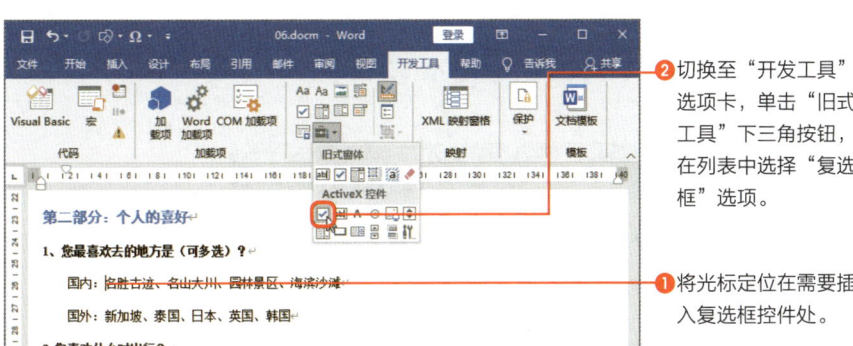

❷ 切换至"开发工具"选项卡，单击"旧式工具"下三角按钮，在列表中选择"复选框"选项。

❶ 将光标定位在需要插入复选框控件处。

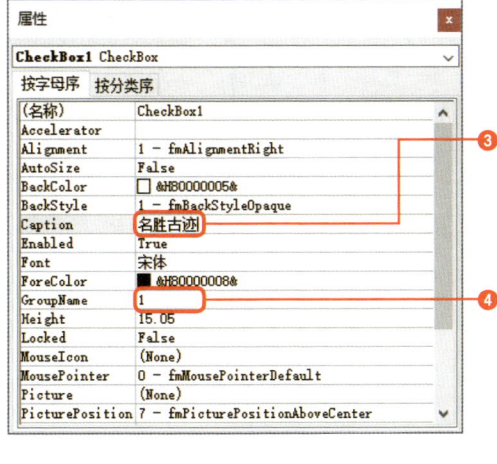

❸ 单击"开发工具"选项卡中"属性"按钮，打开"属性"窗口，设置Caption参数为"名胜古迹"。

❹ 然后设置GroupName的参数，本题为第1题，所以设置该参数为1。根据需要设置复选框控件的高和宽。根据相同的方法添加其他控件。

添加按钮控件并输入代码

扫码看视频

添加命令按钮控件

按钮控件用于执行宏命令。在Word中添加命令控件后，要想让其执行相关操作需要输入相关的代码。

在本案例中，添加按钮控件主要实现的功能是完成调查问卷后，单击该按钮会弹出提示对话框显示"是否结束？"，单击"是"按钮后，计算机会保存并关闭文档。

下面介绍添加命令按钮控件的具体操作方法。

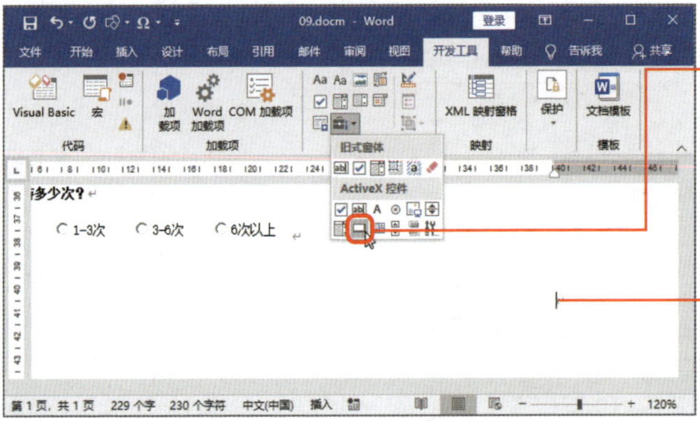

❷ 切换至"开发工具"选项卡，单击"旧式工具"下三角按钮，选择"命令按钮"选项。

❶ 将光标定位在插入命令按钮控件处。

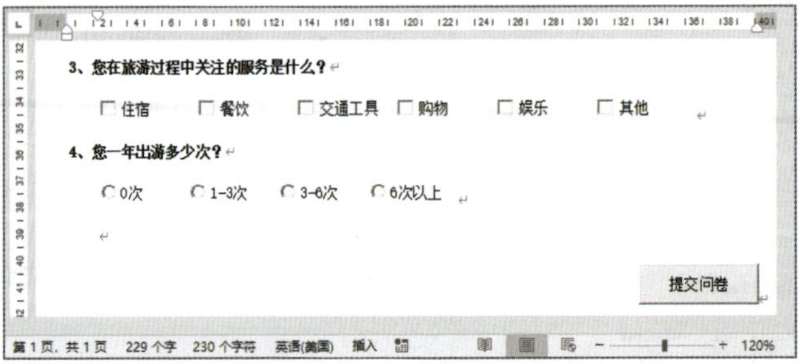

❸ 打开"属性"窗口，设置Caption属性为"提交问卷"。

为命令按钮控件添加代码

添加命令按钮控件后,如果单击该按钮没有任何反应,那是因为还没有添加代码。根据添加按钮要实现的功能,添加弹出对话框和保存关闭文档的代码。

下面介绍为命令按钮添加代码的方法。

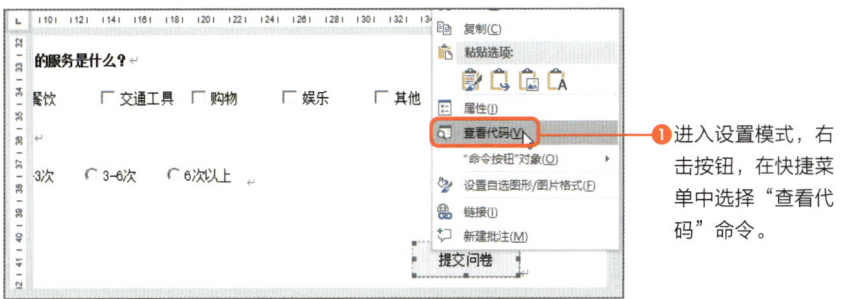

❶ 进入设置模式,右击按钮,在快捷菜单中选择"查看代码"命令。

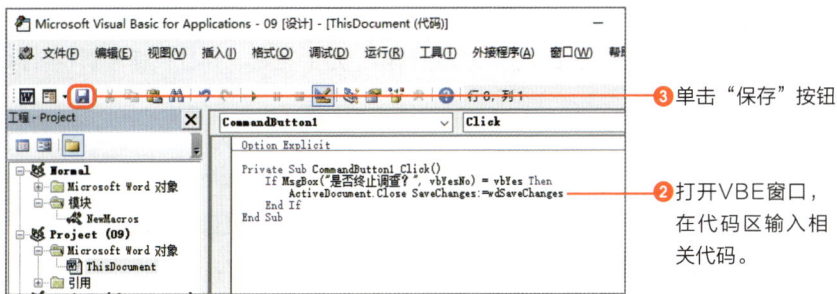

❸ 单击"保存"按钮。

❷ 打开VBE窗口,在代码区输入相关代码。

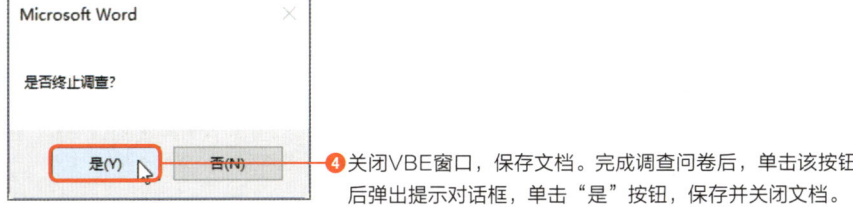

❹ 关闭VBE窗口,保存文档。完成调查问卷后,单击该按钮后弹出提示对话框,单击"是"按钮,保存并关闭文档。

> **这也很重要!**
>
> **命令中MsgBox的含义**
>
> 在第2行命令中MsgBox作用是单击按钮弹出提示对话框。语法:MsgBox(Prompt[,Buttons][,Title][,Helpfile,Context])。

使用邮件合并向导制作邀请函

第10章 Word

邮件合并功能的应用

扫码看视频

快速制作邀请函的与会人员姓名

如果要**处理主要内容相同,只是具体数据有变化的文件,可以使用Word中提供的邮件合并功能**。使用邮件合并功能一般要制作两个文件,其一是包含所有文件共同内容的Word文档;其二是包含变化信息的数据源,一般为Excel表格。

使用邮件合并功能主要为了方便制作**信封、信件、邀请函、成绩表和工资条**等,不需要我们在每个文档中输入姓名和其他有变化的数据了。

本节将制作邀请函,其中邀请函的内容已经在Word文档中制作完成,我们通过邮件合并功能将与会人员的姓名填在邀请函指定的位置,并且根据性别在名称的右侧添加称呼。

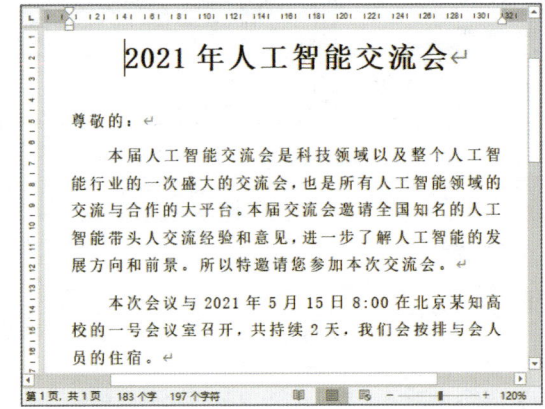

294

下面介绍通过邮件合并向导制作邀请函的具体操作方法。

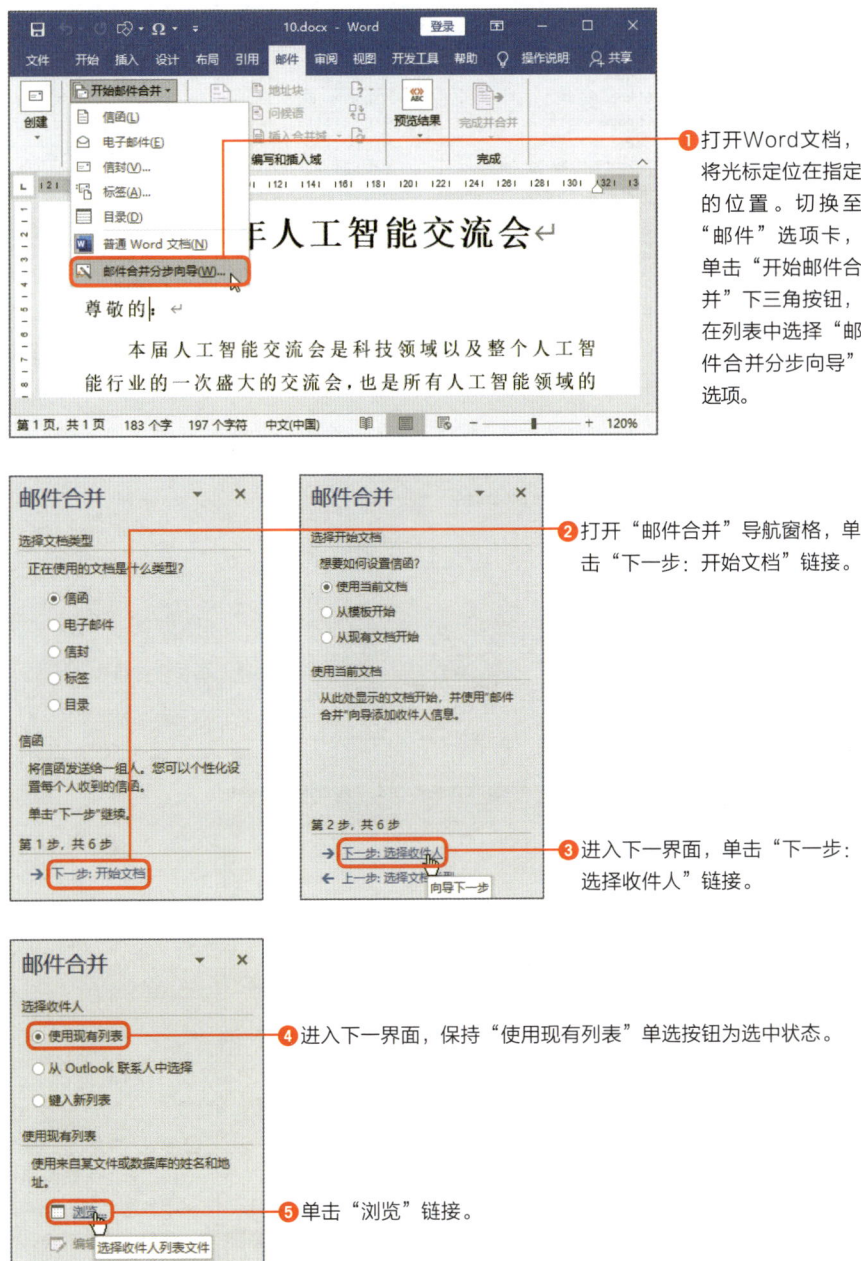

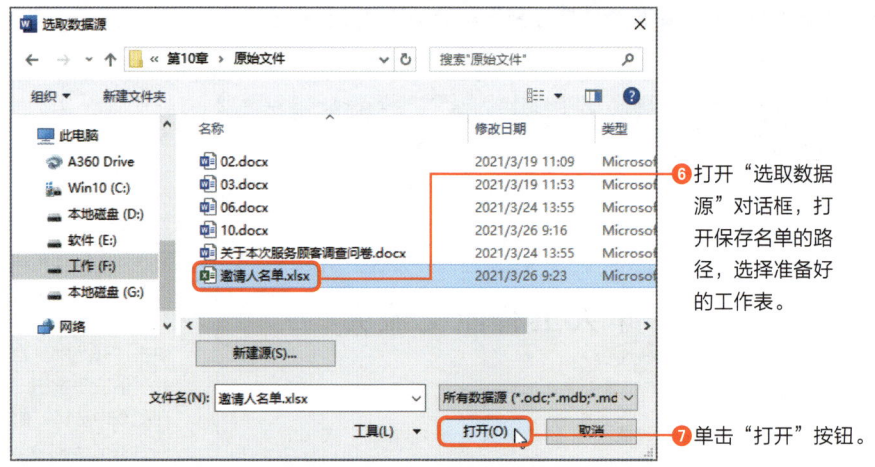

❻ 打开"选取数据源"对话框,打开保存名单的路径,选择准备好的工作表。

❼ 单击"打开"按钮。

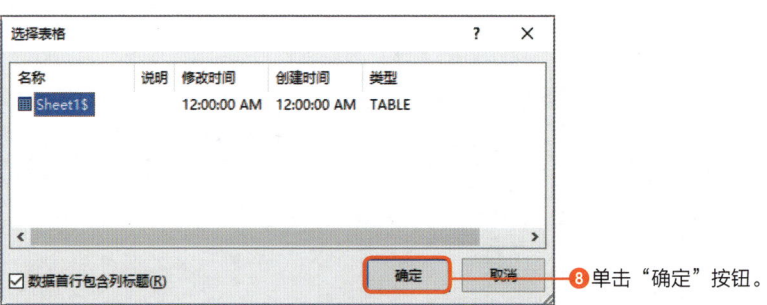

❽ 单击"确定"按钮。

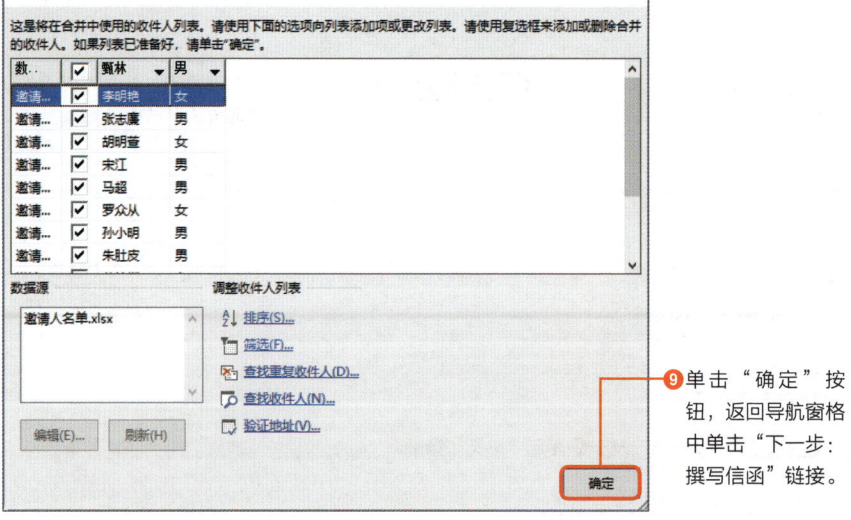

❾ 单击"确定"按钮,返回导航窗格中单击"下一步:撰写信函"链接。

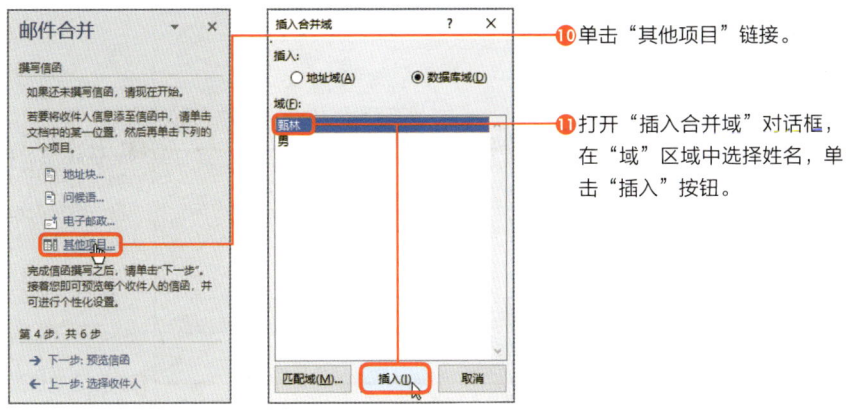

⑩ 单击"其他项目"链接。

⑪ 打开"插入合并域"对话框，在"域"区域中选择姓名，单击"插入"按钮。

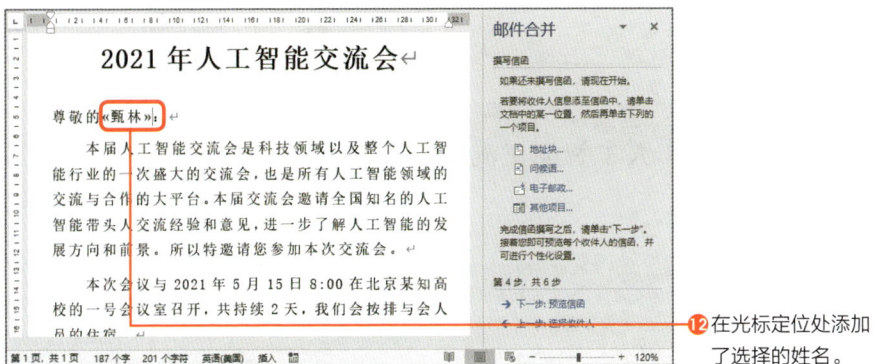

⑫ 在光标定位处添加了选择的姓名。

根据性别决定称呼

先在邀请函中添加姓名，然后我们设置规则：当性别为"男"时，在姓名右侧添加"先生"；为"女"时，添加"女士"。

下面介绍添加称呼的操作方法。

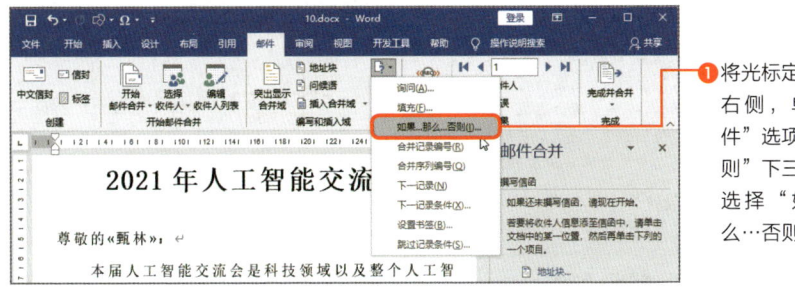

❶ 将光标定位在姓名右侧，单击"邮件"选项卡下"规则"下三角按钮，选择"如果…那么…否则"选项。

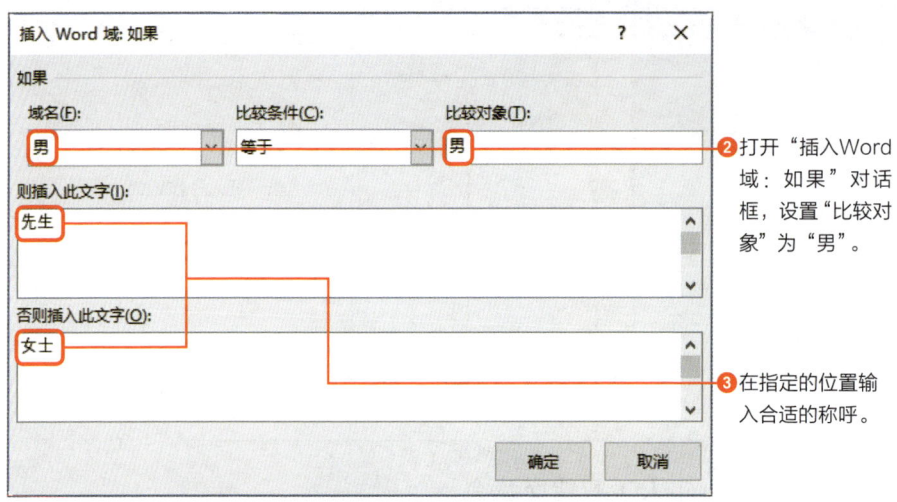

❷ 打开"插入Word域:如果"对话框,设置"比较对象"为"男"。

❸ 在指定的位置输入合适的称呼。

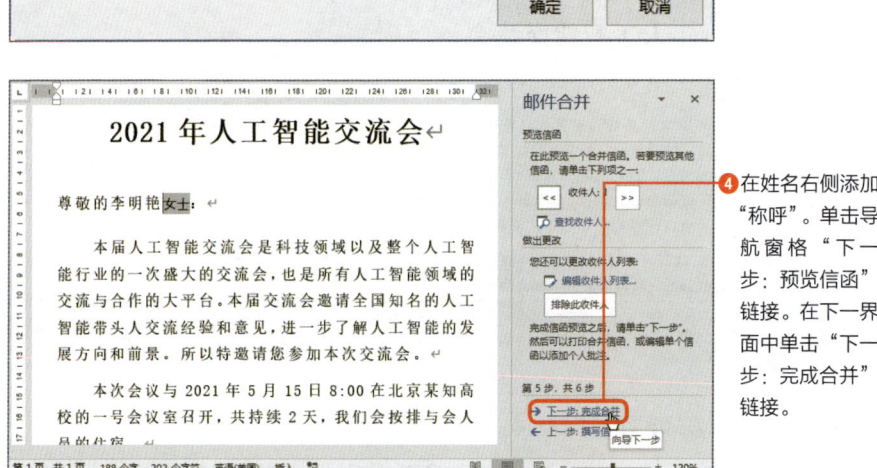

❹ 在姓名右侧添加"称呼"。单击导航窗格"下一步:预览信函"链接。在下一界面中单击"下一步:完成合并"链接。

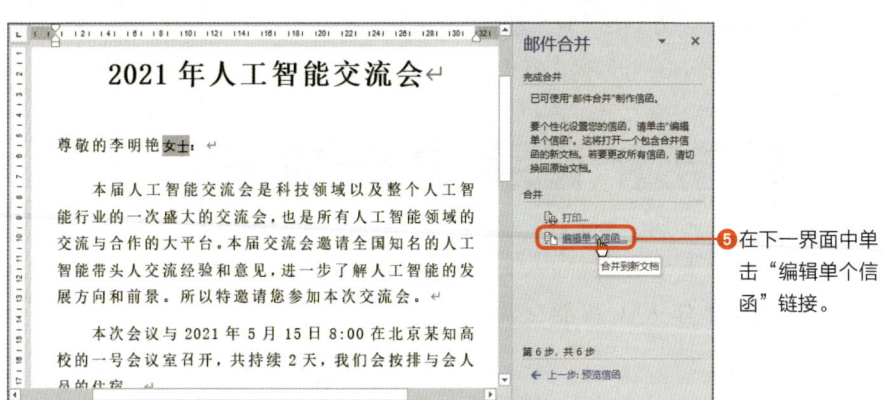

❺ 在下一界面中单击"编辑单个信函"链接。

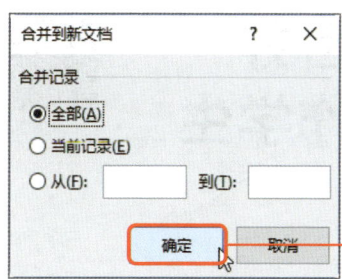

❻打开"合并到新文档"对话框,确保"全部"单选按钮为选中状态,单击"确定"按钮。

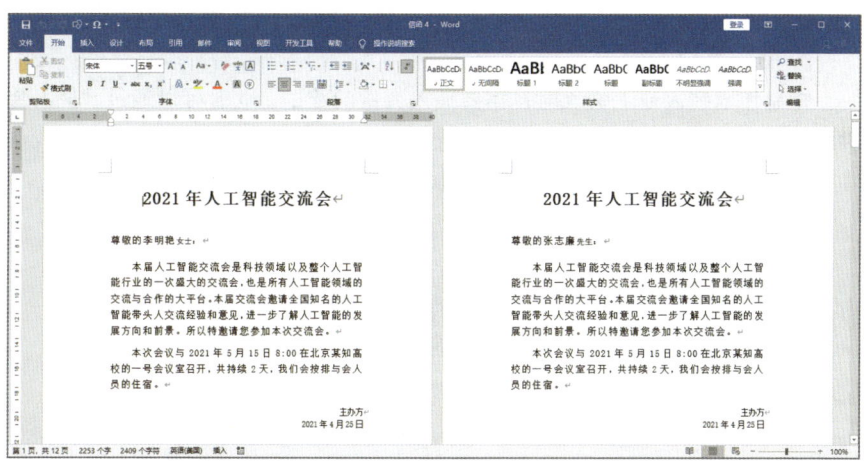

❼另外对创建信函的文档,要求将每个邀请人的姓名都添加到指定的位置,并且在右侧添加相应的称呼。最后保存文档并打印。

> **这也很重要!**
>
> ### "插入Word域:如果"对话框中各参数简介
>
> 在本案例中需要在"插入Word域:如果"对话框中设置规则,"域名"为设置规则的对象,即提前准备工作表中的列,此处设置为"男",因为根据性别决定称呼。"比较对象"为我们设置称呼的依据,此处设置为"男",表示比较对象为男时,显示"则插入此文字"文本框中的内容,否则显示"否则插入此文字"文本框中的内容。
>
> 设置此规则最好是只有两种情况,本案例性别要么是"男"要么是"女"。如果有第3种情况则不适合此规则。

第 11 章 使用插入合并域功能制作学生成绩表

邮件合并的应用

扫码看视频

添加学生列表

在制作成绩表或工资表时,需要插入大量的数据,此时可以通过**"插入合并域"功能准确快速插入数据**。在使用该功能之前需要将学生成绩表添加到Word中,然后根据成绩列表中的标题插入到指定的Word文档中。

下面介绍添加学生列表的具体操作方法。

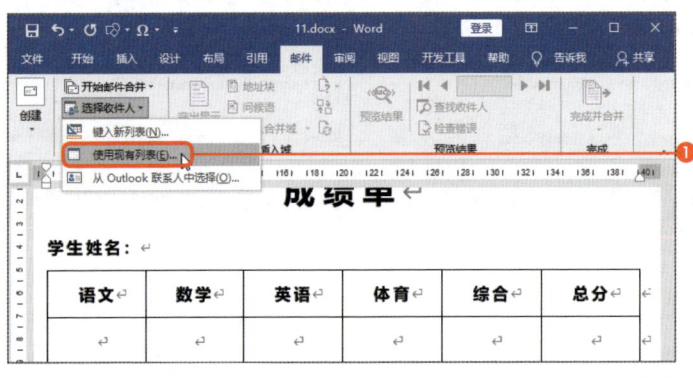

❶ 打开Word文档,切换至"邮件"选项卡,单击"选择收件人"下三角按钮,在列表中选择"使用现有列表"选项。

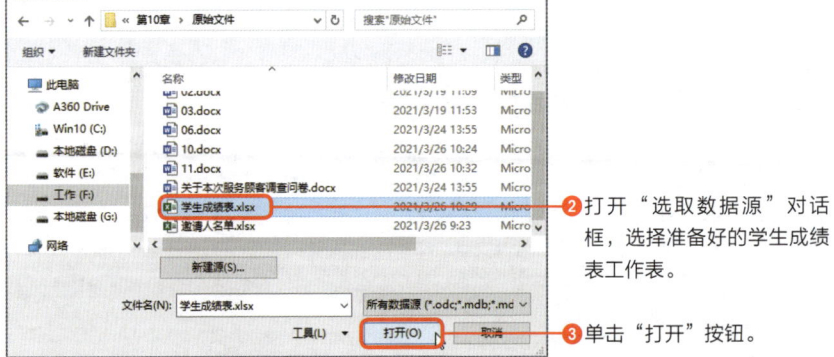

❷ 打开"选取数据源"对话框,选择准备好的学生成绩表工作表。

❸ 单击"打开"按钮。

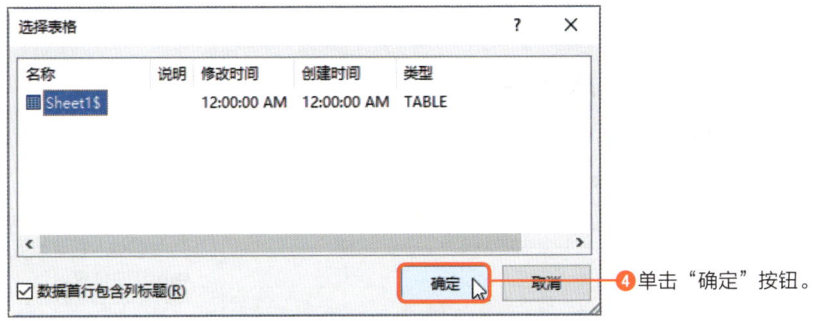

❹ 单击"确定"按钮。

插入合并域

添加完学生列表后,通过"插入合并域"功能将表格中的内容插入到Word指定的位置。例如,将各科成绩添加到指定科目名称下方。

下面介绍插入合并域的具体操作方法。

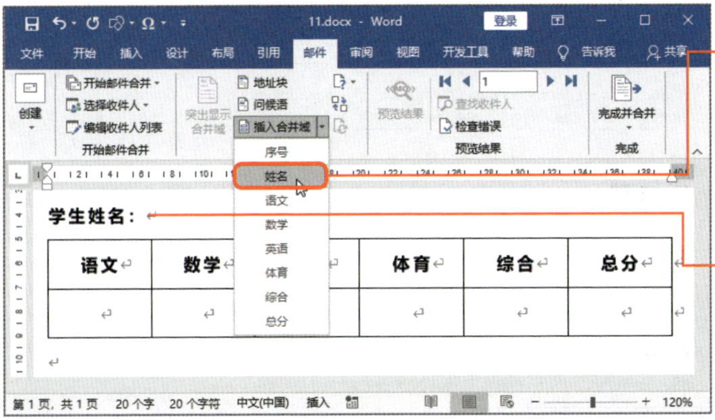

❷ 单击"插入合并域"下三角按钮,在列表中选择"姓名"选项。

❶ 将光标定位在"学生姓名"文本的右侧。

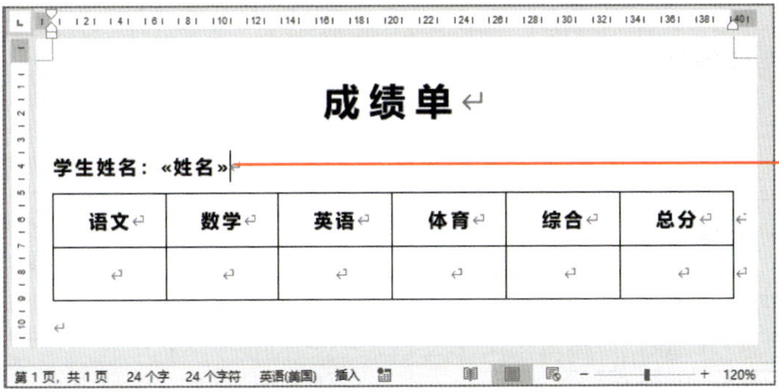

❸ 此时将学生姓名的域插入到指定的位置。

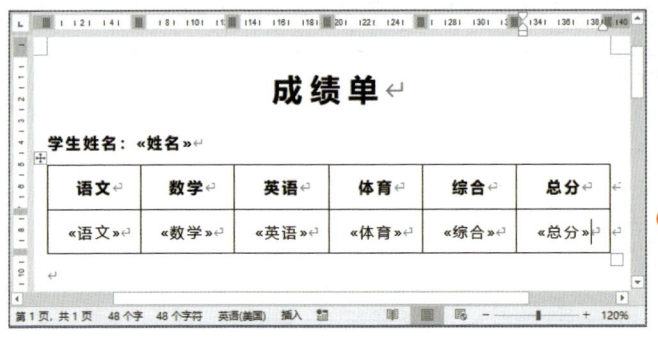

④ 根据相同的方法，将其他域插入到成绩表中指定的位置。

⑤ 单击"完成并合并"下三角按钮，在列表中选择"编辑单个文档"选项。

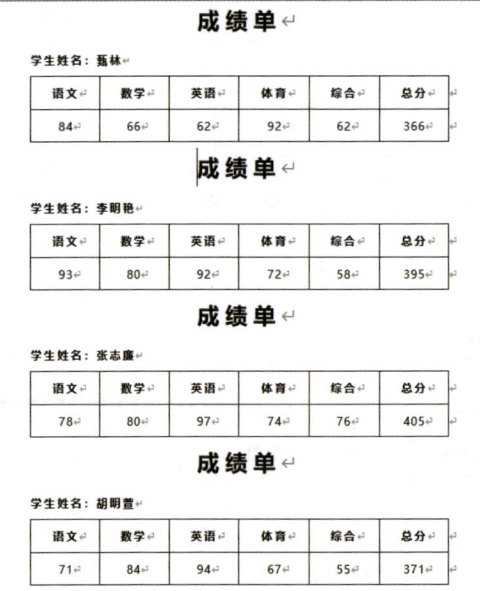

⑥ 在弹出的"合并到新文档"对话框中单击"确定"按钮，即创建了所有学生的成绩单。它们显示在一个页面中，为了展示效果将成绩单下方的分节符删除。

将多个文档合并到一个文档中

多人编辑文档的技巧

合并多个文档

在制作长文档时，有时需要多人协同作业，每个人负责不同部分的内容，最后将多个文档合并到一个文档中。合并多个文档可以使用最简单的复制粘贴方法，但该方法需要打开所有文档，然后再操作，不仅费时费力，有时还会出现操作错误。

Word提供的**"文件中的文字"功能，可以快速将多个文档合并到一个文档中**。使用该功能可以根据多文档的顺序，将文档中的内容合并到一个文档中，所以在合并前一定要注意文档名称的设置。

下面介绍合并多个文档的具体方法。

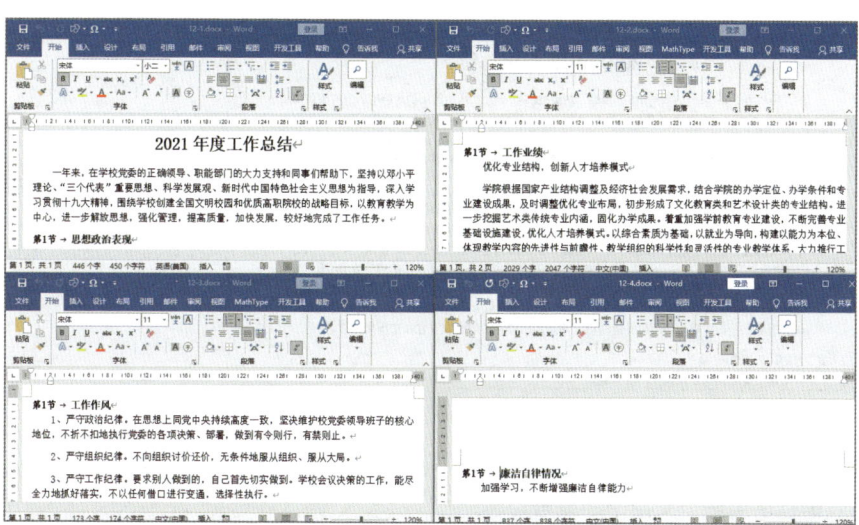

本节案例介绍了将5个文档中的内容合并为一个文档，由于篇幅有限只展示前4个文档的内容。每个文档应用统一的编号，介绍不同的内容。

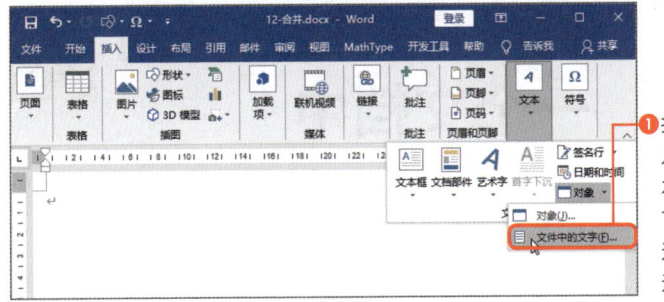

❶ 打开文档,切换至"插入"选项卡,单击"文本"选项组中"对象"下三角按钮,在列表中选择"文件中的文字"选项。

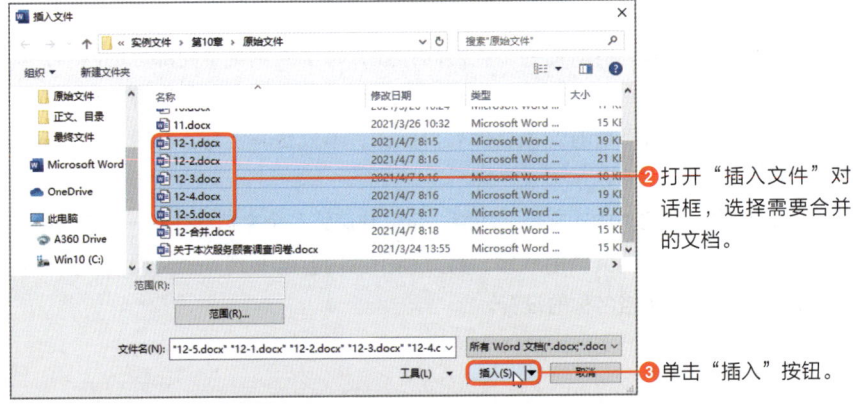

❷ 打开"插入文件"对话框,选择需要合并的文档。

❸ 单击"插入"按钮。

❹ 操作完成后,5个文档的内容合并到一个文档中,而且应用统一的编号且连续显示。

> **这也很重要!**
>
> **延续使用多个文档中的编号**
>
> 为了使长文档中各章节的编号统一和连续,在一开始就要统一各编号的格式,可以使用"开始"选项卡的"编号"功能。合并文档后各章节的编号才会连续。

将长文档拆分为多个子文档

扫码看视频

创建主控文档和子文档

主控文档是一组单独文件的容器。使用主控文档可创建并管理多个文档，例如，主控文档与子文档的链接等。通过主控文档将长文档分成多个文档，更易于管理子文档，而且当多人编辑不同的子文档时，其主控文档会发生相应的更改。

下面介绍创建主控文档和子文档的具体方法。

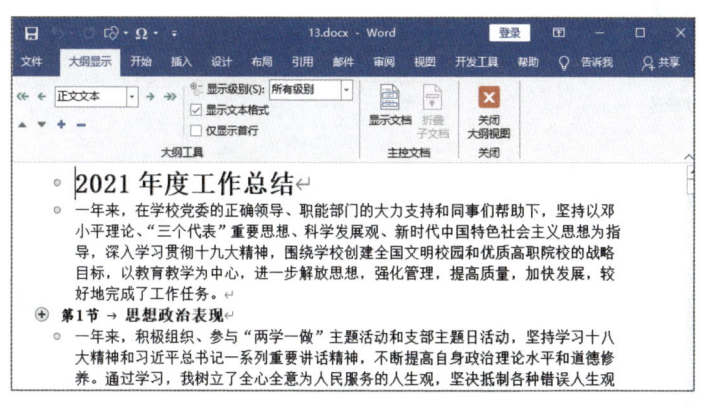

❶ 打开文档，切换至"视图"选项卡，单击"大纲"按钮，即可切换至大纲视图。

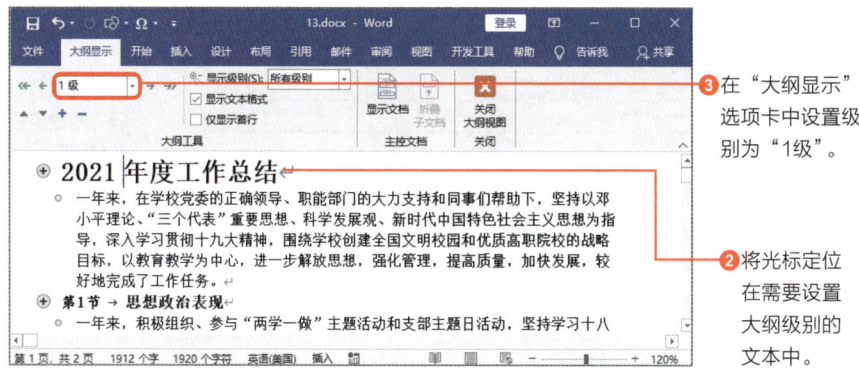

❸ 在"大纲显示"选项卡中设置级别为"1级"。

❷ 将光标定位在需要设置大纲级别的文本中。

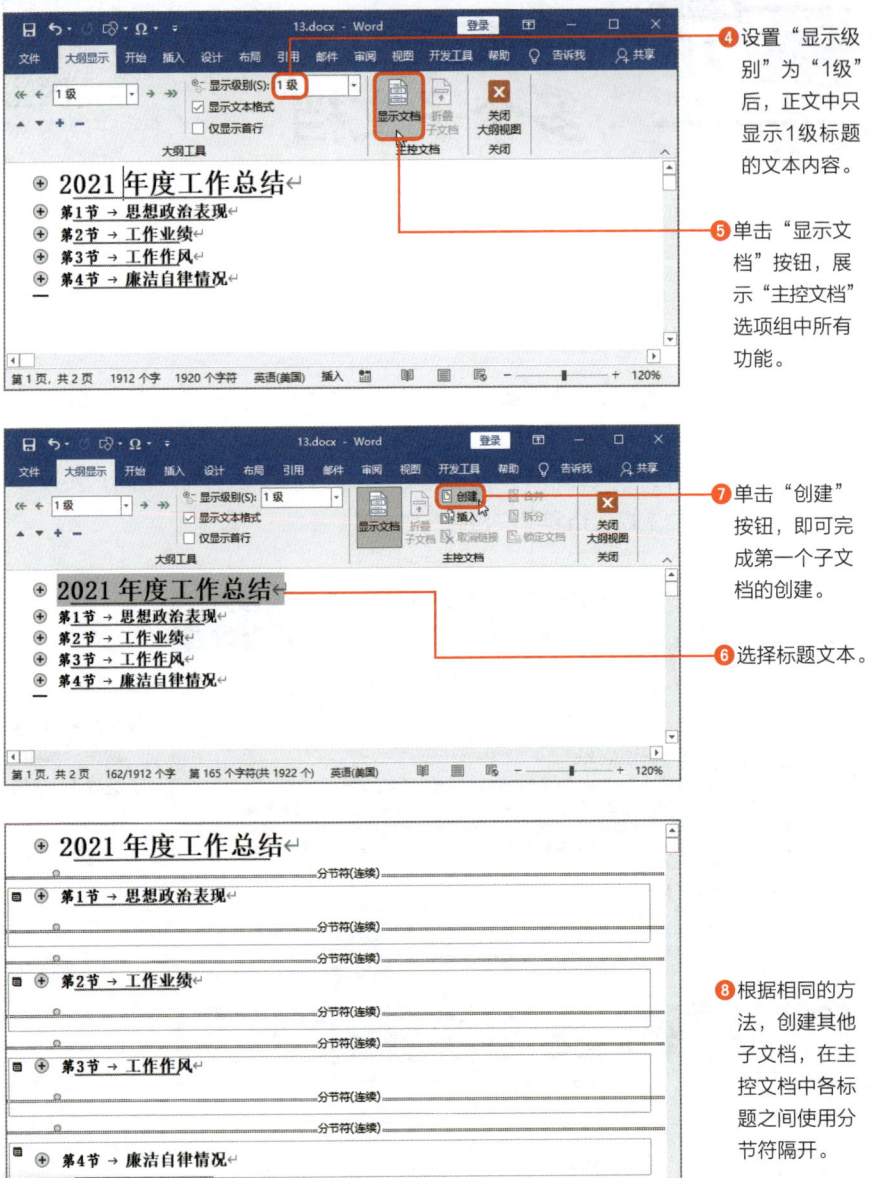

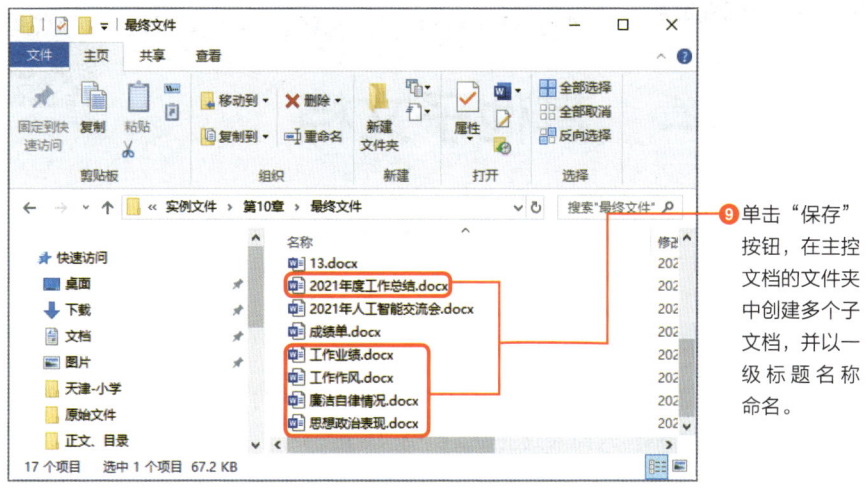

❾ 单击"保存"按钮,在主控文档的文件夹中创建多个子文档,并以一级标题名称命名。

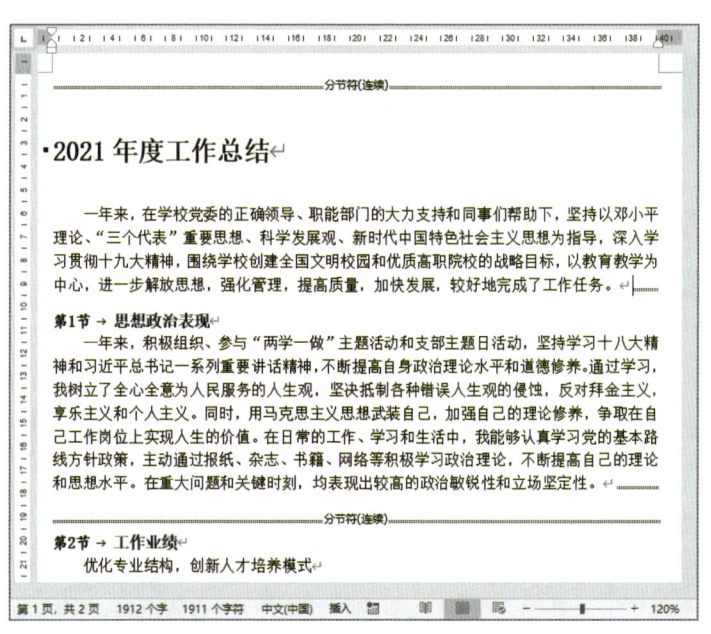

❿ 单击"大纲显示"选项组中"关闭大纲视图"按钮。在页面视图模式下每部分的文本之间使用分节符隔开。

向主控文档中插入其他子文档

扫码看视频

多人编辑文档的技巧

插入其他子文档

通过大纲视图可以将长文档拆分为多个子文档，我们还可以将其他已经存在的文档作为子文档的形式插入到主控文档中。

下面介绍插入其他子文档到主控文档的操作方法。

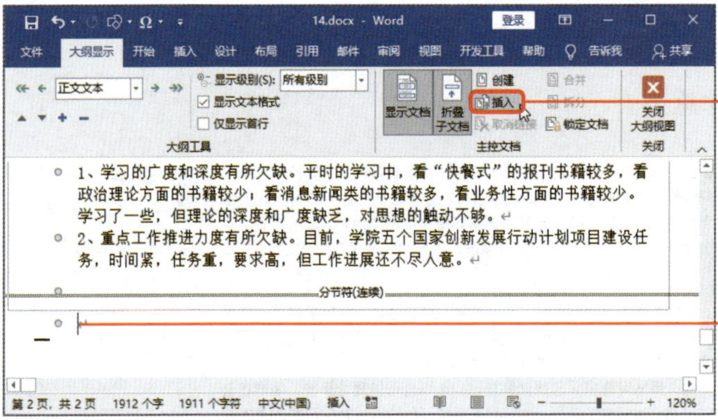

❶ 进入大纲视图，将光标定位在需要插入子文档的位置。

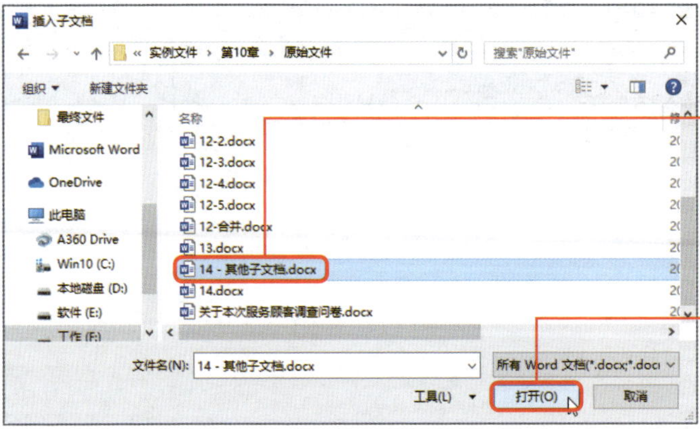

❷ 单击"插入"按钮。

❸ 打开"插入子文档"对话框，选择需要插入的文档。

❹ 单击"打开"按钮，即可完成操作。

查看和编辑子文档

扫码看视频

查看子文档

创建完子文档后,我们可以通过主控文档直接打开对应的子文档,还可以查看各子文档的保存路径,并根据路径的链接打开子文档。

方法1:直接打开对应的子文档。

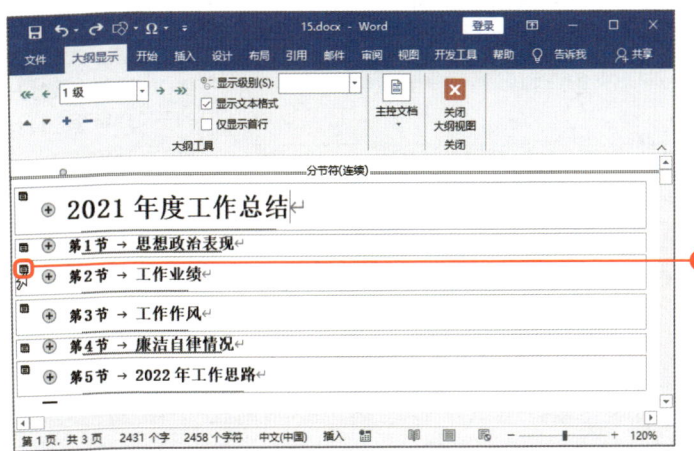

❶ 进入大纲视图,并显示为1级标题,双击要编辑子文档左侧的 按钮。

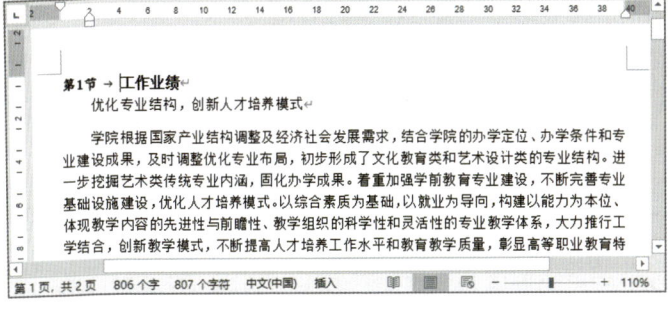

❷ 打开"工作业绩"子文档,对文档修改保存后主控文档也会随之改变。

方法2：显示子文档的保存路径。

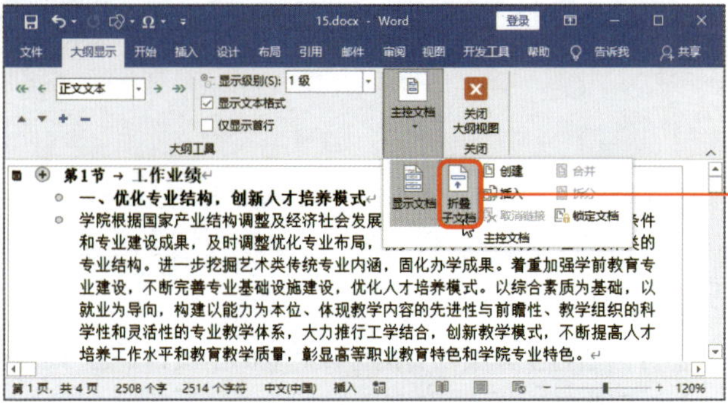

❶ 进入大纲视图，单击"折叠子文档"按钮。

❷ 在主控文档与子文档之间已建立链接，按住Ctrl键单击要打开的子文档链接，打开该子文档。

创建子文档后，我们也可以根据需要切断主控文档与子文档之间的链接。切断方法如下。

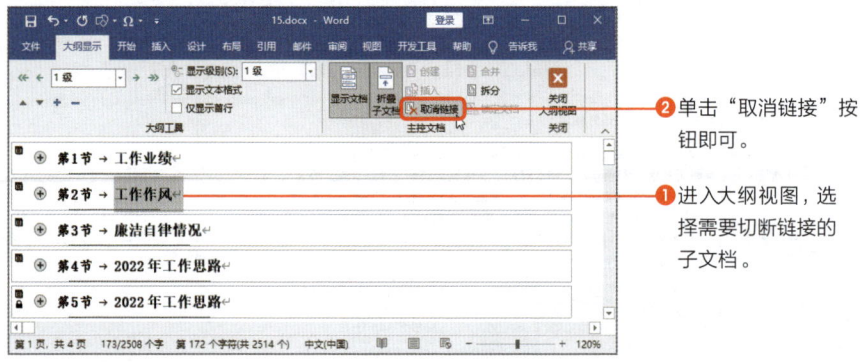

❷ 单击"取消链接"按钮即可。

❶ 进入大纲视图，选择需要切断链接的子文档。